图的多叶距粒度正则子树结构研究

杨　雨　著

本书相关研究工作得到国家自然科学基金项目（项目编号：61702291、11801371、61772102、61751205、11971311）、河南省高校科技创新人才项目（项目编号：19HASTIT029）、中国博士后基金面上项目（项目编号：2018M632095）、河南省道路交通安全智能分析工程技术研究中心和河南省生态经济型木本植物种质创新与利用重点实验室的资助。

科学出版社

北　京

内 容 简 介

图的子结构拓扑指标对可靠网络的设计、先导化合物的高通量筛选优化与合成、新材料和新药物的研发等均有重要意义，因而日益受到国内外学者的重视和关注。

本书以作者近年来在图的多叶距粒度正则子树结构方面的研究成果为主线，综合国内外最新研究进展，全面系统地介绍了图的结构型子树数指标相关的理论、计算方法及拓扑特性新成果。本书围绕树、单双圈图、六元素环螺链图、聚苯六角链图、六角形链图、亚苯基链图、扇图、r 多扇图、轮图的子树数指标、BC 子树数指标的计算方法设计、密度特性分析、限定参数下的极值和极图结构及与 Wiener 指标间的“反关联”等理论特性分析展开论述，提出了图的多叶距粒度正则 α 子树的概念，给出了广义 Bethe 树、Bethe 树及树状大分子图的 α 子树的计数方法及 α 子树密度的特性分析。本书对图的多叶距粒度正则 α 子树结构的潜在应用也做了相应的探索和展望。

本书内容新颖、实用性强，可供图拓扑指标计算、算法分析与设计、网络分析与设计等相关专业的高年级本科生、硕士研究生、博士研究生等参考阅读。

图书在版编目(CIP)数据

图的多叶距粒度正则子树结构研究 / 杨雨著. —北京：科学出版社，2021.1

ISBN 978-7-03-067693-1

Ⅰ. ①图… Ⅱ. ①杨… Ⅲ. ①正则图-研究 Ⅳ. ①0157.5

中国版本图书馆 CIP 数据核字（2020）第 263535 号

责任编辑：孙露露 王会明 / 责任校对：王 颖
责任印制：吕春珉 / 封面设计：东方人华平面设计部

科 学 出 版 社 出版
北京东黄城根北街 16 号
邮政编码：100717
http://www.sciencep.com

三河市骏杰印刷有限公司印刷
科学出版社发行 各地新华书店经销

*

2021 年 1 月第 一 版 开本：787×1092 1/16
2021 年 1 月第一次印刷 印张：10 1/2
字数：237 000

定价：109.00 元

（如有印装质量问题，我社负责调换〈骏杰〉）
销售部电话 010-62136230 编辑部电话 010-62135927-2010

序

随着机器学习和人工智能等新技术的迅猛发展及化学图论在寻找及优化药物、先导化合物中的广泛应用，图论及其应用的强大作用更加受到计算机科学、数学、化学等学科的研究者关注。近几十年来，关于图的子树结构的计数算法、极值及极值图的排序、与其他拓扑指标间的关联分析、反问题等方面的研究涌现于计算机科学、数学和化学等领域。尽管如此，上述相关研究主要集中在树上，对分子图的研究基本上是刚刚开始，在理论分析、算法设计、应用等方面有大量基本问题亟待进一步研究。此外，目前仍未见系统的从多叶距粒度正则子树数拓扑指标视角分析图特性的研究，进而无法对图的结构特性进行分层粒化解析。

杨雨是我的第一位博士后，与我合作发表过关于图拓扑指标、特别是关于多叶距粒度正则子树方面的论文。《图的多叶距粒度正则子树结构研究》一书内容自洽、全面，既有数学理论的抽象性和严谨性，又有具体的算法和实验分析，是一本理论性和实践性都很强的图拓扑指标研究的书籍。本书与国内外同类书籍相比有以下特点。

（1）内容系统完整，全面综述了图的子树结构理论的相关内容。

（2）重点讲述了图的多叶距粒度正则子树结构的计数理论及计算方法，给出了详尽的推导和证明，便于理解并做进一步延伸研究。

（3）从一个全新且系统的多叶距粒度正则子树数拓扑指标出发，为分层深入地解析图、网络、致癌物分子的新的结构特性提供新的度量，这也是本书的亮点。

杨雨博士将自己在图的结构型子树数指标的计算与拓扑特性分析，及近几年承担的国家和省部级科研课题研究成果进行提炼，综合融入写成本书。本书视角新颖，提出了一个全新且系统的多叶距粒度正则子树数拓扑指标，用一个全新的度量研究图的结构新特性。

本书的出版为从多叶距粒度分层深入地解析图的结构特性、多维度预测和推理网络及致癌物分子（特别是 PM2.5 中的多环芳烃类致癌物分子）的物理化学新特性提供理论依据和度量方法，也为从分子机理角度为精准治污提供潜在的科学理论依据。读者可通过本书系统学习子树计数的方法，为从事子树问题研究和应用打下一个好的基础。在此我向读者推荐本书。

张晓东

上海交通大学

2020 年 7 月

前　言

本书融合了其他学者的研究并且推广了作者本人的前期研究成果，从树结构出发，到单双圈图和多圈图逐步深入和递进，内容围绕树、单圈图、双圈图、六元素环螺链图、聚苯六角链图的子树数和 BC 子树数指标，以及六角形链图、亚苯基链图、扇图、r 多扇图及轮图的子树数指标的理论特性分析和计算方法设计，通过定义子树、BC 子树及相关辅助子树（结构）的一（多）元生成函数，构造辅助子树（结构）的相关子树权重、奇、偶子树权重及权重迁移规则，解决了相关图类的子树和 BC 子树的计数，通过结构分析和组合变换，进一步解决了上述相关图类的子树和 BC 子树密度特性分析、限定参数下关于子树和 BC 子树数指标的极值和极图结构，以及与 Wiener 指标间的“反关联”等问题。

通过对子树叶子间的距离引入取模这个因素，本书提出了图的多叶距粒度正则 α 子树的概念，利用树的基于叶距的正则 α 子树的 $\alpha+1$ 元生成函数，辅助子树的 α 类“多叶距”权重及叶子向其父亲节点传递 α 类“多叶距”权重的规则，融合结构分析的方法，给出了广义 Bethe 树、Bethe 树及树状大分子图 $T_{k,d}$ 的 α 子树生成函数。本书对图的多叶距粒度正则 α 子树结构（$3\leqslant\alpha\leqslant d$，$d$ 为图的最长路径的长度）的初步研究和潜在应用也做了相应的介绍。本书的研究为从图的多叶距粒度正则子树这个广义的新视角分层深入地研究和预测图、致癌物分子的拓扑结构新特性奠定了重要理论基础。

本书取材新颖、阐述严谨、重点突出、推导详尽、富有启发性，可作为理工科本科生或研究生关于图的子结构理论研究的参考书籍。

本书由杨雨编写。美国佐治亚南方大学（Georgia Southern University）王华教授和大连海事大学刘洪波教授认真阅读了本书，纠正了书中的错误，并提出了许多宝贵的修改意见。上海交通大学张晓东教授审定了书稿。本书的编写也受到平顶山学院王文鹏教授、苏晓红教授、袁桂娥教授、张久铭教授、李波教授、程永华教授、吕海莲教授等的大力支持与指导。平顶山学院王文虎博士，硕士研究生李龙、曹佳一，本科生孙道强、李笑笑、靳梦源、袁日强、李昊等同学在校对、统稿过程中提供了无私帮助。在此向以上人员及本书所列参考文献的作者表示衷心的感谢，同时，感谢家人和朋友在本书撰写过程中给予的众多包容、鼓励、支持和帮助。

限于作者水平，书中难免有不妥之处，望广大读者给予批评指正，交流邮箱 yangyu@sjtu.edu.cn。

杨　雨

平顶山学院

2020 年 7 月

目　录

第1章 绪　　论

§1.1 图的拓扑指标

图论源于17世纪瑞士数学家欧拉(Euler)[图1.1(a)]对著名的柯尼斯堡(Knigsberg)七桥问题的解决[如何只穿过桥一次而穿过整个城市，见图1.1（b）]. 图论以图为研究对象，图论中的图用点表示对象，用边表示对象之间的联系. 在实际问题中，有时还需要对顶点和边赋予不同的权重，同时对边赋予方向，使其代表不同的含义. 近几年，随着机器学习等新兴技术的迅猛发展，结合图结构的强大表达能力，催生了用机器学习方法分析图的研究. 其中，图神经网络（graph neural networks，GNN）是一类基于深度学习的处理图域信息的方法. 由于其较好的性能和可解释性，因此在社交网络、知识图、推荐系统甚至生命科学等各个领域得到了越来越广泛的应用. 因而，图论是一门古老而又年轻的学科，在算法设计、数据结构、网络技术、人工智能、软件工程、知识工程及计算分子生物学、数学、生物信息学等自然科学、社会科学、工艺美术领域都有广泛的应用. 图论作为建立和处理各类数学模型的强有力工具，在计算机科学、生物学、工程技术等领域，尤其是人工智能领域已显示出极大的优越性.

（a）欧拉

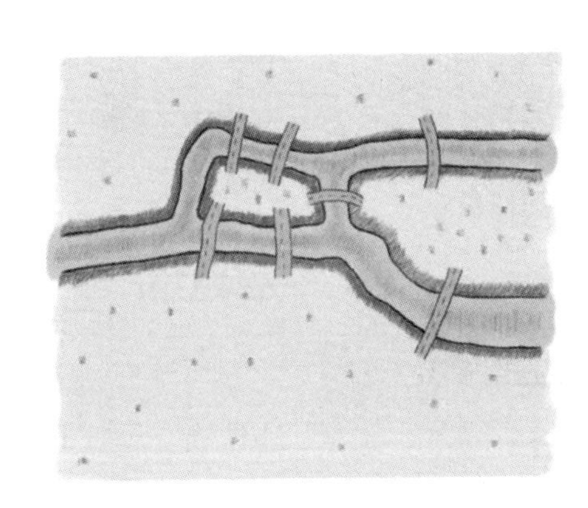

（b）柯尼斯堡七桥问题

图1.1　欧拉和柯尼斯堡七桥问题

图的一个拓扑指标就是一个映射f,该映射将图集合映射到实数集合. 该指标相当于定义在图上的一个数值描述符，通常情况下是一个图不变量，即同构意义下的两个图，它们对应该拓扑指标的值是相等的. 拓扑指标能反映图的很多结构特性，因而在计算机科学、通信、数学、化学等领域均有重要的应用. 近几十年来，关于图的众多拓扑指标被不断提出并得到研究.

1.1.1　图的主流拓扑指标

1947 年，美国化学家 Wiener 在文献[1]中首次提出表征分子紧密度的结构参数——路程数（Wiener 指标），并利用该指标研究了饱和烷烃的沸点与分子结构间的关系. Wiener 指标也因此被认为是世界上第一个拓扑指标. 据不完全统计，迄今大约有 400 多种拓扑指标参数，其中包含基于距离的拓扑指标，如 Wiener 指标[1-3]、Hyper-Wiener 指标[4-7]、Wiener Polarity（极性）指标[8-10]、Harary 指标[11-13]、ABC（原子键连通度）指标[14-16]、Kirchhoff 指标[17-19]、子树数指标（也被称为 ρ-指标[20]）[21-23]、Merrifield-Simmons 指标（独立顶点集个数）[20, 24, 25]、Hosoya 指标（独立匹配集个数）[26-28]、Zagreb 指标[29-31]、Randić 指标[32-34]、Szeged 指标[35-37]、Schultz 指标[38-40]、PI（Padmakar-Ivan）指标[41-43]、Gutman 指标[40, 44-45]、GA（几何算数）指标[46-48]、Harmonic 指标[49-51]、General Sum-Connectivity（广义和连通）指标[52-54]等. 这些指标在计算机科学、数学及化学领域拥有众多理论和应用方面的研究，它们的定义如下.

Wiener 指标：

$$W(G)=\frac{1}{2}\sum_{\{u,v\}\in V(G)} d(u,v)$$

Hyper-Wiener 指标：

$$\mathrm{WW}(G)=\frac{1}{2}\sum_{\{u,v\}\in V(G)} [d(u,v)+d^2(u,v)]$$

Wiener Polarity 指标：

$$W_p(G)=|\{(u,v)\mid d(u,v)=3,u,v\in V(G)\}|$$

Harary 指标：

$$H(G)=\frac{1}{2}\sum_{\{u,v\}\in V(G)} \frac{1}{d(u,v)}$$

ABC 指标：

$$\mathrm{ABC}(G)=\sum_{\{u,v\}\in E(G)} \sqrt{\frac{d_u+d_v-2}{d_u d_v}}$$

Kirchhoff 指标：

$$K(G)=\frac{1}{2}\sum_{\{u,v\}\in V(G)} r_{uv}$$

式中，r_{uv} 为顶点 u 和 v 间的电阻距离.

子树数指标：$\rho(G)$ 为图 G 的所有非空标号子树的数目.

Merrifield-Simmons 指标：$\sigma(G)$ 为图 G 的所有独立集的数目（包括空集）.

Hosoya 指标：$\mu(G)$ 为图 G 的所有匹配的数目（包括空集）.

Zagreb 指标：

$$M_1=\sum_{u\in V(G)} d_u^2$$

$$M_2 = \sum_{\{u,v\}\in E(G)} d_u d_v$$

Randić 指标：

$$R(G) = \sum_{\{u,v\}\in E(G)} \frac{1}{\sqrt{d_u d_v}}$$

Szeged 指标：

$$\mathrm{Sz}(G) = \sum_{\{u,v\}\in E(G)} n_{eu} n_{ev}$$

Schultz 指标：

$$S(G) = \frac{1}{2} \sum_{\{u,v\}\in V(G)} (d_u + d_v) d(u,v)$$

PI 指标：

$$\mathrm{PI}(G) = \sum_{\{u,v\}=e\in E(G)} n_{eu}^* n_{ev}^*$$

Gutman 指标：

$$\mathrm{Gut}(G) = \sum_{\{u,v\}\in V(G)} d_u d_v d(u,v)$$

GA 指标：

$$\mathrm{GA}(G) = \sum_{\{u,v\}\in E(G)} \frac{2\sqrt{d_u d_v}}{d_u + d_v}$$

Harmonic 指标：

$$\mathrm{Harm}(G) = \sum_{\{u,v\}\in E(G)} \frac{2}{d_u + d_v}$$

General Sum-Connectivity 指标：

$$X(G) = \sum_{\{u,v\}\in E(G)} (d_u + d_v)^a$$

式中，a 为非零实数.

本书的符号定义主要参考文献[55]～文献[58]中的相关定义. 在上述所有指标里，$d(u,v)$ 为图 G 的顶点对 u、v 之间的距离；d_u、d_v 分别为图 G 中顶点 u 和 v 的度；n_{eu} 为图 G 中到顶点 u 的距离小于到顶点 v 的距离的点的个数；n_{ev} 为图 G 中到顶点 v 的距离小于到顶点 u 的距离的点的个数；n_{eu}^* 为图 G 中到顶点 u 的距离小于到顶点 v 的距离的边的条数；n_{ev}^* 为图 G 中到顶点 v 的距离小于到顶点 u 的距离的边的条数.

Wiener 指标 $W(G)$ 作为最具代表性的基于距离的图拓扑指标，其定义为图 G 的所有无序顶点对的距离和. 关于 Wiener 指标及其变体的计算算法、极值及极值图的排序、反问题等方面的研究涌现于计算机科学[5, 59, 60]、数学[61-64]和化学[65-67]等领域.

1.1.2　图的拓扑指标的应用

图的拓扑指标及其特性分析是理论计算机科学、离散数学、化学图论研究的核心问题，具有重要的理论意义和应用价值，如网络特性的分析、化合物同分异构体的分辨、分子的物理化学性质的预测、化合物定量结构与性质/活性相关性（quantitative structure property relationship/activity relationship，QSPR/QSAR）研究、先导化合物的发现、高通量筛选和合成等. 图拓扑指标对可靠网络的设计，经济和高效地合成和发现新物质、新材料、新药物起着非常重要的作用，也为从分子拓扑视角解析多环芳烃（PM2.5 中重要的致癌物质）的特性进而实施精准治污提供多（新）维度科学支撑. 正是因为图的拓扑指标有如此广泛的应用，近年来受到计算机科学[68-74]、数学[23, 75-78]、化学和分子拓扑学[20, 79-81]等领域众多国内外学者的关注和研究.

子树数相关指标属于三大类主流拓扑指标：距离型（distance-based）、顶点度型（vertex-degree-based）、结构型（structure-based）中的结构型指标，本书主要围绕以下三类子树的计数及拓扑特性分析展开论述：①图的所有非空普通子树；②图的 BC 子树；③图的多叶距粒度正则α子树.

（1）图的所有非空普通子树：图的非空标号子树（无特殊说明，以下简称普通子树或者子树）. 图的子树数问题由 Jamison[82, 83]在 1983 年研究无根标号树的子树平均阶时首次提出. 子树数指标可被用来解决混合网络局部可靠性分析，特别是点边失效混合局部网络的可靠性分析[84]、RNA 和蛋白结构预测及基因发现[85]、间接表征分子的物理化学特性[86-88]，这对网络的优化设计、图及化合物的结构性质预测均有重要意义[89]. 图的普通子树数指标即图的所有非空普通子树的个数.

（2）图的 BC 子树：BC 树为含至少三个顶点，且任意两片叶子间的距离都是偶数的树. 该树是由著名图论学家 Harary、Plummer 和 Prins[90, 91]在研究图的“核”时提出的[92, 93]. BC 树有众多特殊性质，被广泛应用于计算机科学、工程、化学等领域，用来解决容错计算[94]、化学分子式的经济高效储存[80, 95]、并行调度[94, 96]、子结构识别[97]、简化网络流[98]、Markovian 排队系统分解[99]和匹配问题[100, 101]等. 满足 BC 树定义的子树称为图的 BC 子树[102]. 图的 BC 子树数指标即图的所有 BC 子树的个数.

（3）图的多叶距粒度正则α子树：假定图 G 的最长路径的长度为 $d(d\geqslant 1)$，$\alpha(1\leqslant\alpha\leqslant d)$ 为一个正整数，则 G 的多叶距粒度正则α子树至少含有 $\alpha+1$ 个顶点，且该子树的任意两片叶子间的距离均为α的整数倍. 定义 G 的多叶距粒度正则α子树数指标为图 G 的满足多叶距粒度正则α子树定义的子树个数[103, 104]. 由定义可知，$\alpha=1$ 对应图的除去单顶点子树后的非空普通子树，$\alpha=2$ 对应图的 BC 子树.

图的上述三类子树吸引着计算机科学、数学及化学等领域众多学者的关注和研究. 目前关于它们的研究虽然取得了一些成果，但主要限于树、单双圈图、完全图、完全二部图及规则化合物分子，对于图的多叶距粒度正则α子树的研究更是刚刚开始.

相比 Wiener 指标[1]（1947 年提出），图的普通子树数指标（1983 年提出）、BC 子树数指标（2015 年提出）及图的多叶距粒度正则α子树数指标（2019 年提出）相对较新，目前关于这三个拓扑指标的研究主要集中在三方面：①计算方法；②结构特性分析；③应用研究. 下面将围绕上述三个方面对图的普通子树、BC 子树及多叶距粒度正则α子树的研究现状及存在的问题进行综述.

§ 1.2　图的普通子树、BC 子树及多叶距粒度正则α子树

1.2.1　计算方法

2006 年，Yan 和 Yeh[22]利用生成函数给出了一个计算树的普通子树数的线性时间算法，解决了树的普通子树的计数问题；同年，Eisenstat 和 Gordon[105]利用广义拟矩阵 Tutte 多项式研究子树，找到了两个非同构但度序列相同且普通子树数相同的树. 2012 年，Zhang 等[106]给出了固定顶点数和度序列条件下增大树的普通子树数的算法，为寻找上述条件下普通子树数目第 $k(k\geqslant 2)$ 大的树提供了启发.

2015 年，Yang 等[102]通过构造新的三元生成函数，定义含一个给定顶点子树的 ω_{vodd} 权重和 ω_{veven} 权重、BC 子树的 BC 权重等；借助树“删除”“收缩”操作，解决了树的含给定顶点且所有的叶子到该顶点的距离分别是奇数和偶数的子树的计数算法；以及树的所有含任给一个、两个顶点的 BC 子树的计数算法；提出并研究了树的“BC 子树核”及 BC 子树极值问题，解决了树的 BC 子树的计数及相关问题.

2016 年，Yang 等[107]给出了单圈图和无公共边的双圈图的全部，含任意一个顶点、两个顶点的 BC 子树的计数算法，为研究具体化合物分子图的 BC 子树问题奠定了基础. 借助于生成函数及新构造的三元生成函数、圈权重的“收缩”“传递”策略等方法，Yang 等[87, 108]又推导出了六元素环螺链图、聚苯六角链图的普通子树和 BC 子树生成函数的公式及计数算法，并围绕普通子树和 BC 子树做了深入的研究，首次将普通子树和 BC 子树的研究从树图拓展到具体的分子链图上.

2017 年，Wang 等[109]研究了树的有约束条件（包括给定顶点数、包含给定顶点集合）子树的计数；同年，Yang 等[88]又推导出了六角形链图和亚苯基链图的普通子树生成函数的公式，解决了这两类图的普通子树数的计算问题，在深入分析图结构的基础上，分别给出了上述两类图的基于树收缩（tree contraction based，TCB）的时间复杂度为 $O(n^2)$（n 为链图的长度）的普通子树的计数算法；同年，Xiao 等[89]给出了计算图的普通子树数的两个迭代公式，并给出了 n 个顶点且子树数范围为 $[5+n+2^{n-3},2^{n-1}+n-1]$ 的所有子树.

2018 年，Chin 等[76]利用生成函数给出了完全图、完全二部图和 Theta 图的普通子树数，以及上述图类的生成树与所有子树个数的比例. 在含一个给定顶点的子树的概念的基础上，2019 年 Zhang 等[110]定义了树的离心子树的概念，并研究了树的离心子树的若干极值问题.

2019 年，Yang 等[103]提出了图的多叶距粒度正则α子树的概念（α为正整数，且满足 $1\leqslant\alpha\leqslant d$，$d$ 为图的最长路径的长度），通过构造新的基于叶距粒度的正则α子树的 $\alpha+1$ 元生成函数及辅助子树的α类“多叶距”权重，同时构造叶子向其父亲节点传递α类“多叶距”权重的规则，从而保证含任给某个顶点 v 且任意一片叶子（非 v）到 v 的距离对α取模后为 $\tau(\tau\in\{0,1,\cdots,\alpha-1\})$，同时满足任意两片叶子（如有）间的距离均为$\alpha$的整数倍的子树信息的无丢失传递，以及基于叶距的正则α子树信息的无丢失传递，进而解决了树的基于叶距的正则α子树的枚举计算问题. 基于该研究，Yang 等[104]研究了广义 Bethe

树、Bethe 树和树状大分子图的多叶距粒度正则α子树生成函数，作为应用，计算了 Newkome 等合成的树状大分子图的多叶距粒度正则α子树.

1.2.2 结构特性分析

结构特性分析现有研究主要涉及以下三个方面.

1. 图的限定参数下关于普通子树和 BC 子树数指标的极图结构

该问题与网络稳定性及化合物分子对应的物理化学性质的最好或最差密切相关，所以对于给定的图类，确定其关于普通子树数指标的极图结构变得非常重要.

2005 年和 2007 年，Székely 和 Wang[21, 86, 111]证明了所有 n 顶点树和二叉树中子树最大（小）的树结构分别为星（路径）树和 good（毛虫）二叉树. 2006 年，Yan 和 Yeh[22]基于生成函数给出了直径至少是 d 的情况下具有最大子树数的树结构，以及最大度至少为δ的情况下具有最小子树数的树结构，并给出了 n 顶点树中具有第二到第五大子树数、第二小子树数的树结构. 2008 年，Kirk 和 Wang [112]给出了给定顶点数和最大度的树中子树数最大的树结构. 2012 年和 2013 年，Li 和王书晶[113, 114]分别研究并确定了三类图：给定叶子个数、给定二划分、给定匹配数的图的子树及含原树叶子的子树最多的极图结构，以及四类图：控制数为 $n/2$ 和 2 的图、q-叉树、给定叶子树、给定二划分的图的子树及含原树叶子的子树最少的极图结构.

2013 年，Zhang 等[115]、Sills 和 Wang[116]分别独立证明了贪婪树是所有给定度序列的树中具有最大子树数的树. Zhang X D 和 Zhang X M[117]随后证明了给定度序列具有最小子树数的树是毛虫树（但一般不唯一）. 同年，Andriantiana 等[118]证明了更强的结论：贪婪树是给定度序列的树的任意阶子树数均最大的树. 2014 年，张修梅[119]给出了在保证给定度序列不变的情况下增大子树数的变换算法，确定了固定顶点数和独立（匹配）数的树集中子树数目的最大值及对应的树结构. 2014 年，Székely 和 Wang[120]研究了树的所有子树数与含子树核 v 的子树数、含叶子 w 的子树数的比例的极值.

2015 年和 2016 年，Yang 等[87, 108]推导出长度为 n 的六元素环螺链图、聚苯六角链图的关于子树数指标的前三大（小）值及对应的极图、关于 BC 子树数指标的最大值和最小值（猜想）及对应极值图的割点（两个六元素环间仅有一个公共点，此点被称为割点）和尾点序列，以及六角形链图和亚苯基链图的关于子树数指标的极大（小）值及对应的极图[88]，这些研究首次将子树和 BC 子树数的极值和极图问题从树推广到具体的化合物分子链图上. 2017 年，Andriantiana 等[121]研究并给出了固定段序列下树的关于子树数的极大图和极小图，以及关于匹配数等的极图结构.

2018 年，金超超[122]研究了顶点数为 $n(n\geqslant k)$ 的树集合中含 P_k 最多的树结构；此外，还研究了包含给定边数时所含子树数的最大值及最小值，并刻画了给定度序列的树中 P_4 最多的树的结构.

2. 普通子树数指标、BC 子树数指标和 Wiener 指标极值图间的“反序”关系

该问题为图的极图结构的预测和推理奠定了基础，为更有针对性、高效地预测化合

物的新特性提供了理论支持.

普通子树数指标和 Wiener 指标极值图间存在着有趣的“反序”关系（但并非在所有图类上都成立）。例如，Székely 和 Wang[21, 111, 120]分别于 2005 年和 2007 年证明了固定顶点的星树、good 二叉树是子树数（Wiener 指标）最多（小）的图，路径和 good 二叉树是子树数（Wiener 指标）最小（大）的图. 2008 年，Kirk 和 Wang[112]证明了给定顶点数和最大度的子树最多的树刚好是 Wiener 指标[123]最小的树. 2008 年，Wang [124]和 Zhang 等[125]分别独立证明了给定度序列所有树中贪婪树的 Wiener 指数最小. 2013 年，Zhang 等证明了上述条件下子树数最多的恰是贪婪树[115]. 2013 年和 2014 年，Székely 和 Wang[120, 126]研究了若干类子树数比例与对应的 Wiener 指标比例，并分析了两类指标间的“反序”关系的程度.

2015 年，Yang 等[102]证明了顶点数固定的树中星树的 BC 子树数（Wiener 指标）最多（小），路径的 BC 子树数（Wiener 指标）最少（大），BC 子树数指标和 Wiener 指标间刚好形成“反序”关系. 随后，又证明了六元素环螺链图和聚苯六角链图的普通子树数指标和 Wiener 指标间也存在“反序”关系[87]，首次将 Wiener 指标和普通子树数指标间的这种“反序”关系从树推广到了具体的化合物分子链图上. 2016 年，Yang 等[88]又进一步将这种“反序”关系推广到了六角形链图和亚苯基链图中.

2019 年，Li 等[23]分析了二叉树的距离与子树数比例的极值问题.

3. 图的普通子树、BC 子树、多叶距粒度正则α子树的平均阶及密度

该问题除了与图的结构属性相关外，还有对应的统计学意义，它表示随机选取图的一个顶点属于随机选取的一棵子树的概率. 1983 年和 1984 年，Jamison[82, 83]首次提出该问题并证明了无根标号树T（n个顶点）的子树的均阶下界至少为$\frac{n+2}{3}$，该下界成立当且仅当T是路径树，同时证明了子树平均阶具有单调性的结论；对于同胚不可约树（非叶顶点的度至少为 3），给出它的子树的平均密度至少为 1/2 的猜想.

2010 年，Vince 和 Wang[127]证明了 Jamison 的上述猜想并给出了同胚不可约树的子树的平均密度上界为 3/4. 2014 年，Haslegrave[128]给出了同胚不可约树达到上述上下界的充要条件. 2015 年，Wagner 和 Wang[129]证明了局部均值（含某个顶点的子树平均阶）总在叶顶点或度为 2 的顶点处取得且两者均有可能，以及任何一棵树的局部平均最多是全局平均（子树平均阶）的 2 倍. 基于文献[22]中树的普通子树的顶点生成函数及文献[102]提出的树的 BC 子树边生成函数，Yang 等[87, 88, 108, 130]于 2015 年和 2016 年研究并分析了六元素环螺链图、聚苯六角链图、六角形链图和亚苯基链图的普通子树密度和 BC 子树密度及其渐近特性.

2019 年，Yang 等[104]通过定义图的多叶距粒度正则α子树平均阶和α子树密度，利用α子树边生成函数研究了树状大分子图的多叶距粒度正则α子树的渐近行为.

1.2.3 应用研究

2003 年，Knudsen[85]研究并发现二叉树的含原树叶子的子树数能提供一个可残留构

型数的界，该界能用于系谱树的多序列简约比对，进而可用于 RNA 和蛋白结构预测及基因发现. 2004 年，赵海兴等[84]给出了子树数与顶点和边均可能故障的网络的稳定性间的一个关系. 2006 年，Misiolek 和 Chen[98]利用 BC 树给出了简化无（有）向图的网络流的一个线性时间算法. 同年，Mkrtchyan[101]证明了 BC 树中存在一个最大部分适当 0-1 染色使得染色为 0 的边形成一个最大匹配. 利用 BC 树的特性，2011 年 Chaplick 等[131]给出了一个识别特殊弦图的多项式时间算法.

利用 BC 树的结构特性，20 世纪 80 年代，Nakayama 和 Fujiwara[80, 95, 132]将其应用到一般化学结构的计算机存储上，相对于直接的邻接矩阵的存储方法，其所需内存大大降低且数据操作效率大大提高. BC 树也可用来解决并行调度[96]和容错计算[94]. 1999 年，Heath 和 Pemmaraju[97]用 BC 子树特性进行 1-栈和 1-队列有向无圈图的识别. 2002 年，Barefoot [100]证明了一棵树有 BC 子树划分当且仅当它没有完美匹配.

2019 年，Yang 等[103]提出了图的多叶距粒度正则α子树的概念（α为正整数，且满足$1\leqslant\alpha\leqslant d$，$d$ 为图的最长路径的长度. 在不引起混淆的情况下，其可简称为α子树），并提出了图的多叶距粒度正则α子树数指标这个统一且全新的拓扑度量，并给出了计算树网的全部，含任给一个顶点、两个顶点的多叶距粒度正则α子树的算法. 该指标像一个筛子一样为分类深入地解析树网的结构特性，以及从多维度预测和推理网络、致癌物分子（特别是 PM2.5 中的多环芳烃类致癌物分子）的物理化学新特性提供新的理论依据和度量方法，对局部可靠性网络设计、多维度分析 PM2.5 中多环芳烃等致癌物的性质进而科学、精准治污提供有效的理论依据.

1.2.4　有待进一步研究的课题

到目前为止，树和复杂圈图的众多拓扑指标研究取得了很大的进展，但关于普通子树、BC 子树及多叶距粒度正则α子树还未有系统的研究，尤其是后两种子树相关问题的研究工作才刚刚起步，以下问题亟待研究。

（1）如何利用组合矩阵论构造树的多叶距粒度正则 α 子树数指标的广义计算算法，以矩阵为桥梁融合研究该指标与距离型指标（如 Wiener 指标）间的关系，并对计数矩阵的特征值和谱特征展开分析.

（2）开展树的多叶距粒度正则α子树数指标的持续增减的变换方式研究，并借助变换组合推导固定顶点数和若干限定参数（度序列、最大度、叶子数、独立集数、匹配数）下树的关于该指标的极值和极图结构.

（3）基于特征图和辅助子结构的“多叶距粒度”权重的“收缩、传递”，研究典型六角系统的多叶距粒度正则α子树的计数算法，关于多叶距粒度正则α子树数的极图结构、密度等问题及多粒度解析对应分子的结构新特性.

§1.3　本书的内容安排

本书的组织结构如下。

第 1 章首先介绍图的主流的拓扑指标和图的拓扑指标的应用，然后介绍图的普通子树、BC 子树及多叶距粒度正则α子树的国内外研究现状及有待进一步研究的问题.

第2章主要介绍利用二元和新定义的三元生成函数给出树的全部，含任给一个顶点、两个顶点的子树和 BC 子树的计数算法，分析树的子树核和 BC 子树核，刻画 n 个顶点的树关于子树数和 BC 子树数指标的极值、极图结构，并给出图的子树数平均阶和 BC 子树数平均阶及子树和 BC 子树密度的定义.

第3章主要介绍单圈图和双圈图的子树和 BC 子树的计数，利用二元和新定义的三元生成函数及结构分析首先解决单双圈图的子树的计数问题，针对 BC 子树的计数，介绍单圈图和双圈图的含给定顶点且所有叶子到该顶点的距离都是奇（偶）数的子树的计数问题，在此基础上介绍计算单圈图和双圈图的全部、含任意一个顶点的 BC 子树的生成函数的算法.

第4章针对六元素环螺链图和聚苯六角链图的子树和 BC 子树的计数问题，通过二元和新定义的三元生成函数、圈权重的“收缩传递”及结构分析的方法，首先给出长度为 n 的六元素环螺（聚苯六角）链图的含最后一个割点 c_n（尾点 t_n）的子树及含 $c_n(t_n)$ 且所有的叶子到 $c_n(t_n)$ 的距离分别是奇数和偶数的子树的生成函数，然后推导出它们的子树和 BC 子树的生成函数，给出它们关于子树（BC）和子树数间的关系、极值、极图结构，首次将 Wiener 指标和子树数指标的“反序”关系推广到分子链图上并分析这两类链图的子树和 BC 子树密度.

第5章针对六角形链图 G_n、亚苯基链图 $\bar{G}_n$（n 代表对应链图的长度）的子树计数问题，通过二元生成函数和结构分析的方法，首先给出 G_n（$\bar{G}_n$ 及辅助图 $\bar{M}_{n-1}$）的含相邻六圈的公共边 (u_n, v_n)（相邻四圈和六圈的公共边 $(\bar{u}_n, \bar{v}_n)$ 及 $(\bar{p}_{n-1}, \bar{q}_{n-1})$）的子树的生成函数，然后推导出它们子树的生成函数，在此基础上给出两类链图的基于 TCB 的子树计数算法，并给出了两类链图关于子树数指标的极值、极图结构及子树密度分析.

第6章主要利用生成函数和结构分析的方法，给出扇图、r 多扇图 $K_{1,n}^r$ $(1 \leqslant r \leqslant n)$ 及轮图 W_{n+1} 的子树生成函数，并分析 r 多扇图 $K_{1,n}^r$ 和轮图 W_{n+1} 的子树数及子树密度特性，为从演化的角度探索多圈化合物结构，尤其是一些重要的纳米结构，如五边形碳纳米锥的拓扑新特性奠定重要基础.

第7章主要利用树的基于叶距的正则α子树的 $\alpha+1$ 元生成函数，辅助子树的α类“多叶距”权重，及叶子向其父亲节点传递α类“多叶距”权重的规则，并融合结构分析的方法，给出广义 Bethe 树、Bethe 树及树状大分子图 $T_{k,d}$ 的多叶距粒度正则α子树生成函数. 作为应用，提出图的α子树密度的概念并计算出 Newkome 等合成的树状大分子图的正则α子树数，此外，利用正则α子树边生成函数，对低阶树状大分子图 $T_{k,d}$ 的正则α子树密度特性进行研究.

第 2 章　树的子树和 BC 子树

1847 年，德国学者基尔霍夫（Kirchhoff）在研究物理问题时提出了树的概念. 1857 年，英国数学家凯莱（Cayley）在研究饱和碳氢化合物的同分异构体时给出了树的规范定义：连通且不含回路的图称为树. 树中度为 1 的节点称为叶子，度大于 1 的节点称为分支点或内点. 树是图中最简单且最重要的结构，在自然界和社会领域应用极为广泛，如带权图的最小生成树在工程技术、科学管理的最优解问题中有着广泛的应用. 众多复杂问题总是从解决树开始的.

关于树的众多指标特性已被学者给出，如 Wiener 指标[3,133]、Wiener Polarity 指标[8,10]、Harary 指标[134,135]、ABC 指标 [136,137]、Merrifield-Simmons 指标[138,139]、Hosoya 指标[140,141]、Zagreb 指标[142,143]、Randić 指标[124,144]等.

关于树的子树数问题研究，最早是由 Jamison[82,83]于 1983 年和 1984 年在研究树的子树的平均阶（顶点数）时提出的. Székely 和 Wang[21]在 2005 年进一步研究了固定顶点数下具有最多子树的树结构、good 二叉树的子树数公式、子树数指标和 Wiener 指标间的关系、含有原树至少一片叶子的子树核等问题. 关于树的子树和块割点子树（BC 子树）的计数算法方面的研究，2006 年 Yan 和 Yeh[22]利用生成函数给出了计算树的子树的线性计算算法. 2015 年，Yang 等[102]通过构造新的三元生成函数、“删除、收缩”操作并定义权重传递规则，解决了树的 BC 子树的计数及相关问题. 下面首先介绍树的子树的线性计算算法[22].

§2.1　树 的 子 树

由前面的定义可知，图的子树即图的非空连通无圈的子结构，通过定义新的二元生成函数、子树的权重、叶子的“删除、收缩”及权重传递规则，Yan 和 Yeh[22]给出了一个计算树的子树的生成函数的线性时间算法. 确定了 n 个顶点的树中具有最多、最少子树数的极值图，并利用图的移接变换和生成函数（基于引理 2.1 等系列理论），刻画了顶点数为 n 且直径不小于 d 的树中具有最大子树数的树的结构，以及最大度不小于 Δ 的树中具有最小子树数的树的结构.

2.1.1　树的子树和子树核

树 T 的“中部”的研究最早由法国数学家 Jordan[145]提出，他将树的中心定义为最小化偏心率函数 $\mathrm{ecc}(u)=\max_{v\in V(T)} d_T(u,v)$ 的顶点的集合 $C_1(T)$，并证明了 $C_1(T)$ 包含一个顶点或两个相邻的顶点. 通过定义顶点 v 的分支（v 是其叶子的最大子树）权重 $\mathrm{bw}(v)$，Jordan 又给出了质心的概念：最小化分支权重 $\mathrm{bw}(v)$ 的顶点的集合，记作 $C_2(T)$.同时，Jordan 证明了 $C_2(T)$ 包含一个顶点或两个相邻的顶点，若 $C_2(T)=\{c\}$，则 $\mathrm{bw}(c)\leqslant(n-1)/2$；

若 $C_2(T)=\{c_1,c_2\}$，则 c_1 和 c_2 相邻，且满足 $\mathrm{bw}(c_1)=\mathrm{bw}(c_2)=(n-1)/2$. 受树的中心和质心的定义启发，Székely 和 Wang[21]在 2005 年研究树的子树问题时提出了一个新的树的中心的概念子树核，记作 $C_3(T)$，其定义为被 T 的最多子树所包含的顶点的集合，即树 T 的使函数 $f_T(v)$（树 T 的含 v 的子树个数）取得最大值的顶点的集合，子树核 $C_3(T)$ 满足如下定理.

定理 2.1[21]　假定 T 为任意一棵树，则 T 的子树核集合含有一个或者两个顶点，若含有两个顶点，则这两个顶点相邻.

2.1.2　树的子树的计数算法

首先给出相关的符号定义，记 $G=[V(G),E(G);f,g]$ 为 n 个顶点和 m 条边的加权图，顶点集为 $V(G)$，边集为 $E(G)$. 当讨论 G 的普通子树时，设定其顶点权重函数为 $f:=f_1$，边权重函数为 $g:=g_1$，这里 $f_1:V(G)\to\Re$ 且 $g_1:E(G)\to\Re$（其中 $\Re$ 是单位元为 1 的交换环）. 如无特殊说明，规定权重函数 f 和 g 是自动映射的，即讨论普通子树计数时，$f:=f_1$，$g:=g_1$. 令 $d_G(u,v)$［或 $d(u,v)$，若无歧义］代表 G 的顶点对 u 和 v 间的距离. 令 $T(v)$ 表示根节点为 v 且由顶点 v 及它的后代诱导而成的子树. 记 $G\setminus X$ 为 G 的删除集合 X（X 可以是顶点集或边集）后的图. 记 $S(G)$ 为图 G 的子树集合，$S(G;v)$ 为图 G 的含顶点 v 的子树集合.

设 T_s 为加权图 G 的一棵子树，定义 T_s 的权重为 T_s 的顶点权重和边权重的乘积，记为 $\omega(T_s)$. 定义 G 的子树的生成函数 $F(G;f,g)$ 为 G 的所有子树的权重的和，即

$$F(G;f_1,g_1)=\sum_{T_s\in S(G;v)}\omega(T_s)$$

同样地，G 的含顶点 v 的子树的生成函数为

$$F(G;f_1,g_1;v)=\sum_{T_s\in S(G;v)}\omega(T_s)$$

令 $T=[V(T),E(T);f_1,g_1]$ 是一棵含 $n(n>1)$ 个顶点的加权树，u 是 T 的叶子，假定 $e=(u,v)$ 为对应的悬挂边. 在 T 的基础上构造顶点数为 $n-1$ 的加权树 $T_1'=[V(T_1'),E(T_1');f_1',g_1']$，其中，$V(T_1')=V(T)\setminus u$、$E(T_1')=E(T)\setminus e$，且

$$f_1'(v_s)=\begin{cases}f_1(v)[1+f_1(u)g_1(e)] & \text{如果}v_s=v\\ f_1(v_s) & \text{其他}\end{cases}$$

式中，$v_s\in V(T_1')$，同时 $g_1'(e)=g_1(e)\ [e\in E(T_1')]$.

由上述符号，可得以下两个引理.

引理 2.1[22]　对于任意一个顶点 $u\neq v_i$：

$$F(T;f_1,g_1;v_i)=F(T_1';f_1',g_1';v_i)$$

$$F(T;f_1,g_1)=F(T_1';f_1',g_1')+f_1(u)$$

引理 2.2[22]　假定 T 和 T_1' 如上所述，对于任意两个不同的顶点 $v_i\neq u$，$v_j\neq u$：

$$F(T;f_1,g_1;v_i,v_j)=F(T_1';f_1',g_1';v_i,v_j)$$

基于引理 2.1 和引理 2.2，可得计算树 T 的全部、含任给一个顶点、含任给两个顶点

的子树的生成函数的三个线性时间算法，分别为算法 1、算法 2 和算法 3.

算法 1　T 的普通子树的生成函数 $F(T;f,g)$

1：对所有的顶点 $v_s \in V(T)$，初始化其权重为 $f(v_s)=y$，并初始化 $N=0$
2：**do**
3：　随机选择一片叶子 u 并且记 $e=(u,v)$ 为对应的悬挂边;
4：　更新 v 的权重 $f(v)$ 为 $f(v)[1+g(e)f(u)]$;
5：　更新 $N=N+f(u)$;
6：　删除顶点 u 和边 e;
7：**while** v 不是唯一仅存的顶点
8：返回 $F(T;f,g)=N+f(v)$

算法 2　T 的含指定顶点 v_i 的子树的生成函数 $F(T;f,g;v_i)$

1：对所有的顶点 $v_s \in V(T)$，初始化其权重为 $f(v_s)=y$
2：**do**
3：　随机选择一片叶子 $u \neq v_i$ 并且记 $e=(u,v)$ 为对应的悬挂边;
4：　更新 v 的权重 $f(v)$ 为 $f(v)[1+g(e)f(u)]$;
5：　删除顶点 u 和边 e;
6：**while** v 不是唯一仅存的顶点
7：返回 $F(T;f,g;v_i)=f(v)$

算法 3　T 的含任给两个不同顶点 v_i 和 v_j 的子树的生成函数 $F(T;f,g;v_i,v_j)$

1：对所有的顶点 $v_s \in V(T)$，初始化其权重为 $f(v_s)=y$
2：调用过程 CONTRACT1();
//记 $P_{v_iv_j}$ 为 T 的连接顶点 v_i 和 v_j 的唯一路径
3：返回 $F(T;f,g;v_i,v_j)=\prod_{v\in V(P_{v_iv_j})} f(v) \prod_{e\in E(P_{v_iv_j})} g(e)$
4：**procedure** CONTRACT1()
5：　　搜索不同于 v_i 和 v_j 的叶子顶点 u 并且记 $e=(u,v)$ 为对应的悬挂边;
6：　　**while** 这样的顶点 u 存在 **do**
7：　　　更新 v 的权重 $f(v)$ 为 $f(v)[1+g(e)f(u)]$;
8：　　　删除边 e 和顶点 u;
9：　　　转向算法第 5 步;
10：　　**end while**
11：**end procedure**

2.1.3　关于子树数指标的极值、极图结构

在有 n 个顶点的树中，什么样的结构具有最多和最少的子树数呢？

引理 2.3[21]　路径树 P_n 有 $\binom{n+1}{2}$ 棵子树，比任何一个 n 顶点树的子树数都少. 星树 $K_{1,n-1}$ 有 $2^{n-1}+n-1$ 棵子树，大于任何一个 n 顶点树的子树数.

此外，关于 n 个顶点的树的 Wiener 指标，Entringer 等给出了如下引理.

引理 2.4[146]　路径树 P_n 的 Wiener 指标比任何一个 n 顶点树的 Wiener 指标都大. 星树 $K_{1,n-1}$ 的 Wiener 指标小于任何一个 n 顶点树的 Wiener 指标.

关于 n 叶二叉树中的子树数指标和 Wiener 指标也存在如下“反序”关系.

引理 2.5[21,123]　在所有 n 叶二叉树中，二叉毛虫树的子树数最小，Wiener 指标最大.

2.1.4　子树数平均阶和子树密度

定义 2.1[82]　令 G 为含 n 个顶点的图，有 k 棵秩分别为 $n_1,n_2,\cdots,n_k$ 的子树，定义 $\mu(G)=\frac{1}{k}\sum_{i=1}^{k}n_i$ 为 G 的子树平均阶，$D(G)=\frac{\mu(G)}{n}$ 为 G 的子树密度.

子树的平均阶和密度由 Jamison[82]于 1983 年提出，子树密度具有一定的物理意义，它表示随机选取的 G 的一个顶点属于随机选取的 G 的一棵子树的概率. 关于此方面的研究见文献[82]、文献[127]和文献[128]. 利用子树生成函数不仅可以计算子树的个数，还可以轻松求出所有子树的顶点总数，从而可以得到给定图的子树平均阶. 后续章节将分析六元素环螺链图、聚苯六角链图、六角形链图和亚苯基链图、多扇图和轮图等的子数密度问题.

§2.2　树的 BC 子树

虽然树的子树的计数得到了解决，但关于树的 BC 子树的计数问题却仍未得到解决. 本节通过定义新的三元生成函数、树“删除、收缩”及权重传递操作，给出了树的 BC 子树的生成函数的计数算法，确定了 n 个顶点树的 BC 子树（含原树叶 BC 子树）的最大值、最小值及对应的极图，同时提出并研究了树的“BC 子树核”（树的被最多 BC 子树所含的顶点的集合）、BC 子树密度的概念等.

为便于叙述 BC 子树的相关问题，需引入本节及以后章节要用到的术语和定义. 对于 n 个顶点和 m 条边的加权图 $G=[V(G),E(G);f,g]$，当考虑 G 的 O_v 子树和 E_v 子树（具体定义见本节及表 2.1）、BC 子树数时，设定其顶点权重函数为 $f:=f_2$，边权重函数为 $g:=g_2$，这里 $f_2:V(G)\to\Re\times\Re$（这里每一个 2-元组的第一个和第二个数分别代表对应顶点的“奇权重”和“偶权重”）且 $g_2:E(G)\to\Re$（其中 $\Re$ 是单位元为 1 的交换环）. 显然，每个顶点都有一个二维的权重向量，即对每个顶点 $v\in V(G)$，记 $f_2^{\mathrm{o}}(v)$ 为顶点 v 的“奇权重”，记 $f_2^{\mathrm{e}}(v)$ 为顶点 v 的“偶权重”. 如无特殊说明，规定权重函数 f 和 g 是自动映射的，即除了讨论普通子树外，规定 $f:=f_2$、$g:=g_2$. 为便于集中参考，其他主要符号定义见表 2.1.

表 2.1 主要符号定义

符号	意义
$L(T)$	树 T 的叶子集合
$S(G)[S_{\mathrm{BC}}(G)]$	图 G 的子树（BC 子树）集合
$S(G;v)$	图 G 的含顶点 v 的子树集合
$S(G;v,\mathrm{odd})$	图 G 的含 v 的且所有的叶子（规定 v 为非叶子）到 v 的距离都是奇数的子树集合
$S(G;v,\mathrm{even})$	图 G 的含 v 的且所有的叶子（规定 v 为非叶子）到 v 的距离都是偶数的子树集合，该集合含 $\{v\}$ 本身
$S_{\mathrm{BC}}(G;v)$	图 G 的含顶点 v 的 BC 子树集合
$S_{\mathrm{BC}}[G;(u,v)]$	图 G 的含边 (u,v) 的 BC 子树集合
$S_{\mathrm{BC}}(G;v_i,v_j)$	图 G 的含顶点对 v_i、v_j 的 BC 子树集合
$\omega\_\mathrm{vodd}(T_1)$	子树 $T_1\in S(G;v)$ 的 ω_vodd 权重
$\omega\_\mathrm{veven}(T_1)$	子树 $T_1\in S(G;v)$ 的 ω_veven 权重
$\omega(T_s)[\omega_{\mathrm{bc}}(T_2)]$	子树 $T_s\in S(G)$ 的[BC 子树 $T_2\in S_{\mathrm{BC}}(G)$ 的 BC]权重
$F_{\mathrm{BC}}()$	$S_{\mathrm{BC}}()$ 集合中的 BC 子树的 BC 权重生成函数
$\eta()$	上述 $S()$ 集合所含子树的个数
$\eta^{+}(T)$	T 的含原树 T 的叶子的子树个数
$\eta_{\mathrm{BC}}^{+}(T)$	T 的含原树 T 的叶子的 BC 子树个数
$\eta_{\mathrm{BC}}()$	上述 $S_{\mathrm{BC}}()$ 集合所含 BC 子树的个数

对于任一个顶点 v_k（规定 v_k 是非叶子顶点）和一棵子树 $T_1\in S(G;v_k)$，定义

$$\mathrm{SO}(T_1)=\{v\mid v\in V(T_1)\wedge d_{T_1}(v,v_k)\equiv 1(\mathrm{mod}2)\}$$

且

$$\mathrm{SE}(T_1)=\{v\mid v\in V(T_1)\wedge d_{T_1}(v,v_k)\equiv 0(\mathrm{mod}2)\}$$

式中，SO、SE 分别为 T_1 到 v_k 的距离为奇数、偶数的顶点集合.

同时，定义 T_1 的 ω_vodd 权重[记为 $\omega\_\mathrm{vodd}(T_1)$]、$\omega\_\mathrm{veven}$ 权重[记为 $\omega\_\mathrm{veven}(T_1)$]如下.

- 如果 T_1 是单个顶点树 v_k，则

$$\omega\_\mathrm{vodd}(T_1)=f_2^{\mathrm{o}}(v_k)$$

否则

$$\omega\_\mathrm{vodd}(T_1)=p_1p_2p_3p_4$$

其中：

$$p_1=\prod_{e\in E(T_1)}g(e)$$

$$p_2=\prod_{u\in\mathrm{SO}(T_1)}=f_2^{\mathrm{e}}(u)$$

$$p_3=\prod_{u\in\mathrm{SE}(T_1)\cap L(T_1)}f_2^{\mathrm{o}}(u)$$

$$p_4 = \prod_{u \in \mathrm{SE}(T_1) \cap u \notin L(T_1)} [1 + f_2^{\mathrm{o}}(u)]$$

- 如果 T_1 是单个顶点树 v_k，则

$$\omega\_\mathrm{veven}(T_1) = f_2^{\mathrm{e}}(v_k)$$

否则

$$\omega\_\mathrm{veven}(T_1) = p_1 p_2 p_3 p_4$$

其中：

$$p_1 = \prod_{e \in E(T_1)} g(e)$$

$$p_2 = \prod_{u \in \mathrm{SE}(T_1)} = f_2^{\mathrm{e}}(u)$$

$$p_3 = \prod_{u \in \mathrm{SO}(T_1) \cap L(T_1)} f_2^{\mathrm{o}}(u)$$

$$p_4 = \prod_{u \in \mathrm{SO}(T_1) \cap u \notin L(T_1)} [1 + f_2^{\mathrm{o}}(u)]$$

定义 $G=[V(G),E(G);f,g]$ 的含顶点 v_k 的子树集合 $S(G;v_k)$ 的奇（偶）生成函数，记为 $F(G;f,g;v_k,\mathrm{odd})$ $[F(G;f,g;v_k,\mathrm{even})]$，为 $S(G;v_k)$ 中所有子树的 $\omega\_\mathrm{vodd}(\omega\_\mathrm{veven})$ 权重的和. 即

$$F(G;f,g;v_k,\mathrm{odd}) = \sum_{T_1 \in S(G;v_k)} \omega\_\mathrm{vodd}(T_1)$$

和

$$F(G;f,g;v_k,\mathrm{even}) = \sum_{T_1 \in S(G;v_k)} \omega\_\mathrm{veven}(T_1)$$

为简化叙述，称集合 $S(G;v,\mathrm{odd})$ 中的子树为 O_v 子树，集合 $S(G;v,\mathrm{even})$ 中的子树为 E_v 子树，见表 2.1 中的描述.

同样地，对于加权图 G 的一棵 BC 子树 T_2，定义

$$\mathrm{BES}(T_2) = \{v \mid v \in V(T_2) \wedge d_{T_2}(v,v_l) \equiv 0(\mathrm{mod}2)\}$$

和

$$\mathrm{BOS}(T_2) = \{v \mid v \in V(T_2) \wedge d_{T_2}(v,v_l) \equiv 1(\mathrm{mod}2)\}$$

式中，$v_l \in L(T_2)$.

定义 T_2 的 BC 权重 $\omega_{\mathrm{bc}}(T_2)$ 为

$$\omega_{\mathrm{bc}}(T_2) = \prod_{u \in \mathrm{BES}(T_2)} f_2^{\mathrm{e}}(u) \prod_{e \in E(T_2)} g(e)$$

加权图 G 的 BC 子树的生成函数记为 $F_{\mathrm{BC}}(G;f,g)$，是 G 的所有 BC 子树的 BC 权重的和，即

$$F_{\mathrm{BC}}(G;f,g) = \sum_{T_2 \in S_{\mathrm{BC}}(G)} \omega_{\mathrm{bc}}(T_2)$$

同样地，有

$$F_{\mathrm{BC}}(G;f,g;v_i) = \sum_{T_2 \in S_{\mathrm{BC}}(G;v_i)} \omega_{\mathrm{bc}}(T_2), F_{\mathrm{BC}}[G;f,g;(u,v)] = \sum_{T_2 \in S_{\mathrm{BC}}[G;(u,v)]} \omega_{\mathrm{bc}}(T_2)$$

$$F_{\mathrm{BC}}(G;f,g;v_i,v_j)=\sum_{T_2\in S_{\mathrm{BC}}(G;v_i,v_j)}\omega_{\mathrm{bc}}(T_2)$$

对于一个简单加权图G，由上述符号和表 2.1 可知$\eta(G;v_i,\mathrm{odd})=F[G;(0,1),1;v_i,\mathrm{odd}]$为 G 的含v_i且所有叶子（v_i除外）到v_i的距离都为奇数的子树数，$\eta(G;v_i,\mathrm{even})=F[G;(0,1),1;v_i,\mathrm{even}]$为$G$的含$v_i$且所有叶子（$v_i$除外）到$v_i$的距离都为偶数的子树数（注意，单顶点$\{v_i\}$自身也包含于该集合），且$\eta_{\mathrm{BC}}(G)=F_{\mathrm{BC}}[G;(0,1),1]$为$G$的 BC 子树数.

同样地，$\eta_{\mathrm{BC}}(G;v_i)=F_{\mathrm{BC}}[G;(0,1),1,v_i]$、$\eta_{\mathrm{BC}}[G;(u,v)]=F_{\mathrm{BC}}[G;(0,1),1;(u,v)]$和$\eta_{\mathrm{BC}}(G;v_i,v_j)=F_{\mathrm{BC}}[G;(0,1),1;v_i,v_j]$为对应集合的 BC 子树数.

2.2.1　树的 BC 子树和 BC 子树核

受启于子树核的概念，定义T的 BC 子树核为最大化$\eta_{\mathrm{BC}}(T;v)$的顶点的集合，与其他树的“中部”概念不同，分析路径树就能看出 BC 子树核更加复杂.

令P_n是一棵路径树，$V(P_n)=\{v_i\mid i=1,2,\cdots,n\}$，简单计算可知

$$\eta_{\mathrm{BC}}(P_n;v_i)=\begin{cases}\dfrac{i(n+1-i)}{2}-1 & i\equiv 0(\mathrm{mod}\ 2)\\ \left\lfloor\dfrac{i(n+1-i)-1}{2}\right\rfloor & i\equiv 1(\mathrm{mod}\ 2)\end{cases}\tag{2.1}$$

因此，可知P_n的 BC 子树核与n和 4 的模余数有关：

- 当$n=4k$或者$n=4k+2$时，$\eta_{\mathrm{BC}}(P_n;v_i)$在$v_{\frac{n}{2}}$和$v_{\frac{n+2}{2}}$取得最大值$\dfrac{n^2+2n-8}{8}$；
- 当$n=4k+1$时，$\eta_{\mathrm{BC}}(P_n;v_i)$在$v_{\frac{n+1}{2}}$取得最大值$\dfrac{n^2+2n-3}{8}$；
- 当$n=4k+3$时，$\eta_{\mathrm{BC}}(P_n;v_i)$在$v_{\frac{n-1}{2}}$、$v_{\frac{n+1}{2}}$和$v_{\frac{n+3}{2}}$取得最大值$\dfrac{n^2+2n-7}{8}$.

注意到星树$K_{1,n-1}$的每一个 BC 子树都包含中心顶点，所以下面命题成立.

命题 2.1　星树$K_{1,n-1}(n>3)$的 BC 子树核是它的中心顶点.

一般来说，一棵树的 BC 子树核无须只包含相邻顶点（不同于星树和路径树的情况）. 如图 2.1(a)所示，简单计算可知$\eta_{\mathrm{BC}}(T_0;v_i)=11(i=1,2,3,4)$、$\eta_{\mathrm{BC}}(T_0;u_i)=18(i=1,2)$、$\eta_{\mathrm{BC}}(T_0;x)=\eta_{\mathrm{BC}}(T_0;y)=21$、$\eta_{\mathrm{BC}}(T_0;z)=19$.

那么，一个含两个顶点的 BC 子树核的内部顶点间的距离最大是 2 吗？答案是否定的[图 2.1(b)]，简单计算可知，$\eta_{\mathrm{BC}}(T_1;v_i)=11(i=2,3,4,8,9,10)$、$\eta_{\mathrm{BC}}(T_1;u_i)=23(i=5,6)$、$\eta_{\mathrm{BC}}(T_1;v_i)=26(i=1,7)$，但$v_1$和$v_7$间的距离是$3>2$. 事实上，对任意正整数$x\geqslant 3$，总能找到这样的例子使得含两个顶点的 BC 子树核的顶点间的距离大于x：将一棵$\lceil x/2\rceil+3$个顶点的路径树的两个端点分别与星树K_1和K_2的中心顶点相连（K_1和K_2均为$2\lceil x/2\rceil+2$个顶点的星树），易知由此构造的树的 BC 子树核（含两个顶点）的顶点间的距离为$2\lceil x/2\rceil+1>x$.

通过观察路径树和图 2.1（a）可知，对于 BC 子树核，不能期待得到类似于命题 2.1

那样的结论. 鉴于 BC 子树的特殊性质，对于路径上的“相邻顶点”，考虑下面的问题也非常有意义：对于 T 的一条路径上的连续顶点 a、b、c、d、e [ab、bc、cd、$de \in E(T)$]，c 一定比 a 和 e 被更多的 BC 子树包含吗？答案是否定的，通过对图 2.2（a）进行简单的计算可得 $\eta_{\mathrm{BC}}(T;v_i)=39(i=1,2,3,4,5,6)$、$\eta_{\mathrm{BC}}(T;u_i)=69(i=1,2)$、$\eta_{\mathrm{BC}}(T;z)=67$、$\eta_{\mathrm{BC}}(T;x)=\eta_{\mathrm{BC}}(T;y)=73$.

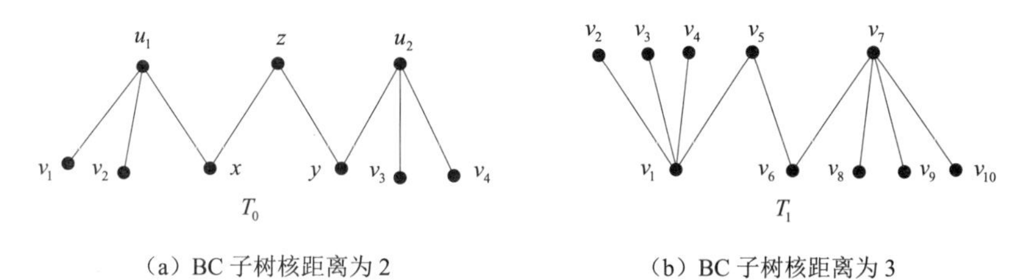

（a）BC 子树核距离为 2　　（b）BC 子树核距离为 3

图 2.1　BC 子树核无须只包含相邻顶点

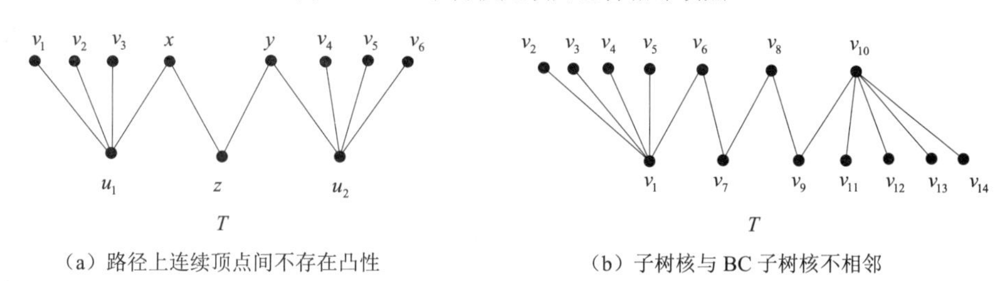

（a）路径上连续顶点间不存在凸性　　（b）子树核与 BC 子树核不相邻

图 2.2　两个反例

另一个自然的问题是：子树核一定是 BC 子树核的子集吗？再次对图 2.1（a）进行计算，可得 $\eta(T_0;v_i)=17(i=1,2,3,4)$、$\eta(T_0;u_i)=32(i=1,2)$、$\eta(T_0;x)=\eta(T_0;y)=35$、$\eta(T_0;z)=36$. 由定义可知，$T_0$ 的子树核是 $\{z\}$，BC 子树核是 $\{x,y\}$.

知道了子树核不一定是 BC 子树核的子集，那么它们彼此一定相邻吗（当它们包含不同顶点时）？该问题等同于想知道不同“中部”之间相距多远. 答案也是否定的，见图 2.2（b），简单计算可知 BC 子树核是 $\{v_1,v_{10}\}$ 且 $\eta_{\mathrm{BC}}(T;v_1)=\eta_{\mathrm{BC}}(T;v_{10})=73$；子树核是 $\{v_7,v_8\}$ 且 $\eta(T;v_7)=\eta(T;v_8)=342$，显然它们之间不相邻. 事实上，总能找到一个反例树使得它的子树核和 BC 子树核间的距离任意大. 例如，对于任意正整数 $x \geqslant 1$，将一棵 $2x+4$ 个顶点的路径树的两个端点分别与星树 K_1 和 K_2 的中心顶点相连（K_1 和 K_2 均为 $x+4$ 个顶点的星树），简单计算可知由此构造的新树 T 的两个“核”间的距离是 $x+1>x$.

2.2.2　树的 BC 子树的计数算法

1. 理论分析

令 $T=[V(T),E(T);f,g]$ 是一棵含 $n(n>1)$ 个顶点的加权树，根节点为 v_i，$u \neq v_i$ 为 T 的叶子（悬挂点）且 $e=(u,v)$ 为对应的悬挂边，见图 2.3（a）. 在 T 的基础上构造顶点数为 $n-1$ 的加权树 $T'=[V(T'),E(T');f',g']$ [图 2.3（b）]，其中 $V(T')=V(T)\setminus\{u\}$、$E(T')=E(T)\setminus\{e\}$，且对任意 $v_s \in V(T')$：

$$f'(v_s)_{\mathrm{o}} = \begin{cases} f(v)_{\mathrm{o}}[1+g(e)f(u)_{\mathrm{e}}]+g(e)f(u)_{\mathrm{e}} & 如果 v_s = v \\ f(v_s)_{\mathrm{o}} & 其他 \end{cases}$$

$$f'(v_s)_e = \begin{cases} f(v)_{\mathrm{e}}[1+g(e)f(u)_{\mathrm{o}}] & 如果 v_s = v \\ f(v_s)_{\mathrm{e}} & 其他 \end{cases}$$

同时，$g'(e)=g(e)[e\in E(T')]$. 这里，$f(v)_{\mathrm{o}}$ 和 $f(v)_{\mathrm{e}}$ 分别代表顶点 v 的奇权重和偶权重.

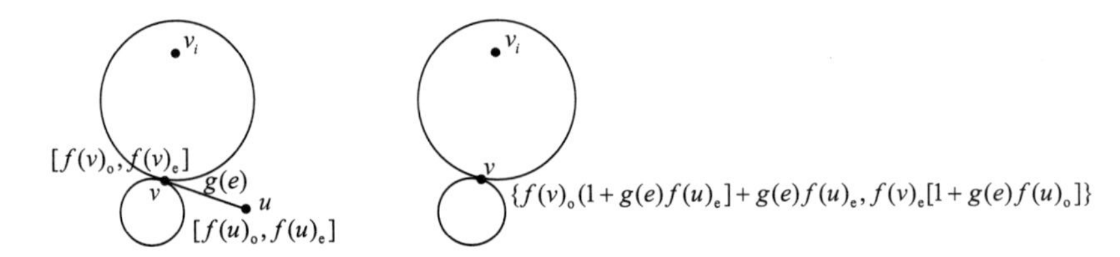

（a）加权树 $T=[V(T),E(T);f,g]$　　　　（b）加权树 $T'=[V(T'),E(T');f',g']$

图 2.3　加权树 $T=[V(T),E(T);f,g]$ 及对应的加权树 $T'=[V(T'),E(T');f',g']$

定理 2.2　根据上述定义和符号，有

$$\begin{cases} F(T;f,g;v_i,\mathrm{odd}) = F(T';f',g';v_i,\mathrm{odd}) \\ F(T;f,g;v_i,\mathrm{even}) = F(T';f',g';v_i,\mathrm{even}) \end{cases} \tag{2.2}$$

证明　考虑 $d_T(v_i,v)$ 为奇数的情况，将 T 和 T' 的含 v_i 的子树集合，即 $S(T;v_i)$ 和 $S(T';v_i)$ 分别进行如下划分：

$$S(T;v_i) = \mathcal{T}_1 \cup \mathcal{T}_{1'} \cup \mathcal{T}_2 \cup \mathcal{T}_3$$

和

$$S(T';v_i) = \mathcal{T}_1' \cup \mathcal{T}_2'$$

式中，$\mathcal{T}_1$ 为 $S(T;v_i)$ 的含 v 但不含 u 的子树集合；$\mathcal{T}_{1'}$ 为 $S(T;v_i)$ 的既含 v 也含 u [即含边 (v, u)] 的子树集合；$\mathcal{T}_2$ 为 $S(T;v_i)$ 的既不含 v 也不含 u 的子树集合；$\mathcal{T}_3$ 为 $S(T;v_i)$ 的含 u 但不含 v 的子树集合；$\mathcal{T}_1'$ 为 $S(T';v_i)$ 的含 v 的子树集合；$\mathcal{T}_2'$ 为 $S(T';v_i)$ 的不含 v 的子树集合.

由以上定义可做如下分类：

（1-i）$\mathcal{T}_1$ 和 $\mathcal{T}_1'$ 间（忽略顶点 v 的偶权重）及 $\mathcal{T}_2$ 和 $\mathcal{T}_2'$ 间是自然双射；

（1-ii）$\mathcal{T}_{1'}=\{T_1+e \mid T_1\in\mathcal{T}_1\}$，即 T_1+e 是通过在 T_1 的顶点 v 处连接一条悬挂边 $e=(u,v)$ 而构成的；

（1-iii）易知 $\mathcal{T}_3=\varnothing$，显然 $\sum_{T_3\in\mathcal{T}_3}\omega\_\mathrm{vodd}(T_3)=0$.

注意到

$$\sum_{T_1'\in\mathcal{T}_1'}\omega\_\mathrm{vodd}(T_1') = \sum_{T_1'\in\mathcal{T}_1'} f'(v)_{\mathrm{e}}\frac{\omega\_\mathrm{vodd}(T_1')}{f'(v)_{\mathrm{e}}} = \sum_{T_1'\in\mathcal{T}_1'} f(v)_{\mathrm{e}}[1+g(e)f(u)_{\mathrm{o}}]\frac{\omega\_\mathrm{vodd}(T_1')}{f'(v)_{\mathrm{e}}} \tag{2.3}$$

由类（1-i）和类（1-ii）可得

$$\sum_{T_{1'}\in\mathcal{T}_{1'}}\omega\_\mathrm{vodd}(T_{1'}) = \sum_{T_1\in\mathcal{T}_1} g(e)f(u)_{\mathrm{o}}\,\omega\_\mathrm{vodd}(T_1) \tag{2.4}$$

$$\sum_{T_2'\in\mathcal{T}_2'}\omega\_\mathrm{vodd}(T_2') = \sum_{T_2\in\mathcal{T}_2}\omega\_\mathrm{vodd}(T_2) \tag{2.5}$$

由式（2.4）可得

$$\sum_{T_1\in\mathcal{T}_1}\omega\_\text{vodd}(T_1)+\sum_{T_{1'}\in\mathcal{T}_{1'}}\omega\_\text{vodd}(T_{1'})=\sum_{T_1\in\mathcal{T}_1}[1+g(e)f(u)_\text{o}]\omega\_\text{vodd}(T_1)$$

$$=\sum_{T_1\in\mathcal{T}_1}f(v)_\text{e}[1+g(e)f(u)_\text{o}]\frac{\omega\_\text{vodd}(T_1)}{f(v)_\text{e}} \quad (2.6)$$

此外，由类（1-i）可知，双射 $\mathcal{T}_1$ 和 $\mathcal{T}_1'$ 间的唯一不同就是顶点 v 的偶权重{一个是 $f(v)_\text{e}[1+g(e)f(u)_\text{o}]$，另一个是 $f(v)_\text{e}$}，所以

$$\omega\_\text{vodd}(T_1')/f'(v)_\text{e}=\omega\_\text{vodd}(T_1)/f(v)_\text{e}$$

结合式（2.3）和式（2.6）可得

$$\sum_{T_1\in\mathcal{T}_1}\omega\_\text{vodd}(T_1)+\sum_{T_{1'}\in\mathcal{T}_{1'}}\omega\_\text{vodd}(T_{1'})=\sum_{T_1'\in\mathcal{T}_1'}\omega\_\text{vodd}(T_1') \quad (2.7)$$

所以，由式（2.5）、式（2.7）、类（1-iii），以及 $F(T;f,g;v_i,\text{odd})$ 和 $F(T';f',g';v_i,\text{odd})$ 的定义，有

$$F(T;f,g;v_i,\text{odd})=\sum_{T_1\in\mathcal{T}_1}\omega\_\text{vodd}(T_1)+\sum_{T_{1'}\in\mathcal{T}_{1'}}\omega\_\text{vodd}(T_{1'})+\sum_{T_2\in\mathcal{T}_2}\omega\_\text{vodd}(T_2)+\sum_{T_3\in\mathcal{T}_3}\omega\_\text{vodd}(T_3)$$

$$=\sum_{T_1'\in\mathcal{T}_1'}\omega\_\text{vodd}(T_1')+\sum_{T_2'\in\mathcal{T}_2'}\omega\_\text{vodd}(T_2')$$

$$=F(T';f',g';v_i,\text{odd})$$

成立.

当 $d_T(v_i,v)$ 为偶数时，同样地，对 T 和 T' 的含 v_i 的子树集合 $S(T;v_i)$ 和 $S(T';v_i)$ 分别进行如下划分：

$$S(T;v_i)=\mathcal{T}_{1,1}\cup\mathcal{T}_{1,2}\cup\mathcal{T}_{1'}\cup\mathcal{T}_2\cup\mathcal{T}_3$$

和

$$S(T';v_i)=\mathcal{T}_{1,1}'\cup\mathcal{T}_{1,2}'\cup\mathcal{T}_2'$$

式中，$\mathcal{T}_{1,1}$ 为 $S(T;v_i)$ 的含 v 但不含 u 且 v 为该子树的叶子的子树集合；$\mathcal{T}_{1,2}$ 为 $S(T;v_i)$ 的含 v 但不含 u 且 v 非该子树的叶子的子树集合；$\mathcal{T}_{1,1}'$ 为 $S(T';v_i)$ 的含 v 且 v 为该子树的叶子的子树集合；$\mathcal{T}_{1,2}'$ 为 $S(T';v_i)$ 的含 v 且 v 非该子树的叶子的子树集合；$\mathcal{T}_{1'}$、$\mathcal{T}_2$、$\mathcal{T}_3$ 和 $\mathcal{T}_2'$ 的定义与 $d_T(v_i,v)$ 为奇数时的定义相同. 由以上定义可做如下分类：

（2-i）$\mathcal{T}_{1,1}$ 和 $\mathcal{T}_{1,1}'$ 间及 $\mathcal{T}_{1,2}$ 和 $\mathcal{T}_{1,2}'$ 间（忽略顶点 v 的奇权重）、$\mathcal{T}_2$ 和 $\mathcal{T}_2'$ 间是自然双射；

（2-ii）$\mathcal{T}_{1'}=\{T_{1,1}+e\,|\,T_{1,1}\in\mathcal{T}_{1,1}\}\cup\{T_{1,2}+e\,|\,T_{1,2}\in\mathcal{T}_{1,2}\}$，即 $T_{1,1}+e$ 和 $T_{1,2}+e$ 是通过在 $T_{1,1}$ 和 $T_{1,2}$ 的顶点 v 处连接一条悬挂边 $e=(u,v)$ 而构成的；

（2-iii）显然，$\sum_{T_3\in\mathcal{T}_3}\omega\_\text{vodd}(T_3)=0$.

注意到

$$\sum_{T_{1,1}'\in\mathcal{T}_{1,1}'}\omega\_\text{vodd}(T_{1,1}')=\sum_{T_{1,1}'\in\mathcal{T}_{1,1}'}f'(v)_\text{o}\frac{\omega\_\text{vodd}(T_{1,1}')}{f'(v)_\text{o}}$$

$$=\sum_{T_{1,1}'\in\mathcal{T}_{1,1}'}\{f(v)_\text{o}[1+g(e)f(u)_\text{e}]+g(e)f(u)_\text{e}\}\frac{\omega\_\text{vodd}(T_{1,1}')}{f'(v)_\text{o}} \quad (2.8)$$

和

$$\sum_{T'_{1,2}\in\mathcal{T}'_{1,2}}\omega\_\text{vodd}(T'_{1,2})=\sum_{T'_{1,2}\in\mathcal{T}'_{1,2}}[1+f'(v)_{\text{o}}]\frac{\omega\_\text{vodd}(T'_{1,2})}{1+f'(v)_{\text{o}}}$$

$$=\sum_{T'_{1,2}\in\mathcal{T}'_{1,2}}\{1+f(v)_{\text{o}}[1+g(e)f(u)_{\text{e}}]+g(e)f(u)_{\text{e}}\}\frac{\omega\_\text{vodd}(T'_{1,2})}{1+f'(v)_{\text{o}}} \quad (2.9)$$

由类（2-i）和类（2-ii）可得

$$\sum_{T_{1'}\in\mathcal{T}_{1'}}\omega\_\text{vodd}(T_{1'})=\sum_{T_{1,1}\in\mathcal{T}_{1,1}}g(e)f(u)_{\text{e}}\frac{1+f(v)_{\text{o}}}{f(v)_{\text{o}}}\omega\_\text{vodd}(T_{1,1})+\sum_{T_{1,2}\in\mathcal{T}_{1,2}}g(e)f(u)_{\text{e}}\omega\_\text{vodd}(T_{1,2}) \quad (2.10)$$

由式（2.10）可得

$$\sum_{T_{1,1}\in\mathcal{T}_{1,1}}\omega\_\text{vodd}(T_{1,1})+\sum_{T_{1,2}\in\mathcal{T}_{1,2}}\omega\_\text{vodd}(T_{1,2})+\sum_{T_{1'}\in\mathcal{T}_{1'}}\omega\_\text{vodd}(T_{1'})$$

$$=\sum_{T_{1,1}\in\mathcal{T}_{1,1}}\left[1+g(e)f(u)_{\text{e}}\frac{1+f(v)_{\text{o}}}{f(v)_{\text{o}}}\right]\omega\_\text{vodd}(T_{1,1})$$

$$+\sum_{T_{1,2}\in\mathcal{T}_{1,2}}[1+f(v)_{\text{o}}][1+g(e)f(u)_{\text{e}}]\frac{\omega\_\text{vodd}(T_{1,2})}{1+f(v)_{\text{o}}}$$

$$=\sum_{T'_{1,1}\in\mathcal{T}'_{1,1}}\{f(v)_{\text{o}}[1+g(e)f(u)_{\text{e}}]+g(e)f(u)_{\text{e}}\}\frac{\omega\_\text{vodd}(T_{1,1})}{1+f(v)_{\text{o}}}$$

$$+\sum_{T'_{1,2}\in\mathcal{T}'_{1,2}}\{1+f(v)_{\text{o}}[1+g(e)f(u)_{\text{e}}]+g(e)f(u)_{\text{e}}\}\frac{\omega\_\text{vodd}(T_{1,2})}{1+f(v)_{\text{o}}} \quad (2.11)$$

同样地，由类（2-i）可得

$$\frac{\omega\_\text{vodd}(T_{1,1})}{f(v)_{\text{o}}}=\frac{\omega\_\text{vodd}(T'_{1,1})}{f'(v)_{\text{o}}},\quad \frac{\omega\_\text{vodd}(T'_{1,2})}{1+f'(v)_{\text{o}}}=\frac{\omega\_\text{vodd}(T_{1,2})}{1+f(v)_{\text{o}}} \quad (2.12)$$

结合式（2.8）～式（2.12），可知 $d_T(v_i,v)$ 为偶数时，式（2.2）的第一个等式成立. 类似地，可证 $F(T;f,g;v_i,\text{even})=F(T';f',g';v_i,\text{even})$，故定理成立.

相似的分析，可以证明以下定理.

定理 2.3 对任一条边 $e=(v_k,u_k)\in E(T)$ 且 $v_k\neq u$、$u_k\neq u$，有

$$F_{\text{BC}}[T;f,g;(v_k,u_k)]=F_{\text{BC}}[T';f',g';(v_k,u_k)]$$

定理 2.4 给定任意两个不同的顶点 v_i 和 v_j 且满足 $v_i\neq u$、$v_j\neq u$，有

$$F_{\text{BC}}(T;f,g;v_i,v_j)=F_{\text{BC}}(T';f',g';v_i,v_j)$$

假定 $e=(u,v)$ 是 $T=[V(T),E(T);f,g]$ 的一条边，令 $T_0(T')$ 为 $T\setminus e$ 的包含 $u(v)$ 的连通图（图 2.4）.

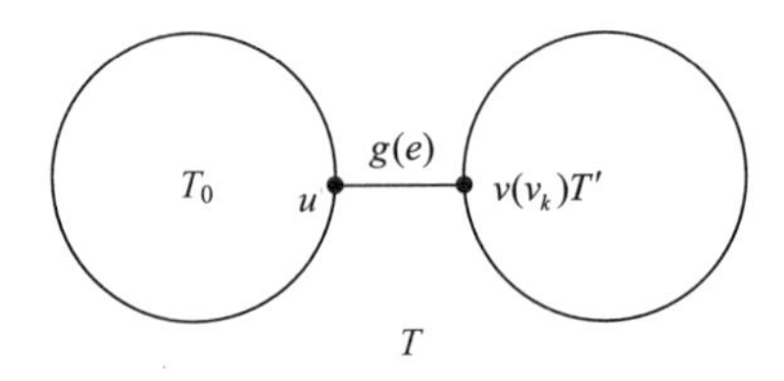

图 2.4 加权树 $T=[V(T),E(T);f,g]$

定理 2.5

$$F_{\mathrm{BC}}(T;f,g)=F_{\mathrm{BC}}(T_0;f,g)+F_{\mathrm{BC}}(T';f,g)+F(T_0;f,g;u,\mathrm{odd})F(T';f,g;v,\mathrm{even})g(e)$$
$$+F(T_0;f,g;u,\mathrm{even})F(T';f,g;v,\mathrm{odd})g(e) \tag{2.13}$$

证明　将集合 $S_{\mathrm{BC}}(T)$ 中的 BC 子树分为如下两类：

（i）包含 $e=(u,v)$；

（ii）不包含 $e=(u,v)$.

显然，类（ii）对应 $F_{\mathrm{BC}}(T_0;f,g)+F_{\mathrm{BC}}(T';f,g)$，由 BC 树的定义可知类（i）对应 $F(T_0;f,g;u,\mathrm{odd})F(T';f,g;v,\mathrm{even})g(e)+F(T_0;f,g;u,\mathrm{even})F(T';f,g;v,\mathrm{odd})g(e)$，故定理 2.5 成立.

令图 2.4 中的 $v_k=v$，类似定理 2.5 的论证可得如下定理.

定理 2.6

$$\begin{aligned}F_{\mathrm{BC}}(T;f,g;v)&=F_{\mathrm{BC}}(T;f,g;v_k)\\&=F_{\mathrm{BC}}(T';f,g;v_k)+F(T_0;f,g;u,\mathrm{odd})F(T';f,g;v_k,\mathrm{even})g(e)\\&\quad+F(T_0;f,g;u,\mathrm{even})F(T';f,g;v_k,\mathrm{odd})g(e)\end{aligned}$$

应用上面的定理，可得如下推论.

推论 2.1　令 $P_n=[V(P_n)E(P_n);f,g]$ 为 $n(n\geqslant 3)$ 个顶点的加权路径树，且 $V(P_n)=\{v_i\mid i=1,2,\cdots,n\}$、$E(P_n)=\{e_i=(v_i,v_i+1)\mid i=1,2,\cdots,n-1\}$、$f(v_i)=(0,y_i)(i=1,2,\cdots,n)$，且 $g(e_i)=z_i(i=1,2,\cdots,n-1)$，那么

$$F_{\mathrm{BC}}(P_n;f,g)=\sum_{j=1}^{\left\lceil\frac{n}{2}\right\rceil-1}\left[\sum_{i=1}^{\left\lceil\frac{n}{2}\right\rceil-j}\left(\prod_{s=i}^{i+j-1}y_{2s-1}z_{2s-1}z_{2s}\right)y_{2(i+j-1)+1}+\sum_{i=1}^{\left\lceil\frac{n}{2}\right\rceil-j}\left(\prod_{s=i}^{i+j-1}y_{2s}z_{2s}z_{2s+1}\right)y_{2(i+j)}\right]$$

且

$$F_{\mathrm{BC}}(P_n;f,g;v_1)=\sum_{j=1}^{\left\lceil\frac{n}{2}\right\rceil-1}\left[\sum_{i=1}^{\left\lceil\frac{n}{2}\right\rceil-j}\left(\prod_{s=i}^{i+j-1}y_{2s-1}z_{2s-1}z_{2s}\right)y_{2(i+j-1)+1}\right]$$

所以，有

$$F_{\mathrm{BC}}[P_n;(0,y),z]=\sum_{i=1}^{\left\lceil\frac{n}{2}\right\rceil-1}(n-2i)y^2z^2(yz^2)^{i-1}$$

$$F_{\mathrm{BC}}[P_n;(0,y),z;v_1]=\sum_{i=1}^{\left\lceil\frac{n}{2}\right\rceil-1}y^{i+1}z^{2i}$$

$$F_{\mathrm{BC}}[P_n;(0,y),1]=\sum_{i=2}^{\left\lceil\frac{n}{2}\right\rceil}(n-2i+2)y^i$$

和

$$F_{\mathrm{BC}}[P_n;(0,1),z]=\sum_{i=1}^{\left\lceil\frac{n}{2}\right\rceil-1}(n-2i)z^{2i}$$

同样地，对于星树，可得如下推论.

推论 2.2 令 $K_{1,n-1}=[V(K_{1,n-1}),E(K_{1,n-1});f,g]$ 是 $n(n\geqslant 3)$ 个顶点的加权星树，$V(K_{1,n-1})=\{v_i\mid i=1,2,\cdots,n\}$ 、 $E(K_{1,n-1})=\{e_i=(v_n,v_i)\mid i=1,2,\cdots,n-1\}$ 、 $f(v_i)=(0,y_i)$（$i=1,2,\cdots,n$）且 $g(e_i)=z_i$（$i=1,2,\cdots,n-1$）那么

$$F_{\mathrm{BC}}(K_{1,n-1};f,g)=\sum_{i=2}^{n-1}\left(\sum_{1\leqslant j_1<j_2<\cdots<j_i\leqslant n-1}\prod_{k=1}^{i}y_{j_k}z_{j_k}\right)$$

且

$$F_{\mathrm{BC}}[K_{1,n-1};(0,y),z]=\sum_{i=2}^{n-1}\binom{n-1}{i}y^iz^i$$

所以

$$\eta_{\mathrm{BC}}(P_n)=F_{\mathrm{BC}}[P_n;(0,1),1]=\sum_{i=1}^{\left\lceil\frac{n}{2}\right\rceil-1}(n-2i)=\left(\left\lceil\frac{n}{2}\right\rceil-1\right)\left(n-\left\lceil\frac{n}{2}\right\rceil\right)\tag{2.14}$$

和

$$\eta_{\mathrm{BC}}(K_{1,n-1})=F_{\mathrm{BC}}[K_{1,n-1};(0,1),1]=\sum_{i=2}^{n-1}\binom{n-1}{i}=2^{n-1}-n\tag{2.15}$$

2. 相关 BC 子树的计数算法

令 $T=[V(T),E(T);f,g]$ 是含有至少两个顶点的加权树，v_i 和 v_j 为 T 的两个不同的顶点，$e=(v_k,u_k)$ 是 T 的一条边，由以上定理可得计算生成函数 $F(T;f,g;v_i,\mathrm{odd})$、$F(T;f,g;v_i,\mathrm{even})$、$F_{\mathrm{BC}}(T;f,g)$、$F_{\mathrm{BC}}(T;f,g;v_i)$、$F_{\mathrm{BC}}[T;f,g;(u,v)]$ 和 $F_{\mathrm{BC}}(T;f,g;v_i,v_j)$ 的图论算法. 易知这些算法所涉及的随机选择顶点不影响生成函数的计算结果. 此外，通过分析可知，这些算法均可终止.

说明 2.1 为了算法表达的简洁性，本书所有算法的部分描述采用流转形式.

算法 4 T 的含指定顶点 v_i，且所有的叶子到 v_i 的距离分别均是奇数、偶数的子树的生成函数 $F(T;f,g;v_i,\mathrm{odd})$、$F(T;f,g;v_i,\mathrm{even})$

1：对所有的顶点 $v_s\in V(T)$，初始化其权重为 $[f(v_s)_{\mathrm{o}},f(v_s)e]=(0,y)$；
2：**if** v_i 即树 T 自身 **then**
3：　　设置 $v:=v_i$；
4：**else**
5：　　调用过程 CONTRACT1();
6：**end if**
7：返回 $F(T;f,g;v_i,\mathrm{odd})=f(v)_{\mathrm{o}}$、$F(T;f,g;v_i,\mathrm{even})=f(v)_{\mathrm{e}}$.
8：**procedure** CONTRACT1();
9：　　**do**
10：　　　随机选择一个不同于 v_i 的悬挂点 u 并且记 $e=(u,v)$ 为对应的悬挂边;

11：　　　　更新 v 的权重 $[f(v)_o, f(v)_e]$ 为
　　　　　　$\{f(v)_o[1+g(e)f(u)_e]+g(e)f(u)_e, f(v)_e[1+f(u)_o g(e)]\}$；
12：　　　　删除顶点 u 和边 e；
13：　　　**while** v 不是顶点 v_i
14：**end procedure**

说明 2.2　假定 T 是一棵 n 顶点树，$v_i, v_j \in V(T)$ 为两个不同的顶点，$e=(u,v)\in E(T)$. $\eta(T;v_i,\text{odd})$、$\eta(T;v_i,\text{even})$ 可以通过算法 4 在 $O(n)$ 里得到，$\eta_{\text{BC}}(T)$ 可以通过算法 5 在 $O(n^2)$ 里得到，$\eta_{\text{BC}}[T;(u,v)]$ 可以通过算法 6 在 $O(n)$ 里得到，$\eta_{\text{BC}}(T;v_k)$ 可以通过算法 7 在 $O(n^2)$ 里得到，$\eta_{\text{BC}}(T;v_i,v_j)$ 可以通过算法 8 在 $O(n)$ 里得到.

算法 5　T 的 BC 子树的生成函数 $F_{\text{BC}}(T;f,g)$

1：对所有的顶点 $v_s\in V(T)$，初始化其权重为 $[f(v_s)_o, f(v_s)_e]=(0,y)$；
2：令 $T_{\text{temp}} := T$ 并初始化 $N=0$；
3：**if** T_{temp} 是一棵非单顶点树 **then**
4：　　调用过程 CONTRACT2();
5：**end if**
6：返回 $F_{\text{BC}}(T;f,g)=N$.
7：**procedure** CONTRACT2()
8：　搜索树 T_{temp} 的任一个悬挂点 u 并且记 $e=(u,v)$ 为对应的悬挂边;
9：　　**while** e 存在且不是剩下的唯一的边 **do**
10：　　令 $T_{\text{temp}} := T_{\text{temp}}\setminus[(u,v)\cup u]$，设置 $T := T_{\text{temp}}$；$v_i := v$ 并调用算法 4
　　　　计算 $F(T_{\text{temp}};f,g;v,\text{odd})$ 和 $F(T_{\text{temp}};f,g;v,\text{even})$；
11：　　更新 $N=N+F(T_{\text{temp}};f,g;v,\text{odd})g(e)f(u)_e+F(T_{\text{temp}};f,g;v,\text{even})g(e)f(u)_o$；
12：　　删除边 e 和顶点 u；
13：　　转向算法第 8 步;
14：　　**end while**
15：**end procedure**

算法 6　T 的含任给边 $e=(v_k,u_k)$ 的 BC 子树的生成函数 $F_{\text{BC}}[T;f,g;(v_k,u_k)]$

1：对所有的顶点 $v_s\in V(T)$，初始化其权重为 $[f(v_s)_o, f(v_s)_e]=(0,y)$；
2：调用过程 CONTRACT3();
3：返回 $F_{\text{BC}}[T;f,g;(v_k,u_k)]=f(v_k)_o g(e)f(u_k)_e+f(v_k)_e g(e)f(u_k)_o$.
4：**procedure** CONTRACT3()
5：　搜索一个不同于 v_k 和 u_k 的悬挂点 u 并且记 $e=(u,v)$ 为对应的悬挂边;
6：　**while** 这样的边 e 存在 **do**
7：　　更新顶点 u 的奇权重 $f(v)_o$ 为 $f(v)_o[1+g(e)f(u)_e]+g(e)f(u)_e$，偶权重 $f(v)_e$

为 $f(v)_{\mathrm{e}}[1+g(e)f(u)_{\mathrm{o}}]$;
8:　　删除边 e 和顶点 u;
9:　　转向算法第 5 步;
10:　**end while**
11: **end procedure**

算法 7　T 的含任给顶点 v_k 的 BC 子树的生成函数 $F_{\mathrm{BC}}(T;f,g;v_k)$

1: 对所有的顶点 $v_s \in V(T)$，初始化其权重为 $[f(v_s)_{\mathrm{o}}, f(v_s)_{\mathrm{e}}]=(0,y)$，同时初始化 $N=0$;
2: 调用过程 CONTRACT4();
3: 返回 $F_{\mathrm{BC}}(T;f,g;v_k)=N$.
4: **procedure** CONTRACT4()
5:　搜索顶点 v_k 的一个邻居顶点并将它设为 v_{temp};
6:　**while** 这样的顶点 v_{temp} 存在 **do**
7:　　删除边 (v_k, v_{temp})，并且记 T_{v_k} $(T_{v_{\mathrm{temp}}})$ 为删除边 $e=(v_k,v_{\mathrm{temp}})$ 后的含顶点 v_k (v_{temp}) 的树;
8:　　设置 $T:=T_{v_k}$、$v_i:=v_k$ $(T:=T_{v_{\mathrm{temp}}}$、$v_i:=v_{\mathrm{temp}})$ 并调用算法 4 计算 $F(T_{v_k};f,g;v_k,\mathrm{odd})$、$F(T_{v_k};f,g;v_k,\mathrm{even})[F(T_{v_{\mathrm{temp}}};f,g;v_{\mathrm{temp}},\mathrm{odd})$、$F(T_{v_{\mathrm{temp}}};f,g;v_{\mathrm{temp}},\mathrm{even})]$;
9:　　更新 $N=N+F(T_{v_k};f,g;v_k,\mathrm{odd})g(e)F(T_{v_{\mathrm{temp}}};f,g;v_{\mathrm{temp}},\mathrm{even})$
$+F(T_{v_k};f,g;v_k,\mathrm{even})g(e)F(T_{v_{\mathrm{temp}}};f,g;v_{\mathrm{temp}},\mathrm{odd})$;
10:　　转向算法第 5 步;
11:　**end while**
12: **end procedure**

说明 2.3　生成函数还能提供更多的如含特定集合里给定顶点数或边数的 BC 子树数. 为展示此应用，下面给出一些新的定义.

记 $\alpha(G;k,l)$（G 是任意一个图）为 G 的含 k 条边且 l 个顶点在 BES 集合（定义如前所述）中的 BC 子树数. 类似地，定义 $\alpha(G;v_i;k,l)$、$\alpha[G;(u,v);k,l]$ 和 $\alpha(G;v_i,v_j;k,l)$.

同样，记 $\beta(G;k,l)$ 为 G 的含 k 个顶点且其中的 l 个顶点在 BES 集合中的 BC 子树数. 类似地，定义 $\beta(G;v_i;k,l)$、$\beta[G;(u,v);k,l]$ 和 $\beta(G;v_i,v_j;k,l)$. 显然 $\alpha(G;k,l)=\beta(G;k+1,l)$，同理，这种等价关系对另两个等式也成立.

由生成函数的定义给每条边赋权 z，每个顶点赋权 $(0,y)$，可以得到

$$F_{\mathrm{BC}}[G;(0,y),z]=\sum_{k=2}^{n-1}\sum_{l=\left\lceil\frac{k}{2}\right\rceil+1}^{k}\alpha(G;k,l)y^l z^k=\sum_{k=3}^{n}\sum_{l=\left\lceil\frac{k}{2}\right\rceil}^{k-1}\beta(G;k,l)y^l z^{k-1}$$

$$F_{\mathrm{BC}}[G;(0,y),z;v_i]=\sum_{k=2}^{n-1}\sum_{l=\left\lceil\frac{k}{2}\right\rceil+1}^{k}\alpha(G;v_i;k,l)y^l z^k=\sum_{k=3}^{n}\sum_{l=\left\lceil\frac{k}{2}\right\rceil}^{k-1}\beta(G;v_i;k,l)y^l z^{k-1}$$

$$F_{\mathrm{BC}}[G;(0,y),z;(u,v)]=\sum_{k=2}^{n-1}\sum_{l=\left\lceil\frac{k}{2}\right\rceil+1}^{k}\alpha[G;(u,v);k,l]y^l z^k=\sum_{k=3}^{n}\sum_{l=\left\lceil\frac{k}{2}\right\rceil}^{k-1}\beta[G;(u,v);k,l]y^l z^{k-1}$$

$$F_{\mathrm{BC}}[G;(0,y),z;v_i,v_j]=\sum_{k=2}^{n-1}\sum_{l=\left\lceil\frac{k}{2}\right\rceil+1}^{k}\alpha(G;v_i,v_j;k,l)y^l z^k=\sum_{k=3}^{n}\sum_{l=\left\lceil\frac{k}{2}\right\rceil}^{k-1}\beta(G;v_i,v_j;k,l)y^l z^{k-1}$$

算法 8　T 的含任给两个不同顶点 v_i 和 v_j 的 BC 子树的生成函数 $F_{\mathrm{BC}}(T;f,g;v_i,v_j)$

1：对所有的顶点 $v_s\in V(T)$，初始化其权重为 $[f(v_s)_{\mathrm{o}},f(v_s)_{\mathrm{e}}]=(0,y)$，同时初始化 $N=0$

2：调用过程 CONTRACT5();

　　//记 $P_{v_iv_j}$ 为 T 的连接顶点 v_i 和 v_j 的唯一路径，且 $V(P_{v_iv_j})=\{x_i\,|\,i=1,2,\cdots,l-1\}\cup\{v_i,v_j\}$、$E(P_{v_iv_j})=\{(v_i,x_1)\}\cup\{(x_i,x_{i+1})\,|\,i=1,2,\cdots,l-2\}\cup\{x_{l-1},v_j\}$、$l:=d_T(v_i,v_j)$. 为方便起见，如果 $\{a_n\}\geqslant 0$ 是一个序列，当 $j<i$ 时，规定 $\prod_{t=i}^{j}a_t=1$

3：**if** l 为奇数 **then**

4：　　更新 N 为 $\left(f(v_i)_{\mathrm{o}}f(v_j)_{\mathrm{e}}\prod_{i=1}^{l-1}\left\{[1+f(x_i)_{\mathrm{o}}]^{\frac{1+(-1)^i}{2}}f(x_i)_{\mathrm{e}}^{\frac{1-(-1)^i}{2}}\right\}+f(v_i)_{\mathrm{e}}f(v_j)_{\mathrm{o}}\prod_{i=1}^{l-1}\left\{[1+f(x_i)_{\mathrm{o}}]^{\frac{1-(-1)^i}{2}}f(x_i)_{\mathrm{e}}^{\frac{1+(-1)^i}{2}}\right\}\right)\prod_{e\in E(P_{v_iv_j})}g(e)$

5：**else**

6：　　更新 N 为 $\left(f(v_i)_{\mathrm{o}}f(v_j)_{\mathrm{o}}\prod_{i=1}^{l-1}\left\{[1+f(x_i)_{\mathrm{o}}]^{\frac{1+(-1)^i}{2}}f(x_i)_{\mathrm{e}}^{\frac{1-(-1)^i}{2}}\right\}+f(v_i)_{\mathrm{e}}f(v_j)_{\mathrm{e}}\prod_{i=1}^{l-1}\left\{[1+f(x_i)_{\mathrm{o}}]^{\frac{1-(-1)^i}{2}}f(x_i)_{\mathrm{e}}^{\frac{1+(-1)^i}{2}}\right\}\right)\prod_{e\in E(P_{v_iv_j})}g(e)$

7：**end if**

8：返回 $F_{\mathrm{BC}}(T;f,g;v_i,v_j)=N$.

9：**procedure** CONTRACT5()

10：　　搜索不同于 v_i 和 v_j 的悬挂点 u 并且记 $e=(u,v)$ 为对应的悬挂边;

11：　　**while** 这样的顶点 u 存在 **do**

12：　　　　更新顶点 v 的奇权重 $f(v)_{\mathrm{o}}$ 为 $f(v)_{\mathrm{o}}[1+g(e)f(u)_{\mathrm{e}}]+g(e)f(u)_{\mathrm{e}}$，偶权重 $f(v)_{\mathrm{e}}$ 为 $f(v)_{\mathrm{e}}[1+g(e)f(u)_{\mathrm{o}}]$

13：　　　　删除边 e 和顶点 u;

14：　　　　转向算法第 10 步;

15：　　**end while**

16：**end procedure**

3. 例子及算法实现

例 2.1　通过分别给每个顶点和边赋权重为$(0,1)$和 1，然后调用算法 4～8，可快速计算树 T[图 2.5（a）]的$\eta(T;A,\mathrm{odd})$、$\eta(T;A,\mathrm{even})$、$\eta_{\mathrm{BC}}(T)$、$\eta_{\mathrm{BC}}[T;(A,B)]$、$\eta_{\mathrm{BC}}(T;A)$和$\eta_{\mathrm{BC}}(T;C,D)$数.这里为了展示算法的流程和计算对应的边生成函数，给顶点赋权重为$(0,y)$，边赋权重为z.

由图 2.5（a）的第P_7阶段同时代入$y=1,z=1$，可得$\eta(T;A,\mathrm{odd})=9$、$\eta(T;A,\mathrm{even})=32$；由算法 6 和图 2.5（a）的第$P_6$阶段，可得$F_{\mathrm{BC}}[T;(0,y),z;(A,B)]=yz\times z\times(y^3z^3+2y^2z^2+y)+(y^4z^4+3y^3z^3+3y^2z^2+y)\times z\times(y^2z^2+2yz)=y^6z^7+5y^5z^6+10y^4z^5+8y^3z^4+y^3z^3+3y^2z^2$；由算法 8 和图 2.5（a）的第$P_5$阶段，可得$F_{\mathrm{BC}}[T;(0,y),z;C,D]=(y^2z^3+3y^2z^2+3yz)\times z\times y\times z\times(1+yz)\times z\times y+y\times z\times(1+0)\times z\times y\times z\times(y^2z^2+2yz)=y^6z^7+4y^5z^6+7y^4z^5+5y^3z^4$；由算法 7 和图 2.5（b），可得$F_{\mathrm{BC}}[T;(0,y),z;A]=y^6z^7+5y^5z^6+10y^4z^5+8y^3z^4+y^4z^4+4y^3z^3+6y^2z^2$；由图 2.6 可得$F_{\mathrm{BC}}(T;(0,y),z)=y^6z^7+5y^5z^6+10y^4z^5+y^4z^4+8y^3z^4+6y^3z^3+13y^2z^2$. 因此，$\alpha(T;2,2)=13$、$\alpha(T;3,3)=6$、$\alpha(T;4,3)=8$、$\alpha(T;4,4)=1$、$\alpha(T;5,4)=10$、$\alpha(T;6,5)=5$、$\alpha(T;7,6)=1$，$\alpha(T;A;2,2)=6$、$\alpha(T;A;3,3)=4$、$\alpha(T;A;4,4)=1$、$\alpha(T;A;4,3)=8$、$\alpha(T;A;5,4)=10$、$\alpha(T;A;6,5)=5$、$\alpha(T;A;7,6)=1$、$\alpha[T;(A,B);2,2]=3$、$\alpha[T;(A,B);3,3]=1$、$\alpha[T;(A,B);4,3]=8$、$\alpha[T;(A,B);5,4]=10$、$\alpha[T;(A,B);6,5]=5$、$\alpha[T;(A,B);7,6]=1$、$\alpha(T;C,D;4,3)=5$、$\alpha(T;C,D;5,4)=7$、$\alpha(T;C,D;6,5)=4$、$\alpha(T;C,D;7,6)=1$.

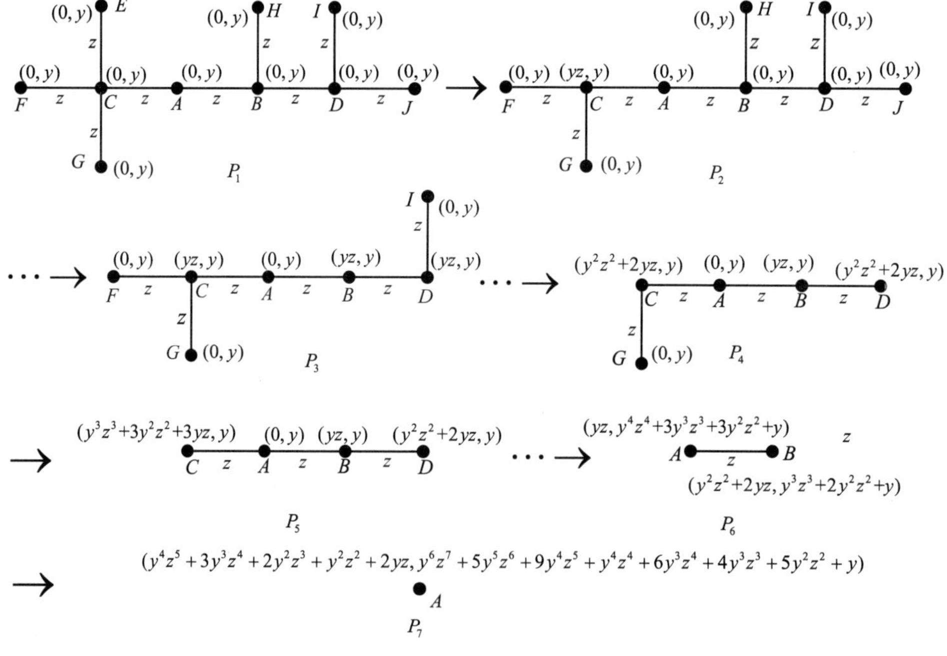

（a）利用算法 4、算法 6、算法 8 计算树 T 的生成函数 $F[T;(0,y),z;A,\mathrm{odd}]$ 、$F[T;(0,y),z;A,\mathrm{even}]$、$F_{\mathrm{BC}}[T;(0,y),z;(A,B)]$、$F_{\mathrm{BC}}[T;(0,y),z;C,D]$ 的过程展示

图 2.5　树 T 的五个生成函数的计算过程展示

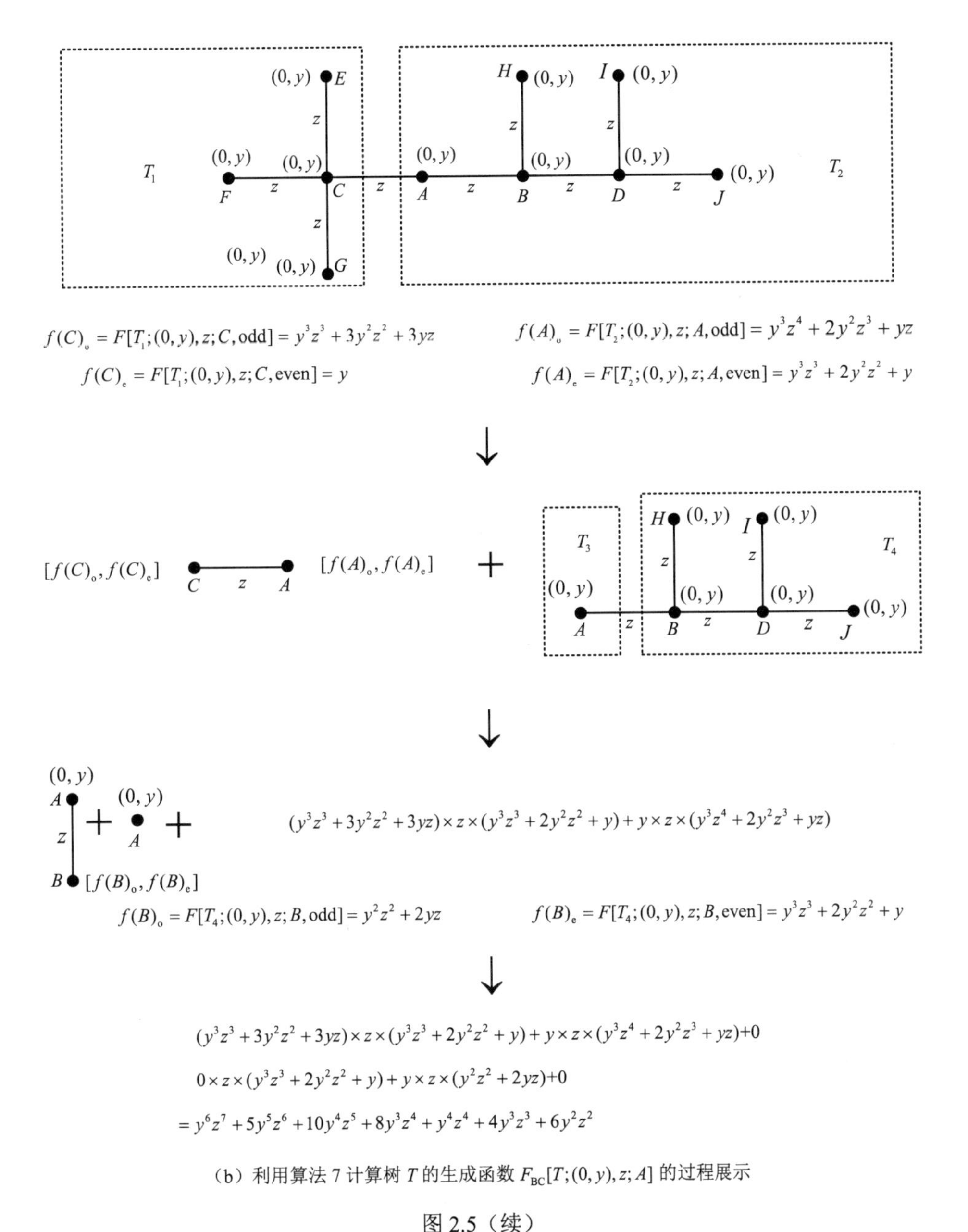

（b）利用算法 7 计算树 T 的生成函数 $F_{\mathrm{BC}}[T;(0,y),z;A]$ 的过程展示

图 2.5（续）

此外，将 $y=1$ 分别代入生成函数 $F_{\mathrm{BC}}[T;(0,y),z]$、$F_{\mathrm{BC}}[T;(0,y),z;A]$、$F_{\mathrm{BC}}[T;(0,y),z(A,B)]$ 和 $F_{\mathrm{BC}}[T;(0,y),z;C,D]$，可得 T 对应的边生成函数 $F_{\mathrm{BC}}[T;(0,1),z]$、$F_{\mathrm{BC}}[T;(0,1),z;A]$、$F_{\mathrm{BC}}[T;(0,1),z;(A,B)]$ 和 $F_{\mathrm{BC}}[T;(0,1),z;C,D]$，并且有 $F_{\mathrm{BC}}[T;(0,1),z]=z^7+5z^6+10z^5+9z^4+6z^3+13z^2$、$F_{\mathrm{BC}}[T;(0,1),z;A]=z^7+5z^6+10z^5+9z^4+4z^3+6z^2$、$F_{\mathrm{BC}}[T;(0,1),z;(A,B)]=z^7+5z^6+10z^5+8z^4+z^3+3z^2$、$F_{\mathrm{BC}}[T;(0,1),z;C,D]=z^7+4z^6+7z^5+5z^4$. 通过将 $z=1$ 代入以上边生成函数，可得 $\eta_{\mathrm{BC}}(T)=44$、$\eta_{\mathrm{BC}}[T;(A,B)]=28$、$\eta_{\mathrm{BC}}(T;A)=35$ 和 $\eta_{\mathrm{BC}}(T;C,D)=17$.

为后续研究方便，本书借助深度优先搜索（depth first search，DFS）方法实现了上面的算法. 假设 T 是图 2.7 所示的一棵树，可得如下计算结果：$\eta_{\mathrm{BC}}(T)=173$，对每一个顶点 $v_i \in V(T)$、$\eta(T;v_i,\mathrm{odd})$、$\eta(T;v_i,\mathrm{even})$ 和 $\eta_{\mathrm{BC}}(T;v_i)$ 的计算结果见图 2.8 和表 2.2（用“*”标记）；对任意两个顶点 v_i 和 $v_j(i \neq j)$，$\eta_{\mathrm{BC}}(T;v_i,v_j)$ 的结果见表 2.2{当 $(v_i,v_j)\in E(T)$，$\eta_{\mathrm{BC}}\left(T;v_i,v_j\right)$ 用“__”标记}.

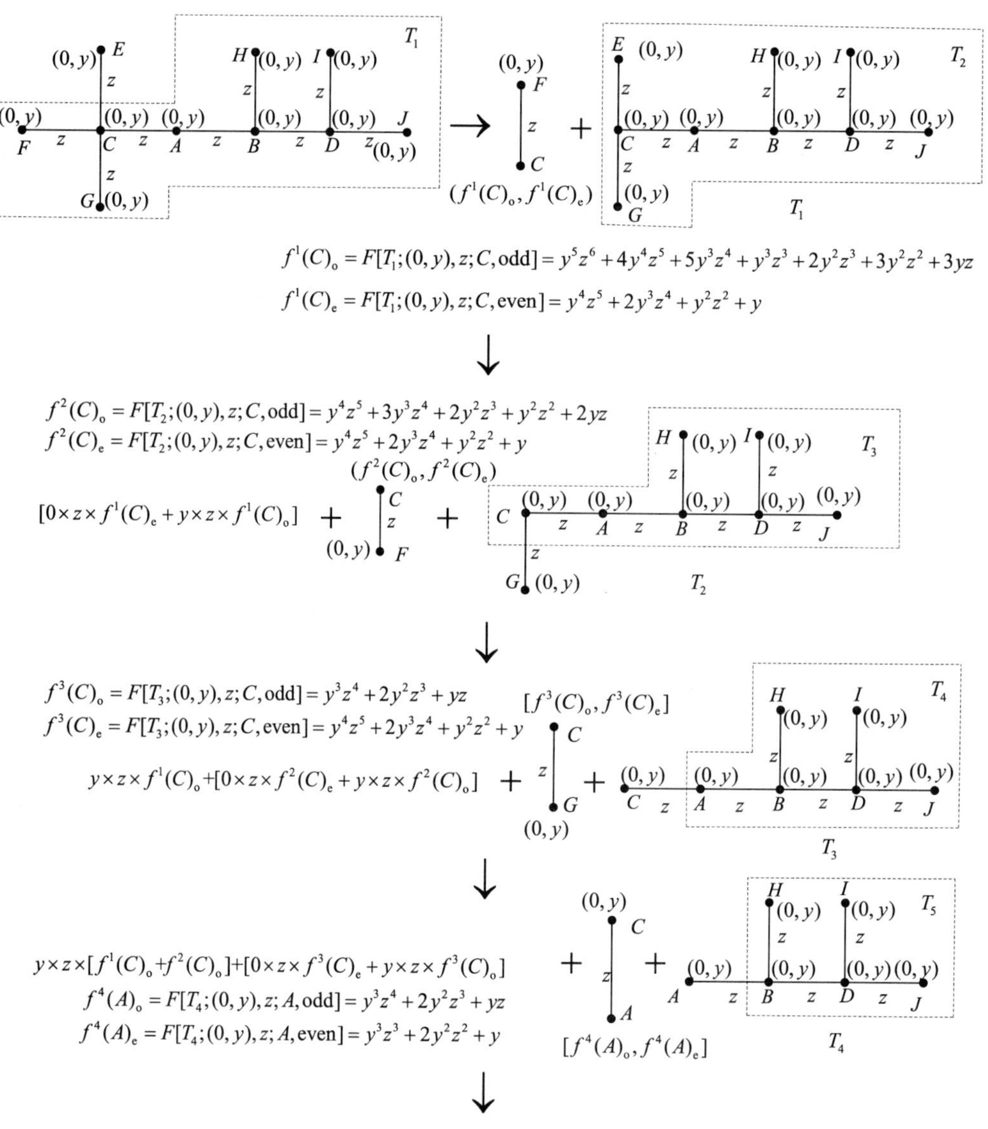

图 2.6　利用算法 5 计算树 T 的 BC 子树的生成函数 $F_{\mathrm{BC}}[T;(0,y),z]$ 的过程展示

$$y\times z\times[f^1(C)_o+f^2(C)_o+f^3(C)_o]+[0\times z\times f^4(A)_e+y\times z\times f^4(A)_o]$$

$$f^5(B)_e=F[T_5;(0,y),z;B,\text{even}]=y^3z^3+2y^2z^2+y$$

$$f^5(B)_o=F[T_5;(0,y),z;B,\text{odd}]=y^2z^2+2yz$$

$+$ $(0,y)$ A — z — B, $[f^5(B)_o, f^5(B)_e]$ $+$ T_5 (H $(0,y)$, I $(0,y)$, B $(0,y)$, D $(0,y)$, J $(0,y)$, z; T_6)

$\downarrow$

$$f^6(D)_o=F[T_6;(0,y),z;D,\text{odd}]=y^2z^2+2yz$$

$$f^6(D)_e=F[T_6;(0,y),z;D,\text{even}]=y^2z^2+y$$

$$y\times z\times[f^1(C)_o+f^2(C)_o+f^3(C)_o+f^4(A)_o]+[0\times z\times f^5(B)_e+y\times z\times f^5(B)_o]$$

$+$ $[f^6(D)_o, f^6(D)_e]$ D — z — $(0,y)$ J $+$ T_6 (I $(0,y)$, H $(0,y)$, D $(0,y)$, B $(0,y)$, z; T_7)

$\downarrow$

$$f^7(D)_o=F[T_7;(0,y),z;D,\text{odd}]=yz$$

$$f^7(D)_e=F[T_7;(0,y),z;D,\text{even}]=y^2z^2+y$$

$$y\times z\times[f^1(C)_o+f^2(C)_o+f^3(C)_o+f^4(A)_o+f^5(B)_o]+[0\times z\times f^6(D)_e+y\times z\times f^6(D)_o]$$

$+$ $[f^7(D)_o, f^7(D)_e]$ D — z — $(0,y)$ I $+$ T_7 (H, $(0,y)$, z, D $(0,y)$, B $(0,y)$; T_8)

$\downarrow$

$$f^8(B)_o=F[T_8;(0,y),z;B,\text{odd}]=yz \qquad f^8(B)_e=F[T_8;(0,y),z;B,\text{even}]=y$$

$$y\times z\times[f^1(C)_o+f^2(C)_o+f^3(C)_o+f^4(A)_o+f^5(B)_o+f^6(D)_o]+[0\times z\times f^7(D)_e+y\times z\times f^7(D)_o]$$

$+$ $[f^8(B)_o, f^8(B)_e]$ B — z — $(0,y)$ H $+$ T_8 ($(0,y)$ D — z — $(0,y)$ B)

$\downarrow$

$$y\times z\times[f^1(C)_o+f^2(C)_o+f^3(C)_o+f^4(A)_o+f^5(B)_o+f^6(D)_o+f^7(D)_o]+[0\times z\times f^8(B)_e+y\times z\times f^8(B)_o]$$
$$+(0\times z\times y+y\times z\times 0)=(y^6z^7+5y^5z^6+10y^4z^5+y^4z^4+8y^3z^4+6y^3z^3+13y^2z^2)$$

图 2.6（续）

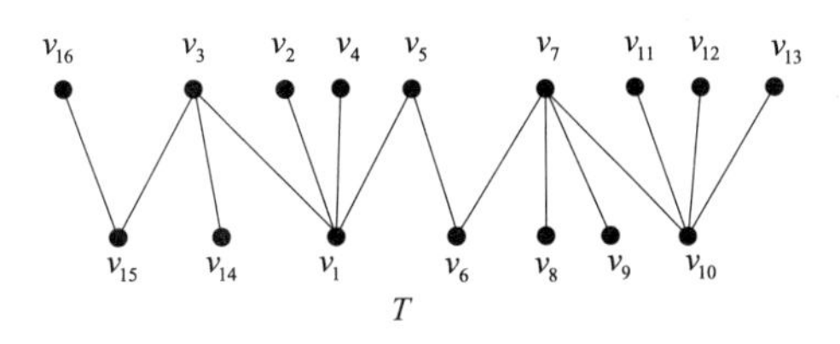

图 2.7　一棵简单树 T

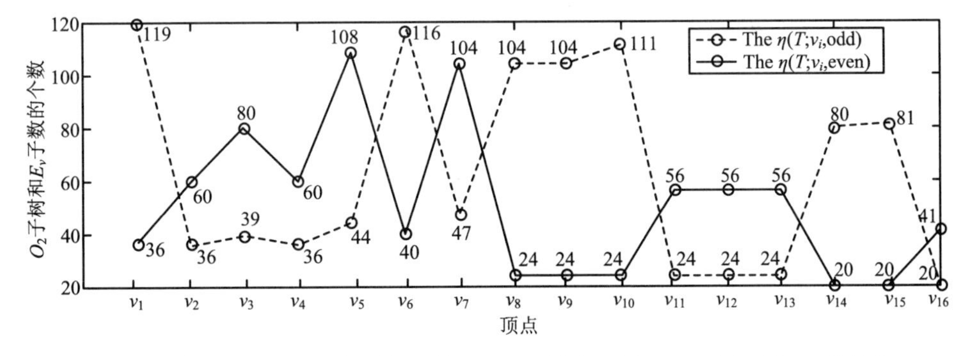

图 2.8　树 T 的关于每一个顶点 v_i 的 $\eta(T;v_i,\text{odd})$ 和 $\eta(T;v_i,\text{even})$ 的个数计算结果

表 2.2　树 T 的含一个顶点 v_i 或两个顶点 v_i 和 v_j 的 BC 子树个数[$\eta_{BC}(T;v_i)$ 和 $\eta_{BC}(T;v_i,v_j)$]

顶点	v_1	v_2	v_3	v_4	v_5	v_6	v_7	v_8	v_9	v_{10}	v_{11}	v_{12}	v_{13}	v_{14}	v_{15}	v_{16}
v_1	141*															
v_2	<u>59</u>	59*														
v_3	<u>105</u>	40	107*													
v_4	<u>59</u>	30	40	59*												
v_5	<u>131</u>	54	96	54	139*											
v_6	40	48	88	48	<u>128</u>	135*										
v_7	116	48	85	48	124	<u>131</u>	142*									
v_8	16	0	12	0	16	20	<u>23</u>	23*								
v_9	16	0	12	0	16	20	<u>23</u>	12	23*							
v_{10}	93	42	68	42	100	104	<u>114</u>	12	12	118*						
v_{11}	44	24	32	24	48	48	52	0	0	<u>55</u>	55*					
v_{12}	44	24	32	24	48	48	52	0	0	<u>55</u>	28	55*				
v_{13}	44	24	32	24	48	48	52	0	0	<u>55</u>	28	28	55*			
v_{14}	18	0	19	0	16	16	14	8	8	8	0	0	0	19*		
v_{15}	57	20	59	20	52	48	46	8	8	36	16	16	16	10	59*	
v_{16}	39	20	40	20	36	32	32	0	0	28	16	16	16	0	<u>40</u>	40*

注：“*”代表含对应顶点的 BC 子树数，“__”代表含对应边的 BC 子树个数.

2.2.3　关于 BC 子树数指标的极值、极图结构

如引理 2.3 所述，固定顶点数的所有树中星树的子树数最多，路径树的子树数最少.

为方便起见，记 $\eta(T)[\eta_{BC}(T)]$ 和 $\eta_{BC}(T,v)$ 为 T 的子树（BC 子树）数和 T 的含 v 的 BC 子树数.关于函数 $\eta_{BC}()$ 的更多定义见表 2.1.

1. *极值星树和路径树*

下面将证明星树和路径树也是 BC 子树对应的极图结构.

定理 2.7　星树 $K_{1,n-1}$ 有 $2^{n-1}-n$ 棵 BC 子树，大于任一个 n 顶点树的 BC 子树数.

证明　由定义易得 $\eta_{BC}(K_{1,n-1}) = 2^{n-1}-n$，即 $K_{1,n-1}$ 的除了单顶点和两个顶点的其他子树. 对于任意一棵 n 顶点树 T，所有的含单个或两个顶点的子树显然不是 BC 树. 由引理 2.5 可得

$$\begin{aligned}\eta_{BC}(T) &\leqslant \eta(T)-[|V(T)|+|E(T)|]=\eta(T)-(2n-1)\\ &\leqslant (2^{n-1}+n-1)-(2n-1)=\eta_{BC}(K_{1,n-1})\end{aligned}$$

若 T 不是星树 $K_{1,n-1}$，则树 T 至少有一棵长度为 3 的路径 P（显然不是 BC 子树），故

$$\eta_{BC}(T)\leqslant \eta(T)-[|V(T)|+|E(T)|]-1<\eta_{BC}(K_{1,n-1})$$

定理成立.

定理 2.8　路径树 P_n 的 BC 子树数为

$$\eta_{\mathrm{BC}}(P_n)=\begin{cases}n(n-2)/4 & n\equiv 0(\mathrm{mod}2)\\(n-1)^2/4 & n\equiv 1(\mathrm{mod}2)\end{cases}$$

少于任何一个 n 顶点树的 BC 子树数.

证明　由定义不难得到 $\eta_{\mathrm{BC}}(P_n)=n(n-2)/4$（当 n 为偶数时）且 $\eta_{\mathrm{BC}}(P_n)=(n-1)^2/4$（当 n 为奇数时），即非平凡的偶长度路径树的数目.

令 T 是一棵 $n(n\geqslant 4)$（$n<4$ 的情况显然成立）顶点非路径树. 对任一个顶点 $u\in V(T)$，令

$$E_u(T)=\{v\in V(T)\mid d(u,v)\}$$

$$O_u(T)=\{v\in V(T)\mid d(u,v)\}$$

令 $|E_u(T)|=p$ 、$|O_u(T)|=q$ ，则 $p+q=n$. 易知 $E_u(T)[O_u(T)]$ 里任意两个顶点间的路径是 T 的 BC 子树. 所以，有 $\binom{p}{2}\left[\binom{q}{2}\right]$ 棵终端叶子都在 $E_u(T)[O_u(T)]$ 中的 BC 子树.

因为 T 不是路径树，所以至少有一个三度顶点 v ，由 v 及其邻居顶点诱导出来的子树显然也是 T 的一棵 BC 子树，所以

$$\eta_{\mathrm{BC}}(T)\geqslant\binom{p}{2}+\binom{q}{2}+1$$

假定 $p\geqslant 2$ 且 $q\geqslant 2$［若 T 是星树，则由定理 2.7 可得 $\eta_{\mathrm{BC}}(T)>\eta_{\mathrm{BC}}(P_n)$］.

- 若 n 为奇数，有

$$\binom{p}{2}+\binom{q}{2}+1-\frac{(n-1)^2}{4}=\frac{(p-q)^2+3}{4}>0$$

- 若 n 为偶数，有

$$\binom{p}{2}+\binom{q}{2}+1-\frac{n(n-2)}{4}=\frac{(p-q)^2}{4}+1>0$$

故定理成立.

由于 P_n 和 $K_{1,n-1}$ 分别是 n 顶点树中 Wiener 指标最大和最小的极图结构[146]，由定理 2.7 和定理 2.8 可知 Wiener 指标和 BC 子树数指标的极图结构间存在“反序”关系，但这种“反序”关系并非在所有的树结构上都存在，一个简单的例子就能说明.

考虑毛虫树 T（删除叶子顶点后是一条路径树，见图 2.9），令 X 为 3 个顶点的星树，中心点记为 c. 将 T 的顶点 $v_1(v_3)$ 同 X 的中心点 c 相重合连接，构造出新的树 $T'(T'')$，简单计算可知 $W(T')=207>W(T'')=203$ 且 $\eta_{\mathrm{BC}}(T')=192>\eta_{\mathrm{BC}}(T'')=183$.

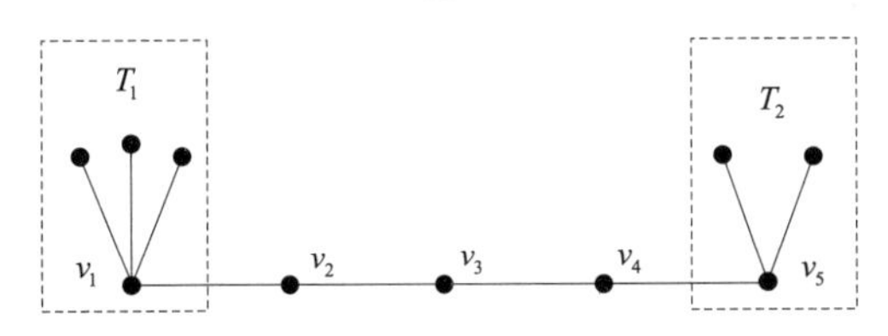

图 2.9　在毛虫树 T 基础上构造反例

2. 含原树至少一片叶子的 BC 子树

类比含原树至少一片叶子的子树问题，下面考虑含原树至少一片叶子的 BC 子树数［记为$\eta_{BC}^{*}(T)$］.

定理 2.9　对任意一棵$n(n\geqslant 3)$顶点树 T，有$n-2\leqslant \eta_{\mathrm{BC}}^{*}(T)\leqslant 2^{n-1}-n$，等号成立当且仅当 T 是星树.

证明　若 T 是星树，可知 T 的 BC 子树均包含 T 的叶子，由定理 2.7 可知上界显然成立. 由定理 2.8 可得$\eta_{\mathrm{BC}}^{*}(P_n)=\eta_{\mathrm{BC}}(P_n)-\eta_{\mathrm{BC}}(P_{n-2})=n-2$. 将 T 的顶点集合划分为两部分 X 和 Y，记$n_X(n_Y)$和$l_X(l_Y)$分别为$X(Y)$的顶点数和所含叶子数.

如果$l_X>0$且$l_Y>0$，令 w 为 X 中的叶子，那么连接 w 和任何一个顶点$u\in X-\{w\}$的路径就是 T 的一棵包含树 T 叶子的 BC 子树，这样的 BC 子树至少有（n_X-1）棵. 同样地，对于 Y，至少有（n_Y-1）棵包含树 T 叶子的 BC 子树. 因此

$$\eta_{\mathrm{BC}}^{*}(T)\geqslant n_X-1+n_Y-1=n-2$$

等式成立当且仅当$l_X=l_Y=1$，即 T 是路径树.

否则，不失一般性，假定$l_X\geqslant 2$且$l_Y=0$. 记n_k为到最近的叶子顶点距离为 k 的顶点的个数，显然，$n_0=l_X$，n_1为 Y 中与叶子相邻的内点（非叶顶点）个数. 显然任何一对叶子间的距离都是偶数，对每一个 k，所有被n_k计算过的顶点集合（到最近的叶子距离为 k 的顶点集）里的顶点彼此间没有边相连.可得

$$l_X=n_0\geqslant n_1\geqslant n_2\geqslant n_3\geqslant\cdots\geqslant n_{s-1}\geqslant n_s\ (s\text{ 为一个整数})$$

注意，s 代表所有内点和叶子间距离的最大值，因而$n_{s-1}>n_s$. 所以，无论 s 是奇数还是偶数，均有

$$n_X=n_0+n_0+n_4+\cdots\geqslant 1+n_1+n_3+n_5+\cdots=1+n_Y$$

因此，$n_X\geqslant\dfrac{n+1}{2}$. 考虑 X 中连接任意一对顶点（其中至少一个是叶子）的路径，可得

$$\eta_{\mathrm{BC}}^{*}(T)=(n_X-l_X)l_X+\binom{l_X}{2}=\left(n_X-\frac{l_X+1}{2}\right)l_X\geqslant n-2$$

等式成立当且仅当$l_X=2$且$n_X=\dfrac{n+1}{2}$，此时 T 为偶长度路径树.

定理得证.

结合图的子树平均阶和密度的定义及 BC 子树的特殊结构特性，接下来给出图的 BC 子树平均阶和密度的定义.

2.2.4　BC 子树数平均阶和 BC 子树密度

定义 2.2　令 G 为含 n 个顶点的图，有 k 棵秩分别为$m_1,m_2,\cdots,m_k$的 BC 子树，定义 G 的 BC 子树平均阶为$\mu_{\mathrm{BC}}(G)=\dfrac{1}{k}\sum\limits_{i=1}^{k}m_i$，$G$ 的 BC 子树密度为$D_{\mathrm{BC}}(G)=\dfrac{\mu_{\mathrm{BC}}(G)}{n}$.

同图的子树平均阶和密度一样，在随后的章节将会对特殊图类的 BC 子树密度渐近特性问题进行研究.

第 3 章　单圈图和双圈图的子树和 BC 子树

单圈图和双圈图是各类图拓扑指标的重要研究对象. Gutman 等[147]确定了 n 个顶点的二部单圈图的第一到第三大能量. Ilića 等[148]给出了 n 个顶点的给定围长的单圈图的具有最小和最大度距离的极值图. Li 等[149,150]给出了单圈图的具有最小和最大（当 $\alpha > 0$ ）广义 Randić 指标的完整解. Xu 和 Das[151]确定了具有最大和最小 Harary 指标的单圈图和双圈图. Tomescu[152]给出了具有最小度距离的单圈和双圈图. Guo[153]确定了所有 n 个顶点（有 k 个悬挂点）的具有最大谱半径的单圈图和双圈图. Deng[154]给出了一个求树、单圈图和双圈图的最大和最小 Zagreb 指标的统一方法. Li 和 Wang[155]研究了单圈图的 ABC 指标的谱半径. Qin 等[156]研究了单圈图的补的距离特征根. Ma 等[41]研究了具有偶数条边的双圈图的最大 PI 指标. Yao 等[157]研究了双圈图的边 Szeged 指标的严格的界.

§3.1　单圈图和双圈图的定义

单圈图是一个顶点数等于边数的连通图. 令 $U_n = [V(U_n), E(U_n); f, g](n \geqslant 3)$ 为图 3.1 所示的加权单圈图，f 和 g 分别为它的顶点和边权重函数，其中 $T_i (i = 1, 2, \cdots, n)$ 为删除它的圈上的所有边之后含 v_i 的树（规定它的根节点为 v_i ）.

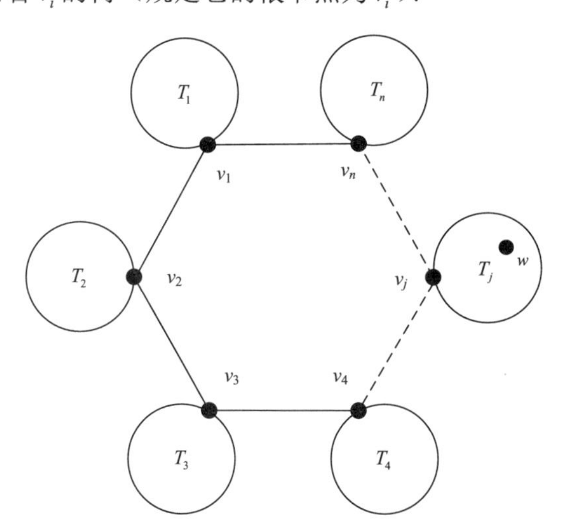

图 3.1　加权单圈图 $U_n = [V(U_n), E(U_n); f, g]$

双圈图是一个边数等于顶点数加 1 的连通图，令 $\mathrm{BG} = (V(\mathrm{BG}), E(\mathrm{BG}); f, g)$ 为加权的双圈图，通过对其拓扑结构进行分析，可知其共有三种类型. 为便于陈述，将其分别标记为 $\mathrm{BG}_i = [V(\mathrm{BG}_i), E(\mathrm{BG}_i); f, g](i = 1, 2, 3)$ （图 3.2～图 3.4）.

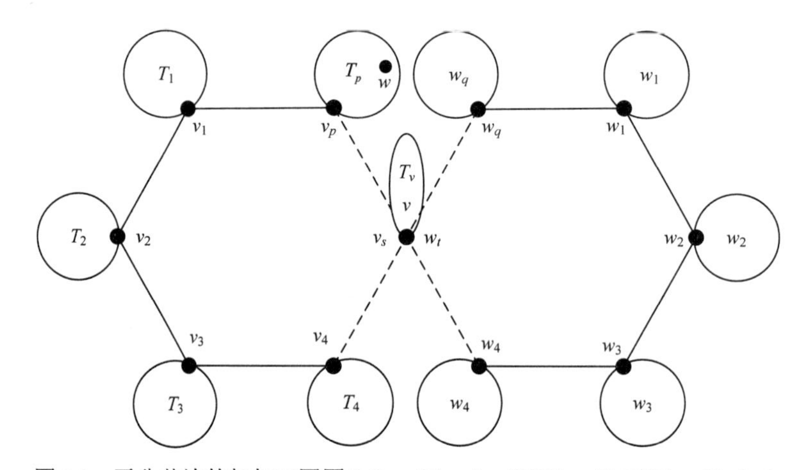

图 3.2　无公共边的加权双圈图 $\mathrm{BG}_1 = B(p,q) = \{V[B(p,q)], E[B(p,q)]; f, g\}$

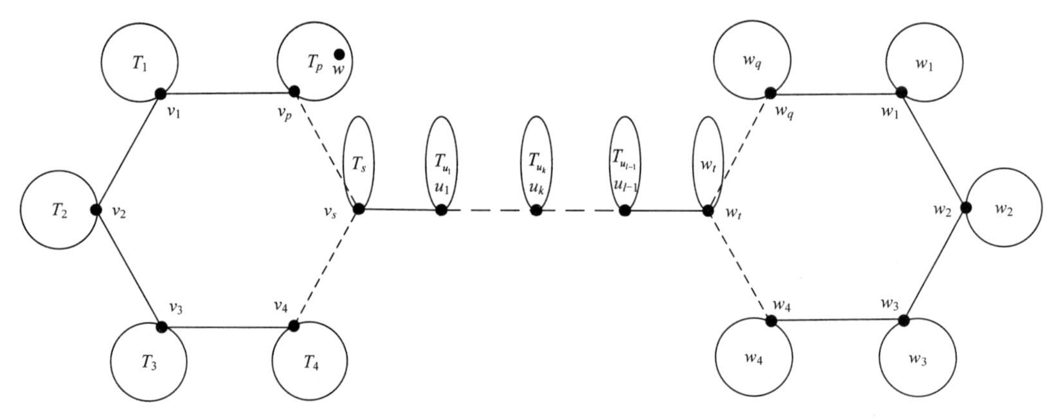

图 3.3　无公共边的加权双圈图 $\mathrm{BG}_2 = B(p,l,q) = \{V[B(p,l,q)], E[B(p,l,q)]; f, g\}$

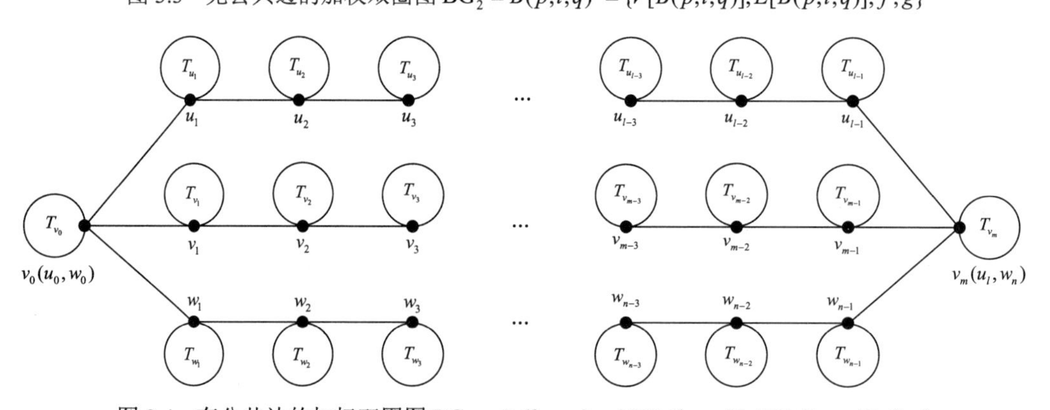

图 3.4　有公共边的加权双圈图 $\mathrm{BG}_3 = B_e(l,m,n) = \{V[B_e(l,m,n)], E[B_e(l,m,n)]; f, g\}$

令 $\mathrm{BG}_1 = B(p,q) = \{V[B(p,q)], E[B(p,q)]; f, g\}$（图 3.2）为一个加权双圈图，$B(p,q)$ 是通过将两个单圈图 C_p 和 C_q 的顶点 v_s 和 w_t 重合到一个点 v 而构成的；相应地，以 $v_i(w_i)$ 为根的树记为 $T_i(i=1,2,\cdots,p)[W_i(i=1,2,\cdots,q)]$. 其中 $v(T_v)$ 可以被看作 v_s 或 w_t (T_s 或 W_t).

令 $\mathrm{BG}_2 = B(p,l,q) = \{V[B(p,l,q)], E[B(p,l,q)]; f, g\}$（图 3.3）为一个加权双圈图，$B(p,l,q)$ 是通过将两个单圈图 C_p 和 C_q 的顶点 v_s 和 w_t 用一个长度为 $l(l\geqslant 1)$ 的路径

$v_s u_1 u_2 \cdots u_{l-1} w_t$ 相连而构成的；$T_i(i=1,2,\cdots,p)$、$W_i(i=1,2,\cdots,q)$ 和 $T_{u_i}(i=1,2,\cdots,l-1)$ 是对应的有根树.

令 $\mathrm{BG}_3 = B_e(l,m,n) = \{V[B_e(l,m,n)], E[B_e(l,m,n)]; f, g\}$（图 3.4）为一个通过连接三条互不相交的路径 $u_0 u_1 \cdots u_l$、$v_0 v_1 \cdots v_m$、$w_0 w_l \cdots w_n$ 而成的加权双圈图，其中 $u_0 = v_0 = w_0$ 且 $u_l = v_m = w_n$，分别以 u_i, v_j, w_k 为根的树记作 $T_{u_i}, T_{v_j}, T_{w_k}$.

接下来首先研究单圈图和双圈图的子树的计数算法.

§3.2　单圈图和双圈图的子树

令 $G = [V(G), E(G); f, g]$ 是一个含有 n 个顶点 m 条边的加权图，顶点权重函数和边权重函数分别为 $f: V(G) \to \Re$、$g: E(G) \to \Re$. 假定 $e = (u,v) \in E(G)$，图 G 沿着边 e 将顶点 v 收缩到 u 的带权重收缩后的加权图记为

$$G/e = [V(G/e), E(G/e), f_e, g_e]$$

式中，$V(G/e) = V(G) \setminus v$；$E(G/e) = E(G) \setminus e$.

顶点权重函数为

$$f_e(w) = \begin{cases} f(u) f(v) g(e) & \text{如果} w = u \\ f(w) & \text{其他} \end{cases} \tag{3.1}$$

边权重函数 g_e 为 g 在 $E(G) \setminus e$ 上的限制.

首先推导出一个任意图 G 的基于边收缩的子树生成函数递归公式，注意到 G 的包含边 $e = (u,v)$ 的子树和 G/e 的包含 $u(v)$ [该点的权重为 $f(v) f(u) g(e)$]的子树之间是一一映射关系，按照子树生成函数的定义，可以得到如下定理.

定理 3.1　令 $G = [V(G), E(G); f, g]$ 为一个顶点权重函数为 $f(v) = y[v \in V(G)]$，边权重函数为 $g(e) = z[e \in E(G)]$ 的加权图，对 G 的任意一条边 $e = (u,v) \in E(G)$，可得

$$F(G; f, g) = F(G \setminus e; f, g) + F(G/e; f_e, g_e; u) \tag{3.2}$$

式中，$G \setminus e$ 和 G/e 分别为 G 的删除边 e 和带权收缩边 e 后的加权图.

证明　对于图 G 的任意一棵树 T，如果 T 不包含边 $e = (u,v)$，那么它也是图 $G \setminus e$ 的一棵子树；如果 T 包含边 e，那么它对应着图 G/e 的子树 T/e（子树权重还是一样的）. 很显然，图 G 的子树集合同图 $G \setminus e$ 和 G/e 这两个图的子树集合的并集合之间是一一映射的.

3.2.1　单圈图的子树

令 $U_n = [V(U_n), E(U_n); f, g]$ 为一个加权单圈图（图 3.1），对任意 i，规定 $v_n + i = v_i$. 通过将 U_n 的子树进行如下 n 种划分：不含边 (v_1, v_2) 的子树；包含边集 $(v_1, v_2), \cdots, (v_{j-1}, v_j)$，但是不含边 $(v_j, v_{j+1}) (j = 2, 3, \cdots, n)$ 的子树，可得如下定理成立.

定理 3.2　令 $U_n = [V(U_n), E(U_n); f, g]$ 为如上所述的加权图，顶点和边权重函数分别为 f 和 g，则

$$F(U_n; f, g) = F[U_n \setminus (v_1, v_2); f, g] + \sum_{j=2}^{n} F[U_n \setminus (v_j, v_{j+1}); f, g; \cup_{i=1}^{j-1} (v_i, v_{i+1})] \tag{3.3}$$

由引理 2.1、定理 3.1 和定理 3.2 可得计算 $F(U_n; f, g)$ 的算法 9. 为了加快计算速度，

可以先把树 T_i 收缩到顶点 v_i.

记 $G^c=[V(G^c),E(G^c);f^c,g^c]$ 为通过对图 $(G;f,g)$ 调用过程 1 CONTRACT 6(G,f,g) 后得到的加权图，其中 G 可以是单圈图 $U_n=[V(U_n),E(U_n);f,g]$ 或双圈图 $\mathrm{BG}=[V(\mathrm{BG}),E(\mathrm{BG});f,g]$. 首先将算法 9 中用到的符号列到定义 3.1 中.

定义 3.1　假定 $(U_n;f,g)$ 为一个加权单圈图，它的唯一的圈记作 $P_n=v_1v_2\cdots v_nv_1$.令

$$U_{1,k}^c=[V(U_{1,k}^c),E(U_{1,k}^c);f_{1,k}^c,g_{1,k}^c]\quad k\in\{2,3,\cdots,n\}$$

为通过将加权图$(U_n^c;f^c,g^c)$中的路径 $P_{v_1v_k}=v_1v_2\cdots v_k$ 收缩到 v_1 而得到的一个加权单圈图，它的顶点和边权重分别为

$$f_{1,k}^c(v_1)=\prod_{i=1}^{k}f^c(v_i)\prod_{i=1}^{k-1}g^c[(v_i,v_{i+1})]$$

$$f_{1,k}^c(v)=f^c(v)(v\in V(U_{1,k}^c)\setminus v_1)$$

$$g_{1,k}^c(e)=g^c(e)[e\in E(U_{1,k}^c)]$$

特别地，$U_{1,n}^c\setminus(v_n,v_1)$ 为单顶点 v_1，其权重为

$$f_{1,n}^c(v_1)=\prod_{i=1}^{n}f^c(v_i)\prod_{i=1}^{n-1}g^c[(v_i,v_{i+1})]$$

过程 1　递归地删除和收缩加权图 G 的叶子

1：**procedure** CONTRACT6 (G,f,g)
2：　　**while** G 存在悬挂顶点 **do**
3：　　　　随机选择一个悬挂顶点 p 并记 $e=(p,v)$ 为对应的悬挂边;
4：　　　　更新 $f(v)$为$f(v)[1+g(e)f(p)]$;
5：　　　　删除顶点 p 和边 e.
6：　　**end while**
7：**end procedure**

过程 2　递归地删除和收缩加权图 G 的除 x 外的叶子

1：**procedure** CONTRACTNOTX (G,f,g,x)
2：　　**while** G 存在非 x 的叶子 **do**
3：　　　　随机选择一个悬挂顶点 $p\neq x$ 并记 $e=(p,v)$ 为对应的悬挂边;
4：　　　　更新 $f(v)$为$f(v)[1+g(e)f(p)]$;
5：　　　　删除顶点 p 和边 e.
6：　　**end while**
7：　　**if** G 是一棵树　**then**
8：　　　　**return**　$F(G;f,g;x)=f(x)$.
9：　　**end if**
10：**end procedure**

算法 9　计算 $F(U_n;f,g)$ 的 PCCW 算法

1：初始化 $N=0$，设置 $G:=U_n$、$f:=f$、$g:=g$，且假定所有的符号已列于定义 3.1;
2：**while** G 有悬挂顶点 **do**
3：　　随机选择一个悬挂顶点 p 并记 $e=(p,v)$ 为对应的悬挂边;
4：　　更新 $f(v)$ 为 $f(v)[1+g(e)f(p)]$，同时更新 $N=N+f(p)$;
5：　　删除顶点 p 和边 e.
6：**end while**
//记 $G^c=[V(G^c),E(G^c);f^c,g^c]$ 为调用步骤 2～6 后的加权图
7：设置 $T:=G^c\setminus(v_1,v_2)$、$f:=f^c,g:=g^c$ 并调用算法 1 计算 $F[G^c\setminus(v_1,v_2);f^c,g^c]$;
8：更新 $N=N+F[G^c\setminus(v_1,v_2);f^c,g^c]$;
9：**for** $(j=2;j\leqslant n-1;j++)$ **do**
10：　　设置 $G:=U_{1,j}^c\setminus(v_j,v_{j+1})$、$f:=f_{1,j}^c$、$g:=g_{1,j}^c$、$x:=v_1$ 并调用过程 CONTRACTNOTX(G,f,g,x) 计算 $F[U_{1,j}^c\setminus(v_j,v_{j+1});f_{1,j}^c,g_{1,j}^c;v_1]$;
11：　　更新 $N=N+F[U_{1,j}^c\setminus(v_j,v_{j+1});f_{1,j}^c,g_{1,j}^c;v_1]$;
12：**end for**
13：更新 $N=N+\prod_{k=1}^{n}f^c(v_k)\prod_{k=1}^{n-1}g^c(v_k,v_{k+1})$;
14：**return** $F(U_n;f,g)=N$.

接下来讨论双圈图 $\mathrm{BG}=[V(\mathrm{BG}),E(\mathrm{BG});f,g]$ 的子树计数问题. 在计算双圈图的子树生成函数的过程中，需要用到单圈图 U_n 的包含任给一个顶点 $u\in V(U_n)$ 的子树的生成函数 $F(U_n;f,g;u)$. 为清晰起见，将单圈图和双圈图的含指定一个顶点的子树和 BC 子树计数单独成节.

为了叙述方便，将定理 3.3 和算法 10 中用到的符号列到定义 3.2 中.

定义 3.2　$BG_i(i=1,2,3)$ 为如上定义的双圈图的三种情况.

- 记 $\mathrm{BG}_i^c=[V(\mathrm{BG}_i^c),E(\mathrm{BG}_i^c);f^c,g^c](i=1,2,3)$ 为设置 $G:=\mathrm{BG}_i$、$f:=f$、$g:=g$ 并调用过程 1 中的 CONTRACT6(G,f,g) 得到的加权双圈图.
- 当 $\mathrm{BG}=\mathrm{BG}_1$ 时，记 $\mathrm{BG}_{1,1}^c=[V(\mathrm{BG}_{1,1}^c),E(\mathrm{BG}_{1,1}^c);f^c,g^c]$ 为 $\mathrm{BG}_1^c\setminus[(w_t,w_{t-1})\cup(w_t,w_{t+1})]$ 的包含顶点 v_s 的加权单圈图，记 $\mathrm{BG}_{1,2}^c=[V(\mathrm{BG}_{1,2}^c),E(\mathrm{BG}_{1,2}^c);f^c,g^c]$ 为 $\mathrm{BG}_1^c\setminus[(v_s,v_{s-1})\cup(v_s,v_{s+1})]$ 的包含顶点 v_s 的加权单圈图.
- 当 $\mathrm{BG}=\mathrm{BG}_2$ 时，记 $\mathrm{BG}_{2,1}^c=[V(\mathrm{BG}_{2,1}^c),E(\mathrm{BG}_{2,1}^c);f^c,g^c]$ 为 $\mathrm{BG}_2^c\setminus(v_s,u_1)$ 的包含顶点 v_s 的加权单圈图，记 $\mathrm{BG}_{2,2}^c=[V(\mathrm{BG}_{2,2}^c),E(\mathrm{BG}_{2,2}^c);f^c,g^c]\mathrm{BG}_2^c\setminus[(v_s,v_{s-1})\cup(v_s,v_{s+1})]$ 的包含顶点 v_s 的加权单圈图.
- 当 $\mathrm{BG}=\mathrm{BG}_3$ 时，令

  $$B_{0,k}^c=[V(B_{0,k}^c),E(B_{0,k}^c);f_{0,k}^c,g_{0,k}^c]\quad k\in\{1,2,\cdots,m\}$$

  为将 BG_3^c 中的路径 $P_{v_0v_k}=v_0v_1\cdots v_k$ 进行带权收缩到顶点 v_0 后的加权双圈图（图 3.4），顶点和边权重函数为

$$f_{0,k}^{c}(v_0)=\prod_{i=0}^{k}f^{c}(v_i)\prod_{i=0}^{k-1}g^{c}(v_i,v_{i+1})$$

$$f_{0,k}^{c}(v)=f^{c}(v)[v\in V(B_{0,k}^{c})\setminus v_0]$$

$$g_{0,k}^{c}(e)=g^{c}(e)[e\in E(B_{0,k}^{c})]$$

特别地，$B_{0,m}^{c}$ 为一个仅含公共点 v_0 的加权双圈图，其中 v_0 的权重为

$$f_{0,m}^{c}(v_0)=\prod_{i=0}^{m}f^{c}(v_i)\prod_{i=0}^{m-1}g^{c}(v_i,v_{i+1})$$

$$f_{0,m}^{c}(v)=f^{c}(v)[v\in V(B_{0,m}^{c})\setminus v_0]$$

$$g_{0,m}^{c}(e)=g^{c}(e)[e\in E(B_{0,m}^{c})]$$

此外，记 $\bar{U}_l^c$、$\bar{W}_n^c$ 分别为 $B_{0,m}^{c}\setminus[(v_0,w_1)\cup(v_0,w_{n-1})]$、$B_{0,m}^{c}\setminus[(v_0,u_1)\cup(v_0,u_{l-1})]$ 的含顶点 v_0 的加权单圈图.

3.2.2　双圈图的子树

定理 3.3　记 $\mathrm{BG}=[V(\mathrm{BG}),E(\mathrm{BG});f,g]$ 为顶点权重为 f，边权重为 g 的加权双圈图，见图 3.2～图 3.4，相关的符号如定义 3.2 中所述.

（1）如果 $\mathrm{BG}=\mathrm{BG}_1$（见图 3.2），则

$$F(\mathrm{BG}_1;f,g)=F(\mathrm{BG}_1\setminus v_s;f,g)+\frac{1}{f^{c}(v_s)}F(\mathrm{BG}_{1,1}^{c};f^{c},g^{c};v_s)F(\mathrm{BG}_{1,2}^{c};f^{c},g^{c};v_s)\quad(3.4)$$

（2）如果 $\mathrm{BG}=\mathrm{BG}_2$（见图 3.3），则

$$F(\mathrm{BG}_2;f,g)=F(\mathrm{BG}_2\setminus v_s;f,g)+\frac{1}{f^{c}(v_s)}F(\mathrm{BG}_{2,1}^{c};f^{c},g^{c};v_s)F(\mathrm{BG}_{2,2}^{c};f^{c},g^{c};v_s)\quad(3.5)$$

（3）如果 $\mathrm{BG}=\mathrm{BG}_3$（见图 3.4），则

$$\begin{aligned}F(\mathrm{BG}_3;f,g)=&F[\mathrm{BG}_3\setminus(v_0,v_1);f,g]+F[\mathrm{BG}_3;f,g;\bigcup_{i=0}^{m-1}(v_i,v_{i+1})]\\&+\sum_{j=1}^{m-1}F[\mathrm{BG}_3\setminus(v_j,v_{j+1});f,g;\bigcup_{i=0}^{j-1}(v_i,v_{i+1})]\end{aligned}\quad(3.6)$$

证明　对于双圈图为 BG_1 和 BG_2 的情况，对其所有的子树划分为包含顶点 v_s 和不包含顶点 v_s 两类，再利用算法 1、算法 9 和算法 11，可得其子树生成函数分别为式（3.4）和式（3.5）.

将 BG_3 的子树分为 $m+1$ 种情况：

$$\mathcal{T}(\mathrm{BG}_3)=\mathcal{T}_0\cup\mathcal{T}_1\cup\cdots\cup\mathcal{T}_m$$

式中，$\mathcal{T}_0$ 为 $\mathcal{T}(\mathrm{BG}_3)$ 中的不包含边 (v_0,v_1) 的子树；$\mathcal{T}_j\,(1\leqslant j\leqslant m-1)$ 为 $\mathcal{T}(\mathrm{BG}_3)$ 中的含边集合 $\bigcup_{i=0}^{j-1}(v_i,v_{i+1})$ 但不包含边 (v_j,v_{j+1}) 的子树；$\mathcal{T}_m$ 为 $\mathcal{T}(\mathrm{BG}_3)$ 中的含边集 $\bigcup_{i=0}^{m-1}(v_i,v_{i+1})$ 的子树.

借助定理 3.1 中的加权收缩操作，通过将 BG_3^c 中的路径 $P_{v_0v_j}=v_0v_1\cdots v_j$ 收缩到顶点 v_0

并且更新权重 $f^c(v_0)$ 为 $\prod_{k=0}^{j} f^c(v_k) \prod_{k=0}^{j-1} g^c(v_k, v_{k+1}) (j \in \{0,1,\cdots,m\})$. 利用算法 11［单圈图 U_n 的含顶点 $u \in V(U_n)$ 的子树生成函数 $F(U_n; f, g; u)$］，可得双圈图子树的生成函数 $F(\mathrm{BG}; f, g)$.

由定理 3.3，可得计算双圈图的子树的生成函数 $F(\mathrm{BG}; f, g)$ 的算法 10.

算法 10　计算双圈图子树生成函数 $F(\mathrm{BG}; f, g)$ 的基于 PCCW 的算法

1：初始化 $N = 0$，设置 $G := \mathrm{BG}$、$f := f$、$g := g$，并假定所有的符号已列入定义 3.2;
2：CONTRACTL (G, f, g);
3：**switch**(BG)
4：**case** BG_1:
5：**for** 每一棵 $S \in \mathrm{BG}_1^c \setminus v_s$ **do**
6：　设置 $T := S$、$f := f$、$g := g$，调用算法 1 计算 T 的子树的生成函数 $F(T; f, g)$;
7：　更新 $N = N + F(T; f, g)$;
8：**end for**
9：　设置 $U_n := \mathrm{BG}_{1,1}^c$ $(U_n := \mathrm{BG}_{1,2}^c)$、$f := f^c$、$g := g^c$、$u := v_s$，并调用算法 11 计算得到 $F(\mathrm{BG}_{1,1}^c; f^c, g^c; v_s)$ $[F(\mathrm{BG}_{1,2}^c; f^c, g^c; v_s)]$;
10：更新 $N = N + \dfrac{1}{f^c(v_s)} F(\mathrm{BG}_{1,1}^c; f^c, g^c; v_s) F(\mathrm{BG}_{1,2}^c; f^c, g^c; v_s)$;
11：break;
12：**case** BG_2:
13：**for** 每一个图 $S \in \mathrm{BG}_2^c \setminus v_s$ **do**
14：　　**if** S 是一棵树 **then**
15：　　　设置 $T := S$、$f := f$、$g := g$，调用算法 1 计算 T 的子树的生成函数 $F(T; f, g)$;
16：　　　更新 $N = N + F(T; f, g)$;
17：　　**else if** S 是一个单圈图 **then**
18：　　　设置 $U_n := S$、$f := f^c$、$g := g^c$，并调用算法 9 计算得到 $F(S; f^c, g^c)$;
19：　　　更新 $N = N + F(S; f^c, g^c)$;
20：　　**end if**
21：**end for**
22：设置 $U_n := \mathrm{BG}_{2,1}^c$ $(U_n := \mathrm{BG}_{2,2}^c)$、$f := f^c$、$g := g^c$、$u := v_s$，并调用算法 11 计算得到 $F(\mathrm{BG}_{2,1}^c; f^c, g^c; v_s)$$[F(\mathrm{BG}_{2,2}^c; f^c, g^c; v_s)]$;
23：更新 $N = N + \dfrac{1}{f^c(v_s)} F(\mathrm{BG}_{2,1}^c; f^c, g^c; v_s) F(\mathrm{BG}_{2,2}^c; f^c, g^c; v_s)$;
24：break;
25：**case** BG_3:
26：设置 $U_n := \mathrm{BG}_3^c \setminus (v_0, v_1)$、$f := f^c$、$g := g^c$，并调用算法 9 计算得到 $F[\mathrm{BG}_3^c \setminus (v_0, v_1); f^c, g^c]$;

27：更新 $N = N + F[\mathrm{BG}_3^c \setminus (v_0, v_1); f^c, g^c]$;
28：**for** $(k = 1; k \leqslant m-1; k++)$ **do**
29：　　设置 $U_n := B_{0,k}^c \setminus (v_k, v_{k+1})$、$f := f_{0,k}^c$、$g := g_{0,k}^c$、$u := v_0$，并调用算法 11 计算得到 $F[B_{0,k}^c \setminus (v_k, v_{k+1}); f_{0,k}^c, g_{0,k}^c; v_0]$;
30：　　更新 $N = N + F[B_{0,k}^c \setminus (v_k, v_{k+1}); f_{0,k}^c, g_{0,k}^c; v_0]$;
31：**end for**
32：设置 $U_n := \bar{U}_l^c$ ($U_n := \bar{W}_n^c$)、$f := f_{0,m}^c$、$g := g_{0,m}^c$、$u := v_0$，并调用算法 11 计算得到 $F(\bar{U}_l^c; f_{0,m}^c, g_{0,m}^c; v_0)$ $[F(\bar{W}_n^c; f_{0,m}^c, g_{0,m}^c; v_0)]$;
33：更新 $N = N + \dfrac{1}{f_{0,m}^c(v_0)} F(\bar{U}_l^c; f_{0,m}^c, g_{0,m}^c; v_0) F(\bar{W}_n^c; f_{0,m}^c, g_{0,m}^c; v_0)$;
34：break;
35：**default**:
36：break;
37：**end switch**
38：**return** $F(\mathrm{BG}; f, g) = N$
39：**procedure** CONTRACTL (G, f, g)
40：　　**while** 只要 G 存在叶子顶点 **do**
41：　　　　随机选择 G 的一个悬挂顶点 p 并记 $e = (p, v)$ 为对应的悬挂边;
42：　　　　更新 $f(v)$ 为 $f(v)[1 + g(e) f(p)]$，同时更新 $N = N + f(p)$;
43：　　　　删除顶点 p 和边 e.
44：　　**end while**
45：**end procedure**

接下来研究单圈图和双圈图的含任意指定的一个顶点的子树的计数问题.

§3.3 单圈图和双圈图的含指定一个顶点的子树

3.3.1 单圈图的含指定一个顶点的子树

同计算单圈图 $U_n = [V(U_n), E(U_n); f, g]$ 的子树生成函数的分析类似，可以得到基于 PCCW 的计算单圈图 U_n 的包含指定一个顶点 $u \in V(U_n)$ 的子树生成函数 $F(U_n; f, g; u)$ 的算法 11. 为便于叙述，将算法 11 中用到的符号列入定义 3.3.

定义 3.3

- 记 $\bar{U}_u^c = [V(\bar{U}_u^c), E(\bar{U}_u^c); f_u^c, g_u^c]$ 为 $G := U_n$、$f := f$、$g := g$、$x := u$ 并调用过程 2 中的 CONTRACTNOTX (G, f, g, x) 后的加权单圈图.
- 如果 u 在圈上，假定 $u = v_j$，那么令 $U_{j,k}^c = [V(U_{j,k}^c), E(U_{j,k}^c); f_{j,k}^c, g_{j,k}^c]$，其中 $k \in \{j+1, j+2, \cdots, j+n-1\} (\mathrm{mod}\ n)$ 为将 $\bar{U}_u^c$ 中的路径 $P_{v_j v_k} = v_j v_{j+1} \cdots v_k$ 进行带权收缩到顶点 v_j 后的加权单圈图（图 3.1），顶点和边权重函数分别为

$$f_{j,k}^{c}(v_j)=\prod_{i=j}^{k} f_u^c(v_i)\prod_{i=j}^{k-1} g_u^c[(v_i,v_{i+1})]$$

$$f_{j,k}^{c}(v)=f_u^c(v)[v\in V(U_{j,k}^c)\setminus v_j]$$

$$g_{j,k}^{c}(e)=g_u^c(e)[e\in E(U_{j,k}^c)]$$

- 如果 u 不在圈上，假定 $u=w\in V(T_j)\setminus v_j$，记 $P_{v_jw}=v_ju_1u_2\cdots u_{l-1}w\ (l\geqslant 1)$ 为连接顶点 v_j 和 w 的路径（图 3.1）. 令

$$\bar{P}_{v_jw}^c=[V(\bar{P}_{v_jw}^c),E(\bar{P}_{v_jw}^c);\bar{f}_u^c,\bar{g}_u^c]$$

为顶点集 $V(\bar{P}_{v_jw}^c)=V(P_{v_jw})$、边集 $E(\bar{P}_{v_jw}^c)=E(P_{v_jw})$ 的加权路径，顶点和边权重分别为

$$\bar{f}_u^c(v_j)=F[\bar{U}_u^c\setminus(v_j,u_1);f_u^c,g_u^c;v_j]$$

$$\bar{f}_u^c(v)=f_u^c(v)[v\in V(\bar{P}_{v_jw}^c)\setminus v_j]$$

$$\bar{g}_u^c(e)=g_u^c(e)[e\in E(\bar{P}_{v_jw}^c)]$$

算法 11　计算生成函数 $F(U_n;f,g;u)$，$u\in V(U_n)$ 的基于 PCCW 的算法

1：初始化 $N=0$，设置 $G:=U_n$、$f:=f$、$g:=g$、$x:=u$，并假定所有的符号已列入定义 3.3;

2：CONTRACTNOTX(G,f,g,x);//即调用过程 2

//如果顶点 x 在圈上，假定 $x=v_j$

3：**if** $x=v_j$ 为圈上的顶点 **then**

4：　　设置 $G:=\bar{U}_u^c\setminus(v_j,v_{j+1})$、$f:=f_u^c$、$g:=g_u^c$、$x:=v_j$ 并执行步骤 2，计算得到 $F[\bar{U}_u^c\setminus(v_j,v_{j+1});f_u^c,g_u^c;v_j]$;

5：　　更新 $N=N+F[\bar{U}_u^c\setminus(v_j,v_{j+1});f_u^c,g_u^c;v_j]$;

6：　**for** $(k=j+1;k\leqslant j+n-2;k++)$ **do**

7：　　设置 $G:=U_{j,k}^c\setminus(v_{k(\bmod n)},v_{(k+1)(\bmod n)})$、$f:=f_{j,k}^c$、$g:=g_{j,k}^c$、$x:=v_j$ 并执行步骤 2，计算得到 $F[U_{j,k}^c\setminus(v_{k(\bmod n)},v_{(k+1)(\bmod n)});f_{j,k}^c,g_{j,k}^c;v_j]$;

8：　　更新 $N=N+F[U_{j,k}^c\setminus(v_{k(\bmod n)},v_{(k+1)(\bmod n)});f_{j,k}^c,g_{j,k}^c;v_j]$;

9：　**end for**

10：　　更新 $N=N+\prod_{i=j}^{j+n-1} f_u^c(v_i)\prod_{i=j}^{j+n-2} g_u^c(v_i,v_{i+1})$;

11：**else**//如果 x 不在圈上，假定 $x=w\in V(T_j)\setminus v_j$

12：　　设置 $U_n:=\bar{U}_u^c\setminus(v_j,u_1)$、$f:=f_u^c$、$g:=g_u^c$、$u:=v_j$ 并调用算法 11 计算得到 $F[\bar{U}_u^c\setminus(v_j,u_1);f_u^c,g_u^c;v_j]$;

13：　　将加权单圈图 $\bar{U}_u^c\setminus(v_j,u_1)$ 看作加权路径 $\bar{P}_{v_jw}^c$ 的一个权重为 $F[\bar{U}_u^c\setminus(v_j,u_1);f_u^c,g_u^c;v_j]$ 的单顶点 v_j;

14：　　设置 $G:=\bar{P}_{v_jw}^c$、$f:=\bar{f}_u^c$、$g:=\bar{g}_u^c$、$x:=w$ 并执行步骤 2，计算得到 $F(\bar{P}_{v_jw}^c;\bar{f}_u^c,\bar{g}_u^c;w)$;

15:　　更新 $N = N + F(\overline{P}^c_{v_j w}; \overline{f}^c_u, \overline{g}^c_u; w)$；
16: **end if**
17: **return** $F(U_n; f, g; u) = N$.

3.3.2 双圈图的含指定一个顶点的子树

接下来研究计算双圈图 $\mathrm{BG} = [V(\mathrm{BG}), E(\mathrm{BG}); f, g]$ 的含任给一个顶点 $u \in V(\mathrm{BG})$ 的子树的生成函数 $F(\mathrm{BG}; f, g; u)$．为方便叙述，将定理 3.4 中用到的符号列到定义 3.4 中．

定义 3.4　$\mathrm{BG}_i (i = 1,2,3)$ 为双圈图的三种情况，$u \in V(\mathrm{BG})$ 为双圈图的任意一个顶点．

- 记 $\mathrm{BG}_i^c = [V(\mathrm{BG}_i^c), E(\mathrm{BG}_i^c); f^c, g^c](i = 1,2,3)$ 为设置 $G := \mathrm{BG}_i$、$f := f$、$g := g$ 并调用过程 1 中的 CONTRACT6(G, f, g)得到的加权双圈图．
- 记 $\overline{\mathrm{BG}_i}^c = [V(\overline{\mathrm{BG}_i}^c), E(\overline{\mathrm{BG}_i}^c); f^c, g^c](i = 1,2,3)$ 为设置 $G := \mathrm{BG}_i$、$f := f$、$g := g$、$x := u$ 并调用过程 2 中的 CONTRACTNOTX(G, f, g, x) 得到的加权双圈图．
- 当 $\mathrm{BG} = \mathrm{BG}_1$ 时：
    - ◆ 若顶点 u 在圈上，不失一般性，令 u 在圈 C_p 上且 $v_k = u(k \in \{1,2,\cdots,p\}$，见图 3.2)，记 $\mathrm{BG}_{1,3}^c = [V(\mathrm{BG}_{1,3}^c), E(\mathrm{BG}_{1,3}^c); f^c, g^c]$ 为 $\mathrm{BG}_1^c \setminus [(w_t, w_{t-1}) \cup (w_t, w_{t+1})]$ 的含 v_s 的加权单圈图，记 $\mathrm{BG}_{1,4}^c = [V(\mathrm{BG}_{1,4}^c), E(\mathrm{BG}_{1,4}^c); f^c, g^c]$ 为 $\mathrm{BG}_1^c \setminus [(v_s, v_{s-1}) \cup (v_s, v_{s+1})]$ 的含 v_s 的加权单圈图．同时，定义 $\overline{\mathrm{BG}_{1,3}}^c = [V(\overline{\mathrm{BG}_{1,3}}^c), E(\overline{\mathrm{BG}_{1,3}}^c); \overline{f}^c, \overline{g}^c]$ 为顶点集为 $V(\overline{\mathrm{BG}_{1,3}}^c) = V(\mathrm{BG}_{1,3}^c)$，边集为 $E(\overline{\mathrm{BG}_{1,3}}^c) = E(\mathrm{BG}_{1,3}^c)$，顶点权重为 $\overline{f}^c(v) = f^c(v)[v \in V(\overline{\mathrm{BG}_{1,3}}^c) \setminus v_s]$、$\overline{f}^c(v_s) = F(\mathrm{BG}_{1,4}^c; f^c, g^c; v_s)$，边权重为 $\overline{g}^c(e) = g^c(e)[e \in E(\overline{\mathrm{BG}_{1,3}}^c)]$ 的加权单圈图．
    - ◆ 若顶点 u 不在圈上，不失一般性，令 $u = w$ 是树 T_p 中的顶点（图 3.2），记 $P_{v_p u} = v_p o_1 o_2 \cdots o_{t-1} o_t(u)(t \geqslant 1)$ 为连接 v_p 和 u 的唯一的路径．定义 $T_{1,5}^c = [V(T_{1,5}^c), E(T_{1,5}^c); f^c, g^c]$ 为 $\overline{\mathrm{BG}_1}^c \setminus [(v_p, v_{p-1}) \cup (v_p, v_{p+1})]$ 的含 v_p 的加权路径树．同时，定义 $\overline{T_{1,5}}^c = [V(\overline{T_{1,5}}^c), E(\overline{T_{1,5}}^c); \overline{f}^c, \overline{g}^c]$ 为顶点集为 $V(\overline{T_{1,5}}^c) = V(T_{1,5}^c)$，边集为 $E(\overline{T_{1,5}}^c) = E(T_{1,5}^c)$，顶点权重为 $\overline{f}^c(v) = f^c(v)[v \in V(\overline{T_{1,5}}^c) \setminus v_p]$、$\overline{f}^c(v_p) = F[\overline{\mathrm{BG}_1}^c \setminus (v_p, o_1); f^c, g^c; v_p]$，边权重为 $\overline{g}^c(e) = g^c(e)[e \in E(\overline{T_{1,5}}^c)]$ 的加权路径树．
- 当 $\mathrm{BG} = \mathrm{BG}_2$ 时：
    - ◆ 若顶点 u 在圈上，不失一般性，令 u 在圈 C_p 上且 $v_k = u$ ($k \in \{1,2,\cdots,p\}$，见图 3.3)，记 $\mathrm{BG}_{2,3}^c = [V(\mathrm{BG}_{2,3}^c), E(\mathrm{BG}_{2,3}^c); f^c, g^c]$ 为 $\mathrm{BG}_2^c \setminus (v_s, u_1)$ 的含 v_s 的加权单圈图，记 $\mathrm{BG}_{2,4}^c = [V(\mathrm{BG}_{2,4}^c), E(\mathrm{BG}_{2,4}^c); f^c, g^c]$ 为 $\mathrm{BG}_2^c \setminus [(v_s, v_{s-1}) \cup (v_s, v_{s+1})]$ 的含 v_s 的加权单圈图．同时，定义 $\overline{\mathrm{BG}_{2,3}}^c = [V(\overline{\mathrm{BG}_{2,3}}^c), E(\overline{\mathrm{BG}_{2,3}}^c); \overline{f}^c, \overline{g}^c]$ 为顶点集为 $V(\overline{\mathrm{BG}_{2,3}}^c) = V(\mathrm{BG}_{2,3}^c)$，边集为 $E(\overline{\mathrm{BG}_{2,3}}^c) = E(\mathrm{BG}_{2,3}^c)$，顶点权重为 $\overline{f}^c(v) = f^c(v)[v \in V(\overline{\mathrm{BG}_{2,3}}^c) \setminus v_s]$、$\overline{f}^c(v_s) = F(\mathrm{BG}_{2,4}^c; f^c, g^c; v_s)$，边权重为 $\overline{g}^c(e) = g^c(e)[e \in E(\overline{\mathrm{BG}_{2,3}}^c)]$ 的加权单圈图．
    - ◆ 若顶点 u 不在圈上：

（i）若 $u\in\{u_1,u_2,\cdots,u_{l-1}\}$，记 $\mathrm{BG}_{2,3}^c=[V(\mathrm{BG}_{2,3}^c),E(\mathrm{BG}_{2,3}^c);f^c,g^c]$ 为 $\mathrm{BG}_2^c\setminus(v_s,u_1)$ 的含 v_s 的加权单圈图，记 $\mathrm{BG}_{2,4}^c=[V(\mathrm{BG}_{2,4}^c),E(\mathrm{BG}_{2,4}^c);f^c,g^c]$ 为 $\mathrm{BG}_2^c\setminus(u_{l-1},w_t)$ 的含 w_t 的加权单圈图，记 $\mathrm{BG}_{2,5}^c=[V(\mathrm{BG}_{2,5}^c),E(\mathrm{BG}_{2,5}^c);f^c,g^c]$ 为 $\mathrm{BG}_2^c\setminus[(v_s,v_{s-1})\cup(v_s,v_{s+1})\cup(w_t,w_{t+1})\cup(w_t,w_{t-1})]$ 的含 u 的加权路径树. 同时，定义 $\overline{\mathrm{BG}_{2,5}}^c=[V(\overline{\mathrm{BG}_{2,5}}^c),E(\overline{\mathrm{BG}_{2,5}}^c);\overline{f}^c,\overline{g}^c]$ 为顶点集为 $V(\overline{\mathrm{BG}_{2,5}}^c)=V(\mathrm{BG}_{2,5}^c)$，边集为 $E(\overline{\mathrm{BG}_{2,5}}^c)=E(\mathrm{BG}_{2,5}^c)$，权重为 $\overline{f}^c(v)=f^c(v)[v\in V(\overline{\mathrm{BG}_{2,5}}^c)\setminus\{v_s,w_t\}]$、$\overline{f}^c(v_s)=F(\mathrm{BG}_{2,3}^c;f^c,g^c;v_s)$、$\overline{f}^c(w_t)=F(\mathrm{BG}_{2,4}^c;f^c,g^c;w_t)$，边权重为 $\overline{g}^c(e)-g^c(e)\ [e\in E(\overline{\mathrm{BG}_{2,5}}^c)]$ 的加权路径树.

（ii）若 $u\notin\{u_1,u_2,\cdots,u_{l-1}\}$，不失一般性，令 $u=w$ 是树 T_p 中的顶点[见图 3.2，u 可以属于 $T_i\ (i=1,2,\cdots,p)$ 或 $T_{u_i}\ (i=1,2,\cdots,l-1)$ 及 $W_i\ (i=1,2,\cdots,q)$]，记 $P_{v_pu}=v_po_1o_2\ldots o_{t-1}o_t(u)(t\geqslant1)$ 为连接 v_p 和 u 的唯一的路径. 定义 $T_{2,6}^c=[V(T_{2,6}^c),E(T_{2,6}^c);f^c,g^c]$ 为 $\overline{\mathrm{BG}_2}^c\setminus[(v_p,v_{p-1})\cup(v_p,v_{p+1})]$ 的含 v_p 的加权路径树. 同时，定义 $\overline{T_{2,6}}^c=[V(\overline{T_{2,6}}^c),E(\overline{T_{2,6}}^c);\ \overline{f}^c,\overline{g}^c]$ 为顶点集为 $V(\overline{T_{2,6}}^c)=V(T_{2,6}^c)$，边集为 $E(\overline{T_{2,6}}^c)=E(T_{2,6}^c)$，权重为 $\overline{f}^c(v)=f^c(v)[v\in V(\overline{T_{2,6}}^c)\setminus v_p]$、$\overline{f}^c(v_p)=F[\overline{\mathrm{BG}_2}^c\setminus(v_p,o_1);f^c,g^c;v_p]$，边权重为 $\overline{g}^c(e)=g^c(e)[e\in E(\overline{T_{2,6}}^c)]$ 的加权路径树.

- 当 $\mathrm{BG}=\mathrm{BG}_3$ 时：
  - 若顶点 u 在圈上：

（i）若 $u\in\{u_0(v_0,w_0),u_l(v_m,w_n)\}$，不失一般性，令 $u=v_0$，记 $B_{0,k}^c$、$\overline{U}_l^c$ 和 $\overline{W}_n^c$ 的定义同定义 3.2 中 $\mathrm{BG}=\mathrm{BG}_3$ 中的定义.

（ii）若顶点 u 在圈上，且 $u\notin\{u_0(v_0,w_0),u_l(v_m,w_n)\}$，不失一般性，令 $u=v_i$ $(i=1,2,\cdots,m-1)$，对于任一个 $i\in\{1,2,\cdots,m-1\}$，令

$$B_{i,k}^c=[V(B_{i,k}^c),E(B_{i,k}^c);f_{i,k}^c,g_{i,k}^c]\quad k\in\{i,i+1,\cdots,m\}$$

为将 BG_3^c 中的路径 $P_{v_iv_k}=v_iv_{i+1}\cdots v_k$ 进行带权收缩到顶点 v_i 后的加权双圈图，顶点和边权重函数分别为

$$f_{i,k}^c(v_i)=\prod_{r=i}^{k}f^c(v_r)\prod_{r=i}^{k-1}g^c(v_r,v_{r+1})$$

$$f_{i,k}^c(v)=f^c(v)[v\in V(B_{i,k}^c)\setminus v_i]$$

$$g_{i,k}^c(e)=g^c(e)[e\in E(B_{i,k}^c)]$$

  - 若顶点 u 不在圈上，即 $u\notin\{u_i(i=0,1,\cdots,l),v_i(i=0,1,\cdots,m),w_i(i=0,1,\cdots,n)\}$，不失一般性，令 $u=w$ 是树 $T_{v_{m-1}}$ 中的顶点[见图 3.4，u 可以属于 $T_{u_i}\ (i=0,1,\cdots,l)$ 或 $T_{v_i}\ (i=0,1,\cdots,m)$ 或 $T_{w_i}\ (i=0,1,\cdots,n)$]，记 $P_{v_{m-1}u}=v_{m-1}o_1o_2\cdots o_{t-1}o_t(u)(t\geqslant1)$ 为连接 v_{m-1} 和 u 的唯一路径. 定义 $T_{3,6}^c=[V(T_{3,6}^c),E(T_{3,6}^c);f^c,g^c]$ 为 $\overline{\mathrm{BG}_3}^c\setminus[(v_{m-1},v_m)\cup(v_{m-1},v_{m-2})]$ 的含 v_{m-1} 的加权路径树. 同时，定义 $\overline{T_{3,6}}^c=[V(\overline{T_{3,6}}^c),E(\overline{T_{3,6}}^c);\overline{f}^c,\overline{g}^c]$ 为顶点集为 $V(\overline{T_{3,6}}^c)=V(T_{3,6}^c)$，边集为 $E(\overline{T_{3,6}}^c)=E(T_{3,6}^c)$，顶

点权重为 $\bar{f}^c(v)=f^c(v)[v\in V(\overline{T_{3,6}}^c)\setminus v_{m-1}]$、$\bar{f}^c(v_{m-1})=F[\overline{\mathrm{BG}}_3^c\setminus(v_{m-1},o_1);f^c,g^c;v_{m-1}]$，边权重为 $\bar{g}^c(e)=g^c(e)[e\in E(\overline{T_{3,6}}^c)]$ 的加权路径树.

定理 3.4 记 $\mathrm{BG}=[V(\mathrm{BG}),E(\mathrm{BG});f,g]$ 为顶点权重为 f，边权重为 g 的加权双圈图，见图 3.2～图 3.4，$u\in V(\mathrm{BG})$ 为双圈图的任意一个顶点，其他相关符号见定义 3.4 所述.

- 如果 $\mathrm{BG}=\mathrm{BG}_1$（图 3.2）:
  - 若顶点 u 在圈上，假定 u 在圈 C_p 上且 $v_k=u$（$k\in\{1,2,\cdots,p\}$，见图 3.2），则
$$F(\mathrm{BG}_1;f,g;u)=F(\overline{\mathrm{BG}}_{1,3}^c;\bar{f}^c,\bar{g}^c;v_k) \tag{3.7}$$
  - 若顶点 u 不在圈上，不失一般性，令 $u=w$ 是树 T_p 中的顶点（图 3.2），则
$$F(\mathrm{BG}_1;f,g;u)=F(\overline{T_{1,5}}^c;\bar{f}^c,\bar{g}^c;u) \tag{3.8}$$
- 如果 $\mathrm{BG}=\mathrm{BG}_2$（图 3.3）:
  - 若顶点 u 在圈上，假定 u 在圈 C_p 上且 $v_k=u$ ($k\in\{1,2,\cdots,p\}$，见图 3.3)，则
$$F(\mathrm{BG}_2;f,g;u)=F(\overline{\mathrm{BG}}_{2,3}^c;\bar{f}^c,\bar{g}^c;v_k) \tag{3.9}$$
  - 若顶点 u 不在圈上，且 $u\in\{u_1,u_2,\cdots,u_{l-1}\}$，见图 3.3，则
$$F(\mathrm{BG}_2;f,g;u)=F(\overline{\mathrm{BG}}_{2,5}^c;\bar{f}^c,\bar{g}^c;u) \tag{3.10}$$
  - 若顶点 u 不在圈上，且 $u\notin\{u_1,u_2,\cdots,u_{l-1}\}$，假定 $u=w$ 是树 T_p 中的顶点[u 可以属于 T_i $(i=1,2,\cdots,p)$ 或 T_{u_i} $(i=1,2,\cdots,l-1)$ 或 W_i $(i=1,2,\cdots,q)$]，见图 3.3，则
$$F(\mathrm{BG}_2;f,g;u)=F(\overline{T_{2,6}}^c;\bar{f}^c,\bar{g}^c;u) \tag{3.11}$$
- 如果 $\mathrm{BG}=\mathrm{BG}_3$（图 3.4）:
  - 若顶点 u 在圈上，且 $u\in\{u_0(v_0,w_0),u_l(v_m,w_n)\}$，假定 $u=v_0$，则
$$\begin{aligned}F(\mathrm{BG}_3;f,g;u)=&F[\overline{\mathrm{BG}}_3^c\setminus(v_0,v_1);f^c,g^c;v_0]+\sum_{k=1}^{m-1}F[B_{0,k}^c\setminus(v_k,v_{k+1});f_{0,k}^c,g_{0,k}^c;v_0]\\&+\frac{1}{f_{0,m}^c(v_0)}F(\bar{U}_l^c;f_{0,m}^c,g_{0,m}^c;v_0)F(\bar{W}_n^c;f_{0,m}^c,f_{0,m}^c;v_0)\end{aligned} \tag{3.12}$$
  - 若顶点 u 在圈上，且 $u\notin\{u_0(v_0,w_0),u_l(v_m,w_n)\}$，假定 $u=v_i$ $(i=1,2,\cdots,m-1)$，则
$$F(\mathrm{BG}_3;f,g;u)=\sum_{j=i}^{m-1}F[B_{i,j}^c\setminus(v_j,v_{j+1});f_{i,j}^c,g_{i,j}^c;v_i]+F(B_{i,m}^c;f_{i,m}^c,g_{i,m}^c;v_i) \tag{3.13}$$
  - 若顶点 u 不在圈上，即 $u\notin\{u_i(i=0,1,\cdots,l),v_i(i=0,1,\cdots,m),w_i(i=0,1,\cdots,n)\}$，假定 $u=w$ 是树 $T_{v_{m-1}}$ 中的顶点[u 可以属于 T_{u_i} $(i=0,1,\cdots,l)$ 或 T_{v_i} $(i=0,1,\cdots,m)$，或 T_{w_i} $(i=0,1,\cdots,n)$]，见图 3.4，则
$$F(\mathrm{BG}_3;f,g;u)=F(\overline{T_{3,6}}^c;\bar{f}^c,\bar{g}^c;u) \tag{3.14}$$

证明 对于双圈图为 BG_1 的情况:

- 若顶点 u 在圈上，假定 u 在圈 C_p 上且 $v_k=u$ ($k\in\{1,2,\cdots,p\}$)，通过将加权图 $\mathrm{BG}_{1,4}^c$ 看作加权图 $\overline{\mathrm{BG}}_{1,3}^c=[V(\overline{\mathrm{BG}}_{1,3}^c),E(\overline{\mathrm{BG}}_{1,3}^c);\bar{f}^c,\bar{g}^c]$ 的一个权重为 $F(\mathrm{BG}_{1,4}^c;f^c,g^c;v_s)$

的顶点 v_s，利用算法 11 可以求得 BG_1 的含顶点 u 的子树生成函数，如式（3.7）所示.

- 若顶点 u 不在圈上，假定 $u = w$ 是树 T_p 中的顶点，通过将加权图 $\overline{\mathrm{BG}_1^c} \setminus (v_p, 0_1)$ 看作加权图 $\overline{T_{1,5}}^c = [V(\overline{T_{1,5}}^c), E(\overline{T_{1,5}}^c); \overline{f}^c, \overline{g}^c]$ 的一个权重为 $F[\overline{\mathrm{BG}_1^c} \setminus (v_p, 0_1); f^c, g^c; v_p]$ 的顶点 v_p，利用算法 2 可以求得 BG_1 的含顶点 u 的子树生成函数，如式（3.8）所示.

类似 BG_1 情况的分析，可得双圈图 BG_2 的含顶点 u 的子树生成函数，如式（3.9）～式（3.11）所示.

对于双圈图为 BG_3 的情况，若顶点 u 在圈上，且 $u \in \{u_0(v_0, w_0), u_l(v_m, w_n)\}$，假定 $u = v_0$，类似定理 3.3 中对 BG_3 的子树进行分类并对其进行分析，可得 $F(\mathrm{BG}_3; f, g; u)$，如式(3.12) 所示.

若顶点 u 在圈上，且 $u \notin \{u_0(v_0, w_0), u_l(v_m, w_n)\}$，假定 $u = v_i (i = 1, 2, \cdots, m-1)$，将 $\mathcal{T}(\mathrm{BG}_3; v_i)$ 的子树分为 $m+1$ 种情况：

- $\mathcal{T}_0$ 为 $\mathcal{T}(\mathrm{BG}_3; v_i)$ 中的包含顶点 v_i 但是不含边 (v_i, v_{i+1}) 的子树；
- $\mathcal{T}_j (1 \leqslant j \leqslant i)$ 为 $\mathcal{T}(\mathrm{BG}_3; v_i)$ 中的包含边集合 $\bigcup\limits_{k=i-j+1}^{m-1} (v_k, v_{k+1})$ 但是不含边 (v_{i-j}, v_{i-j+1}) 的子树；
- $\mathcal{T}_j (i+1 \leqslant j \leqslant m-1)$ 为 $\mathcal{T}(\mathrm{BG}_3; v_i)$ 中的包含边集合 $\bigcup\limits_{k=i}^{j-1} (v_k, v_{k+1})$ 但是不含边 (v_j, v_{j+1}) 的子树；
- $\mathcal{T}_m$ 为 $\mathcal{T}(\mathrm{BG}_3; v_i)$ 中的包含边集合 $\bigcup\limits_{j=0}^{m-1} (v_j, v_{j+1})$（当然包含顶点 v_i）的子树.

若顶点 u 不在圈上，即 $u \notin \{u_i (i = 0, 1, \cdots, l), v_i (i = 0, 1, \cdots, m), w_i (i = 0, 1, \cdots, n)\}$，同 BG_1 的顶点 u 不在圈上的情况分析类似，可得双圈图 BG_3 的含顶点 u 的子树生成函数，如式（3.14）所示.

综合上述三种情况，定理得证.

由定理 3.4，可以得到计算双圈图 $\mathrm{BG} = [V(\mathrm{BG}), E(\mathrm{BG}); f, g]$ 的含顶点 $u \in V(\mathrm{BG})$ 的子树的生成函数 $F(\mathrm{BG}; f, g; u)$ 的计数算法 12.

接下来将借助图论、新的三元 Tutte 多项式及树的 BC 子树的相关算法，将 BC 子树的计数从树推广到单圈图和双圈图上. 首先，讨论并给出单圈图的含给定顶点且所有叶子到该顶点的距离都是奇（偶）数的子树的计数问题；然后，给出基于图论的计算单圈图和双圈图的全部、含任意一个顶点的 BC 子树的生成函数的算法及相应算法实现的实例分析. 因为本节研究 O_v 子树和 E_v 子树及 BC 子树相关问题，因此默认 $f := f_2, g := g_2$.

§3.4　单圈图的 O_v 子树和 E_v 子树

为解决双圈图的相关 BC 子树的计数问题，需首先解决单圈图的 O_v 子树和 E_v 子树（定义见第 2.2 节）的计数问题.

令 $U_n = [V(U_n), E(U_n); f, g] (n \geqslant 3)$ 为加权单圈图（图 3.1）且 u 为 U_n 的一个顶点. 首

先给出单圈图U_n对应的O_v(E_v)子树生成函数的理论证明，然后给出U_n对应的O_v子树、E_v子树的奇、偶生成函数的算法 13. 为便于叙述，首先引入以下符号.

定义 3.5

- 令$G^c=[V(G^c),E(G^c);f^c,g^c]$为调用算法 13 的第 1 步和第 2 步后的加权图，同时记$e_1=(v_{k-1},v_k)$、$e_2=(v_k,v_{k+1})$.
- 若u在圈上，令$v_k=u$且记$T'=[V(T'),E(T');f^c,g^c]$为$G^c\setminus(e_1\cup e_2)$的含$v_{k-1}$和$v_{k+1}$的加权图. 此外，记$T_i'$（相应地，$T_i''$）为$T'\setminus(v_{k-i},v_{k-i-1})$的含$v_{k-i}$（相应地，$v_{k-i-1}$）$(i=1,2,\cdots,n-2)$的加权图. 同时，约定$T_{i+n}=T_i$且$v_{i+n}=v_i$.
- 若u不在圈上，令$w=u$（图 3.1）且记$\tilde{P}=v_ku_1u_2\cdots u_{l-1}w\ (l\geqslant 1)$为连接$v_k$和$w$的路径. 此外，记$G^d=[(V(G^d),E(G^d);f^c,g^c]$（对应地，$P_{\text{new}}=[V(P_{\text{new}}),E(P_{\text{new}});f^c,g^c)]$）为$G^c\setminus(v_k,u_1)$（对应地，$G^c\setminus(e_1\cup e_2)$）的含$v_k$的加权图（对应地，路径）. 记$P'_{\text{new}}=[V(P'_{\text{new}}),E(P'_{\text{new}});f',g']$为一条加权路径，$V(P'_{\text{new}})=V(P_{\text{new}})$、$E(P'_{\text{new}})=E(P_{\text{new}})$，顶点权重和边权重函数分别为$f'(v_k)=[(F(G^d;f^c,g^c;v_k,\text{odd}),F(G^d;f^c,g^c;v_k,\text{even})]$，且$f'(v)=f^c(v)[v\in V(P'_{\text{new}})\setminus v_k]$、$g'(e)=g^c(e)[e\in E(P'_{\text{new}})]$.

算法 12 计算生成函数$F(\text{BG};f,g;u)$，$u\in V(\text{BG})$的基于 PCCW 的算法

1：初始化$N=0$，设置$G:=\text{BG}$、$f:=f$、$g:=g$、$u:=u$，并假定所有符号已列入定义 3.4;

2：CONTRACTNOTX(G,f,g,u); //即调用过程 2

3：**switch**(BG)

4：**case** BG_1:

5：**if** u为圈上的顶点 **then**//假定u在圈C_p上且$v_k=u$ ($k\in\{1,2,\cdots,p\}$)

6：　设置$U_n:=\text{BG}_{1,4}^c$、$f:=f^c$、$g:=g^c$、$u:=v_s$并调用算法 11，计算得到$F(\text{BG}_{1,4}^c;f^c,g^c;v_s)$;

7：　将加权单圈图$\text{BG}_{1,4}^c$看作加权单圈图$\overline{\text{BG}}_{1,3}^c$的一个权重为$F(\text{BG}_{1,4}^c;f^c,g^c;v_s)$的单顶点$v_s$;

8：　设置$U_n:=\overline{\text{BG}}_{1,3}^c$、$f:=\overline{f}^c$、$g:=\overline{f}^c$、$u:=v_k$并调用算法 11，计算得到$F(\overline{\text{BG}}_{1,3}^c;\overline{f}^c,\overline{g}^c;v_k)$;

9：　更新$N=N+F(\overline{\text{BG}}_{1,3}^c;\overline{f}^c,\overline{g}^c;v_k)$;

10：**else if** u不在圈上 **then**//假定$u=w$是树T_p中的顶点

11：　设置$\text{BG}:=\overline{\text{BG}}_1^c\setminus(v_p,o_1)$、$f:=f^c$、$g:=g^c$、$u:=v_p$并调用算法 12，计算得到$F[\overline{\text{BG}}_1^c\setminus(v_p,o_1);f^c,g^c;v_p]$;

12：　将加权双圈图$\overline{\text{BG}}_1^c\setminus(v_p,o_1)$看作加权路径树$\overline{T_{1,5}}^c$的一个权重为$F[\overline{\text{BG}}_1^c\setminus(v_p,o_1);f^c,g^c;v_p]$的单顶点$v_p$;

13：　设置$T:=\overline{T_{1,5}}^c$、$f:=\overline{f}^c$、$g:=\overline{g}^c$、$v_i=u$，调用算法 2 计算$F(\overline{T_{1,5}}^c;\overline{f}^c,\overline{g}^c;u)$;

14：　更新$N=N+F(\overline{T_{1,5}}^c;\overline{f}^c,\overline{g}^c;u)$

15：**end if**

16：break;

17：**case** BG_2；

18：**if** u 为圈上的顶点 **then**//假定 u 在圈 C_p 上且 $v_k = u$ ($k \in \{1, 2, \cdots, p\}$)

19：**else if** u 不在圈上，且 $u \in \{u_1, u_2, \cdots, u_{l-1}\}$ **then**

20：　设置 $U_n := \mathrm{BG}_{2,3}^c$ ($U_n := \mathrm{BG}_{2,4}^c$)、$f := f^c$、$g := g^c$、$u := v_s$ ($u := w_t$)并调用算法 11，计算得到 $F(\mathrm{BG}_{2,3}^c; f^c, g^c; v_s)[F(\mathrm{BG}_{2,4}^c; f^c, g^c; w_t)]$；

21：　将加权单圈图 $\mathrm{BG}_{2,3}^c$ 和 $\mathrm{BG}_{2,4}^c$ 看作加权路径树 $\overline{\mathrm{BG}}_{2,5}^c$ 的两个权重分别为 $F(\mathrm{BG}_{2,3}^c; f^c, g^c; v_s)$ 和 $F(\mathrm{BG}_{2,4}^c; f^c, g^c; w_t)$ 的顶点 v_s 和 w_t；

22：　设置 $T := \overline{\mathrm{BG}}_{2,5}^c$、$f := \overline{f}^c$、$g := \overline{g}^c$、$v_i = u$ 并调用算法 2，计算得到 $F(\mathrm{BG}_{2,5}^c; \overline{f}^c, \overline{g}^c; u)$；

23：　更新 $N = N + F(\overline{\mathrm{BG}}_{2,5}^c; \overline{f}^c, \overline{g}^c; u)$；

24：**else if** u 不在圈上，且 $u \notin \{u_1, u_2, \cdots, u_{l-1}\}$ **then**//假定 $u = w$ 是树 T_p 中的顶点

25：　替换 $\overline{\mathrm{BG}}_1^c$ 为 $\overline{\mathrm{BG}}_2^c$、$\overline{T_{1,5}}^c$ 为 $\overline{T_{2,6}}^c$ 并执行步骤 11～14

26：**end if**

27：break;

28：**case** BG_3：

29：**if** u 为圈上的顶点，且 $u \in \{u_0(v_0, w_0), u_l(v_m, w_n)\}$ **then**//假定 $u = v_0$

30：　设置 $U_n := \overline{\mathrm{BG}}_3^c \setminus (v_0, v_1)$、$f := f^c$、$g := g^c$、$u := v_0$ 并调用算法 11，计算得到 $F[\overline{\mathrm{BG}}_3^c \setminus (v_0, v_1); f^c, g^c; v_0]$；

31：　更新 $N = N + F[\overline{\mathrm{BG}}_3^c \setminus (v_0, v_1); f^c, g^c; v_0]$；

32：　**for** ($k = 1; k \leqslant m - 1; k++$) **do**

33：　　设置 $U_n := B_{0,k}^c \setminus (v_k, v_{k+1})$、$f := f_{0,k}^c$、$g := g_{0,k}^c$、$u := v_0$ 并调用算法 11，计算得到 $F[B_{0,k}^c \setminus (v_k, v_{k+1}); f_{0,k}^c, g_{0,k}^c; v_0]$;

34：　　更新 $N = N + F[B_{0,k}^c \setminus (v_k, v_{k+1}); f_{0,k}^c, g_{0,k}^c; v_0]$;

35：　**end for**

36：　　设置 $U_n := \bar{U}_l^c$ ($U_n := \bar{W}_n^c$)、$f := f_{0,m}^c$、$g := g_{0,m}^c$、$u := v_0$ 并调用算法 11，计算得到 $F(\bar{U}_l^c; f_{0,m}^c, g_{0,m}^c; v_0)[F(\bar{W}_n^c; f_{0,m}^c, g_{0,m}^c; v_0)]$；

37：　　更新 $N = N + \dfrac{1}{f_{0,m}^c(v_0)} F(\bar{U}_l^c; f_{0,m}^c, g_{0,m}^c; v_0) F(\bar{W}_n^c; f_{0,m}^c, f_{0,m}^c; v_0)$;

38：**else if** 顶点 u 在圈上，且 $u \notin \{u_0(v_0, w_0), u_l(v_m, w_n)\}$ **then**//假定 $u = v_i (i = 1, 2, \cdots, m-1)$

39：　**for** ($j = i; j \leqslant m - 1; j++$) **do**

40：　　设置 $U_n := B_{i,j}^c \setminus (v_j, v_{j+1})$、$f := f_{i,j}^c$、$g := g_{i,j}^c$、$u := v_i$ 并调用算法 11，计算得到 $F[B_{i,j}^c \setminus (v_j, v_{j+1}); f_{i,j}^c, g_{i,j}^c; v_i]$;

41：　　更新 $N = N + F[B_{i,j}^c \setminus (v_j, v_{j+1}); f_{i,j}^c, g_{i,j}^c; v_i]$;

42：　**end for**

43：　　设置 $\mathrm{BG} := B_{i,m}^c$、$f := f_{i,m}^c$、$g := g_{i,m}^c$、$u := v_i$ 并调用算法 12，计算得到 $F(B_{i,m}^c; f_{i,m}^c, g_{i,m}^c; v_i)$;

44：　　更新 $N = N + F(B_{i,m}^c; f_{i,m}^c, g_{i,m}^c; v_i)$;
45：**else if** 顶点 u 不在圈上 **then**//假定 $u = w$ 是树 $T_{v_{m-1}}$ 中的顶点
46：　　替换 $\overline{\mathrm{BG}_1}^c$ 为 $\overline{\mathrm{BG}_3}^c$，$v_p$ 为 v_{m-1}，$\overline{T_{1,5}}^c$ 为 $\overline{T_{3,6}}^c$ 并执行步骤 11～14
47：**end if**
48：break;
49：**default**;
50：break;
51：**end switch**
52：**return** $F(\mathrm{BG}; f, g; u) = N$.

定理 3.5　由上述符号定义，有

- 若 $u = v_k$ 在圈上，则

$$F(U_n; f, g; u, \mathrm{odd}) = F(T_k; f, g; v_k, \mathrm{odd}) + [1 + f^c(v_k)_{\mathrm{o}}][g^c(e_1)F(T'; f^c, g^c; v_{k-1}, \mathrm{even}) + g^c(e_2)F(T'; f^c, g^c; v_{k+1}, \mathrm{even})] + [1 + f^c(v_k)_{\mathrm{o}}]g^c(e_1)g^c(e_2) \left\{ f^1(1)_{\mathrm{e}} f^2(1)_{\mathrm{e}} + \sum_{j=2}^{n-2} [f^1(j)_{\mathrm{e}} - f^1(j-1)_{\mathrm{e}}] f^2(j)_{\mathrm{e}} \right\} \tag{3.15}$$

$$F(U_n; f, g; u, \mathrm{even}) = f^c(v_k)_{\mathrm{e}} \left(1 + g^c(e_1)F(T'; f^c, g^c; v_{k-1}, \mathrm{odd}) + g^c(e_2)F(T'; f^c, g^c; v_{k+1}, \mathrm{odd}) + \left\{ f^1(1)_{\mathrm{o}} f^2(1)_{\mathrm{o}} + \sum_{j=2}^{n-2} [f^1(j)_{\mathrm{o}} - f^1(j-1)_{\mathrm{o}}] f^2(j)_{\mathrm{o}} \right\} g^c(e_1)g^c(e_2) \right) \tag{3.16}$$

式中，

$$f^1(j)_{\mathrm{o}} = F(T_j'; f^c, g^c; v_{k-1}, \mathrm{odd})$$
$$f^1(j)_{\mathrm{e}} = F(T_j'; f^c, g^c; v_{k-1}, \mathrm{even})$$
$$f^2(j)_{\mathrm{o}} = F(T_j''; f^c, g^c; v_{k+1}, \mathrm{odd})$$
$$f^2(j)_{\mathrm{e}} = F(T_j''; f^c, g^c; v_{k+1}, \mathrm{even}) \quad (j = 1, 2, \cdots, n-2)$$

- 若 $u = w$ 不在圈上，则

$$\begin{cases} F(U_n; f, g; w, \mathrm{odd}) = F(P'_{\mathrm{new}}; f', g'; w, \mathrm{odd}) \\ F(U_n; f, g; w, \mathrm{even}) = F(P'_{\mathrm{new}}; f', g'; w, \mathrm{even}) \end{cases} \tag{3.17}$$

式中，P'_{new} 为定义 3.5 中所述的加权树.

证明　首先考虑 $u = v_k$ 在圈上的情况，把 $S(U_n; u)$ 分为如下四类：

$$S(U_n; u) = \mathcal{T}_1 \cup \mathcal{T}_2 \cup \mathcal{T}_3 \cup \mathcal{T}_4$$

式中，$\mathcal{T}_1$ 为 $S(U_n; u)$ 的既不含 e_1 也不含 e_2 的子树；$\mathcal{T}_2$ 为 $S(U_n; u)$ 的含 e_1 但不含 e_2 的子树；$\mathcal{T}_3$ 为 $S(U_n; u)$ 的含 e_2 但不含 e_1 的子树；$\mathcal{T}_4$ 为 $S(U_n; u)$ 的既含 e_1 又含 e_2 的子树.

易知 $\mathcal{T}_1$ 的奇生成函数为

$$F(T_k; f, g; v_k, \mathrm{odd}) \tag{3.18}$$

当调用算法13的过程CONTRACT7时，采用定理2.2所提供的递归收缩方法. 因为$F(T_k;f,g;v_k,\text{odd})=f^c(v_k)_{\text{o}}$且$F(T_k;f,g;v_k,\text{even})=f^c(v_k)_{\text{e}}$，所以$\mathcal{T}_2$的奇生成函数为

$$F(T';f^c,g^c;v_{k-1},\text{even})g^c(e_1)[1+f^c(v_k)_{\text{o}}] \tag{3.19}$$

同样，$\mathcal{T}_3$的奇生成函数为

$$F(T';f^c,g^c;v_{k+1},\text{even})g^c(e_2)[1+f^c(v_k)_{\text{o}}] \tag{3.20}$$

集合$\mathcal{T}_4$同样可被分为如下两类：

（1）$S(U_n;u)$的含e_1、e_2但不含T_k的任何一条边的子树；

（2）$S(U_n;u)$的含e_1、e_2且含T_k的至少一条边的子树.

对于类（1），再次把它分为两种情况：

（1-i）不含边(v_{k-1},v_{k-2})；

（1-ii）含边集$\bigcup_{j=1}^{i-1}(v_{k-j},v_{k-j-1})$但不含$(v_{k-i},v_{k-i-1})(i=2,3,\cdots,n-2)$.

由定理2.2，类（1-i）的奇生成函数为

$$F(T_1';f^c,g^c;v_{k-1},\text{even})g^c(e_1)g^c(e_2)F(T_1'';f^c,g^c;v_{k+1},\text{even}) \tag{3.21}$$

同样，对于$i=2,3,\cdots,n-2$，类（1-ii）的奇生成函数为

$$[F(T_i';f^c,g^c;v_{k-1},\text{even})-F(T_{i-1}';f^c,g^c;v_{k-1},\text{even})]g^c(e_1)g^c(e_2)F(T_i'';f^c,g^c;v_{k+1},\text{even}) \tag{3.22}$$

类（2）的奇生成函数为

$$F(T_1';f^c,g^c;v_{k-1},\text{even})g^c(e_1)g^c(e_2)F(T_1'';f^c,g^c;v_{k+1},\text{even})f^c(v_k)_{\text{o}} \tag{3.23}$$

和

$$[F(T_i';f^c,g^c;v_{k-1},\text{even})-F(T_{i-1}';f^c,g^c;v_{k-1},\text{even})]g^c(e_1)g^c(e_2)F(T_i'';f^c,g^c;v_{k+1},\text{even})f^c(v_k)_{\text{o}} \tag{3.24}$$

所以，由式（3.18）～式（3.24）可得$S(U_n;u)$的奇生成函数，如式（3.15）所示. 通过类似的论证可得偶生成函数即为式（3.16）所示，在此省略具体的证明细节.

当$u=w$不在圈上时，首先利用定理2.2的递归收缩方法对U_n进行收缩直至其仅留下U_n的圈和路径P_{new}. 类似上面的分析，可得到$F(G^d;f^c,g^c;v_k,\text{odd})$和$F(G^d;f^c,g^c;v_k,\text{even})$. 然后把$G^d$看作$P'_{\text{new}}$的一个权重为$[F(G^d;f^c,g^c;v_k,\text{odd}),F(G^d;f^c,g^c;v_k,\text{even})]$的单顶点$v_k$，进而可得式（3.17）. 定理得证.

定理3.5提供了计算奇偶生成函数$F(U_n;f,g;u,\text{odd})$和$F(U_n;f,g;u,\text{even})$的算法13的理论证明. 为对其简洁描述，下面单独列出算法中用到的等式.

$$N_{\text{even}}=N_{\text{even}}+F(T';f^c,g^c;v_{k-1},\text{odd})g^c(e_1)f^c(v_k)_{\text{e}} \tag{3.25}$$

$$N_{\text{even}}=N_{\text{even}}+F(T';f^c,g^c;v_{k+1},\text{odd})g^c(e_2)f^c(v_k)_{\text{e}} \tag{3.26}$$

$$\begin{aligned}N_{\text{odd}}=N_{\text{odd}}&+[1+f^c(v_k)_o]g^c(e_1)g^c(e_2)\{F(T_1';f^c,g^c;v_{k-1},\text{even})F(T_1'';f^c,g^c;v_{k+1},\text{even})\\&+\sum_{j=2}^{n-2}[F(T_j';f^c,g^c;v_{k-1},\text{even})-F(T_{j-1}';f^c,g^c;v_{k-1},\text{even})]F(T_j'';f^c,g^c;v_{k+1},\text{even})\}\end{aligned} \tag{3.27}$$

$$N_{\text{even}}=N_{\text{even}}+f^c(v_k)_{\text{o}}g^c(e_1)g^c(e_2)\{F(T_1';f^c,g^c;v_{k-1},\text{odd})F(T_1'';f^c,g^c;v_{k+1},\text{odd})$$
$$+\sum_{j=2}^{n-2}[F(T_j';f^c,g^c;v_{k-1},\text{odd})-F(T_{j-1}';f^c,g^c;v_{k-1},\text{odd})]F(T_j'';f^c,g^c;v_{k+1},\text{odd})\} \quad (3.28)$$

$$N_{\text{odd}}=F(P_{\text{new}}';f',g';w,\text{odd}) \quad (3.29)$$

$$N_{\text{even}}=F(P_{\text{new}}';f',g';w,\text{even}) \quad (3.30)$$

算法 13　加权单圈图$U_n=[V(U_n),E(U_n);f,g]$的含指定顶点u，且所有叶子到u的距离是奇（偶）数的子树的奇（偶）生成函数$F(U_n;f,g;u,\text{odd})$ $[F(U_n;f,g;u,\text{even})]$

1：初始化$N_{\text{odd}}=0,N_{\text{even}}=0$并设$G:=U_n,f:=f,g:=g,x:=u$;

2：调用过程 CONTRACT7(G,f,g,x);

3：**if** $x=v_k$在圈上 **then**

4：　更新$N_{\text{odd}}=N_{\text{odd}}+f^c(v_k)_{\text{o}}$、$N_{\text{even}}=N_{\text{even}}+f^c(v_k)_{\text{e}}$;

5：　设置$G:=T'$、$f:=f^c$、$g:=g^c$、$x:=v_{k-1}$(相应地，$x:=v_{k+1}$)，执行算法第 2 步;

6：　更新$N_{\text{odd}}=N_{\text{odd}}$+式（3.19）+式（3.20），用式（3.25）和式（3.26）更新N_{even};

7：　**for** $i\leftarrow 1$ **to** $n-2$ **do**

8：　　设置$G:=T_i'$（相应地，$G:=T_i''$）、$f:=f^c$、$g:=g^c$、$x:=v_{k-1}$（相应地，$x:=v_{k+1}$），执行算法第 2 步并存储返回值;

9：　**end for**

10：　　更新N_{odd}为式（3.27），同时更新N_{even}为式（3.28）;

11：**else**// $x=w$不在圈上

12：　设置$U_n:=G^d$、$f:=f^c$、$g:=g^c$、$u:=v_k$并调用算法 13，计算$F(G^d;f^c,g^c;v_k,\text{odd})$和$F(G^d;f^c,g^c;v_k,\text{even})$;

13：　把G^d看作P_{new}'的一个点v_k并设置v_k权重$f'(v_k)$为$[F(G^d;f^c,g^c;v_k,\text{odd}),F(G^d;f^c,g^c;v_k,\text{even})]$;

14：　设置$G:=P_{\text{new}}'$、$f:=f'$、$g:=g'$、$x:=w$并执行算法第 2 步;

15：　更新N_{odd}为式（3.29），同时更新N_{even}为式（3.30）;

16：**end if**

17：返回$F(U_n;f,g;u,\text{odd})=N_{\text{odd}}$，$F(U_n;f,g;u,\text{even})=N_{\text{even}}$.

18：**procedure** CONTRACT7(G,f,g,x) //这里，G可以是树、单圈图或双圈图

19：　**while** 存在不同于x的悬挂点 **do**

20：　　随机选择一个悬挂点$p\neq x$并且记$e=(p,v)$;

21：　　更新$[f(v)_{\text{o}},f(v)_{\text{e}}]$为$\{f(v)_{\text{o}}[1+g(e)f(p)_{\text{e}}]+g(e)f(p)_{\text{e}},f(v)_{\text{e}}[1+f(p)_{\text{o}}g(e)]\}$;

22：　　删除顶点p和边e;

23：　**end while**

24：　**if** G是一棵树 **then**

25:　　　　返回 $F(G;f,g;x,\text{odd})=f(x)_{\text{o}}$，$F(G;f,g;x,\text{even})=f(x)_{\text{e}}$.

26:　　**end if**

27: **end procedure**

为解决双圈图的 BC 子树的计数问题，需要给出以下引理.

令 $T=[V(T),E(T);f,g]$ 为 $n(n\geqslant 2)$ 个顶点的加权树，顶点权重函数为 $f(u)=[f_{\text{o}}(u),f_{\text{e}}(u)][u\in V(T)]$，边权重函数为 $g=g(e)[e\in E(T)]$. 令 T_v 为 T 的一棵含顶点 v 的子树，定义加权子树 $T_v^*=[V(T_v^*),E(T_v^*);f^*,g^*]$ 为通过如下方式迭代的收缩 T 的叶子且满足 $V(T_v^*)=V(T_v)$、$E(T_v^*)=E(T_v)$ 的一棵子树.

- 选择悬挂点 $\tilde{w}[\in L(T)\wedge\notin V(T_v)]$ 且记 $\tilde{e}=(\tilde{w},\tilde{u})$ 为对应的悬挂边;
- 按照定理 2.2 的规则，更新顶点 $\tilde{u}$ 的奇偶权重和边的权重;
- 删除顶点 $\tilde{w}$ 和边 $\tilde{e}$，并且更新设置 $T:=T\setminus\{\tilde{w},\tilde{e}\}$;
- 重复这样的收缩过程直至将 T 收缩为加权子树 $T_v^*=[V(T_v^*),E(T_v^*);f^*,g^*]$ 为止，其中 $V(T_v^*)=V(T_v)$，且 $E(T_v^*)=E(T_v)$.

结合定理 2.2，可得如下引理，在此跳过重复性的证明分析细节.

引理 3.1　假定 T_v 为 $T=[V(T),E(T);f,g]$ 的包含顶点 v 的一棵树，树 $T_v^*=[V(T_v^*),E(T_v^*);f^*,g^*]$ 为按照如上方式得到的一棵树，则加权树 T 的含子树 T_v^* 且所有叶子到顶点 v 的距离全部为奇数的生成函数记作 $F(T;f,g;T_v;v,\text{odd})$，全部为偶数的生成函数记作 $F(T;f,g;T_v;v,\text{even})$，分别为

$$F(T;f,g;T_v;v,\text{odd})=\left\{\prod_{u\in V_{\text{o}}(T_v^*)}f_{\text{e}}^*(u)\prod_{\substack{u\in V_{\text{e}}(T_v^*)\setminus v\\ u\notin L(T_v^*)}}[1+f_{\text{o}}^*(u)]\prod_{\substack{u\in V_{\text{e}}(T_v^*)\setminus v\\ u\in L(T_v^*)}}f_{\text{o}}^*(u)\right\}[1+f_{\text{o}}^*(v)]\prod_{e\in E(T_v^*)}g^*(e) \tag{3.31}$$

$$F(T;f,g;T_v;v,\text{even})=\prod_{e\in E(T_v^*)}g^*(e)\left\{\prod_{u\in V_{\text{e}}(T_v^*)}f_{\text{e}}^*(u)\prod_{\substack{u\in V_{\text{o}}(T_v^*)\\ u\notin L(T_v^*)}}[1+f_{\text{o}}^*(u)]\prod_{\substack{u\in V_{\text{o}}(T_v^*)\\ u\in L(T_v^*)}}f_{\text{o}}^*(u)\right\} \tag{3.32}$$

式中，

$$V_{\text{o}}(T_v^*)=\{u\mid u\in V(T_v^*)\wedge d_{T_v^*}(u,v)\equiv 1(\text{mod}2)\}$$

$$V_{\text{e}}(T_v^*)=\{u\mid u\in V(T_v^*)\wedge d_{T_v^*}(u,v)\equiv 0(\text{mod}2)\}$$

令 $T=[V(T),E(T);f,g]$ 为含至少两个顶点的加权树，记 P_{uv} 为 T 的连接顶点 u 和 v 的唯一路径，同时 $V(P_{uv})=\{x_i\mid i=1,2,\cdots,l-1\}\cup\{u,v\}$、$E(P_{uv})=\{(u,x_1)\}\cup\{(x_i,x_{i+1})\mid i=1,2,\cdots,l-2\}\cup\{x_{l-1},v\}$ 且 $l:=d_T(u,v)$. 此外，记 T_u、T_v、T_{x_i} $(i=1,2,\cdots,l-1)$ 为 T 的删除 $E(P_{uv})$ 中所有边后分别包含 u、v、x_i $(i=1,2,\cdots,l-1)$ 的加权图. 为简洁叙述，对于 $\tilde{v}\in\{u,v,x_i\ (i=1,2,\cdots,l-1)\}$，记 $f(\tilde{v})_{\text{o}}=F(T_{\tilde{v}};f,g;\tilde{v},\text{odd})$、$f(\tilde{v})_{\text{e}}=F(T_{\tilde{v}};f,g;\tilde{v},\text{even})$. 约定 $\prod_{t=i}^{j}a_t=1$，如果 $\{a_n\}\geqslant 0$ 是一个序列且 $j<i$，可将算法 8 转述为如下引理.

引理 3.2　由上面的符号定义，加权树 T 的含顶点 u 、 v 的 BC 子树生成函数：

当 l 为奇数时：

$$F_{\mathrm{BC}}(T;f,g;u,v)=\left(f(u)_{\mathrm{o}}f(v)_{\mathrm{e}}\prod_{i=1}^{l-1}\left\{[1+f(x_i)_{\mathrm{o}}]^{\frac{1+(-1)^i}{2}}f(x_i)_{\mathrm{e}}^{\frac{1-(-1)^i}{2}}\right\}\right.$$

$$\left.+f(u)_{\mathrm{e}}f(v)_{\mathrm{o}}\prod_{i=1}^{l-1}\left\{[1+f(x_i)_{\mathrm{o}}]^{\frac{1-(-1)^i}{2}}f(x_i)_{\mathrm{e}}^{\frac{1+(-1)^i}{2}}\right\}\right)\prod_{e\in E(P_{uv})}g(e)\quad(3.33)$$

当 l 为偶数时：

$$F_{\mathrm{BC}}(T;f,g;u,v)=\left(f(u)_{\mathrm{o}}f(v)_{\mathrm{o}}\prod_{i=1}^{l-1}\left\{[1+f(x_i)_{\mathrm{o}}]^{\frac{1+(-1)^i}{2}}f(x_i)_{\mathrm{e}}^{\frac{1-(-1)^i}{2}}\right\}\right.$$

$$\left.+f(u)_{\mathrm{e}}f(v)_{\mathrm{e}}\prod_{i=1}^{l-1}\left\{[1+f(x_i)_{\mathrm{o}}]^{\frac{1-(-1)^i}{2}}f(x_i)_{\mathrm{e}}^{\frac{1+(-1)^i}{2}}\right\}\right)\prod_{e\in E(P_{uv})}g(e)\quad(3.34)$$

结合 BC 子树和 BC 子树生成函数的定义及引理 3.2，不难得到如下引理.

引理 3.3　假定 T_v 为 $T=(V(T),E(T);f,g)$ 的包含顶点 v 的一棵树，树 $T_v^*=[V(T_v^*),E(T_v^*);f^*,g^*]$ 为按照如上方式得到的一棵树，则 T 的包含子树 T_v 的 BC 子树生成函数为

$$F_{\mathrm{BC}}(T;f,g;T_v)=\left\{f_{\mathrm{o}}^*(v_l)\prod_{u\in V_o(T_v^*)}f_{\mathrm{e}}^*(u)\prod_{\substack{u\in V_e(T_v^*)\\u\notin L(T_v^*)}}[1+f_{\mathrm{o}}^*(u)]\prod_{\substack{u\in V_e(T_v^*)\\u\in L(T_v^*)}}f_{\mathrm{o}}^*(u)\right.$$

$$\left.+f_{\mathrm{e}}^*(v_l)\prod_{u\in V_{\mathrm{e}}(T_v^*)}f_{\mathrm{e}}^*(u)\prod_{\substack{u\in V_{\mathrm{o}}(T_v^*)\\u\notin L(T_v^*)}}[1+f_{\mathrm{o}}^*(u)]\prod_{\substack{u\in V_{\mathrm{o}}(T_v^*)\\u\in L(T_v^*)}}f_{\mathrm{o}}^*(u)\right\}\prod_{e\in E(T_v^*)}g^*(e)\quad(3.35)$$

式中， $v_l\in L(T_v^*)$ ，为任一片叶子； $V_{\mathrm{o}}(T_v^*)=\{u\mid u\in V(T_v^*)\wedge d_{T_v^*}(u,v_l)\equiv 1(\mathrm{mod}2)\}$ ； $V_{\mathrm{e}}(T_v^*)=\{u\mid u\in V(T_v^*)\wedge d_{T_v^*}(u,v_l)\equiv 0(\mathrm{mod}2)\}$.

§3.5　单圈图和双圈图的 BC 子树

3.5.1　单圈图的 BC 子树

定理 3.6　令 $U_n(n\geqslant 3)$ 为一个加权单圈图， $f(v_i)_o=F(T_i;f,g;v_i,\mathrm{odd})$ 、 $f(v_i)_e=F(T_i;f,g;v_i,\mathrm{even})(i=1,2,\cdots,n)$ ， $T_{i+n}=T_i$ 且 $v_{i+n}=v_i$ ，记 $P_{v_jv_{j+2i}}$ $(P_{v_jv_{j+2i-1}})$ 为连接 v_j 和 v_{j+2i} (v_{j+2i-1}) 的路径，则

$$F_{\mathrm{BC}}(U_n;f,g)=\sum_{i=1}^{\left\lfloor\frac{n}{2}\right\rfloor}\sum_{j=1}^{n}\left(f(v_j)_{\mathrm{o}}f(v_{j+2i-1})_{\mathrm{e}}\prod_{k=j+1}^{j+2i-2}\left\{[1+f(v_k)_{\mathrm{o}}]^{\frac{1+(-1)^{k-j}}{2}}f(v_k)_{\mathrm{e}}^{\frac{1-(-1)^{k-j}}{2}}\right\}\right.$$

$$\left.+f(v_j)_{\mathrm{e}}f(v_{j+2i-1})_{\mathrm{o}}\prod_{k=j+1}^{j+2i-2}\left\{[1+f(v_k)_{\mathrm{o}}]^{\frac{1-(-1)^{k-j}}{2}}f(v_k)_{\mathrm{e}}^{\frac{1+(-1)^{k-j}}{2}}\right\}\right)\prod_{e\in E(P_{v_jv_{j+2i-1}})}g(e)$$

$$+\sum_{i=1}^{\left\lceil\frac{n}{2}\right\rceil-1}\sum_{j=1}^{n}\left(f(v_j)_{\mathrm{o}}f(v_{j+2i})_{\mathrm{o}}\prod_{k=j+1}^{j+2i-1}\left\{[1+f(v_k)_{\mathrm{o}}]^{\frac{1+(-1)^{k-j}}{2}}f(v_k)_{\mathrm{e}}^{\frac{1-(-1)^{k-j}}{2}}\right\}\right.$$

$$\left.+f(v_j)_{\mathrm{e}}f(v_{j+2i})_{\mathrm{e}}\prod_{k=j+1}^{j+2i-1}\left\{[1+f(v_k)_{\mathrm{o}}]^{\frac{1-(-1)^{k-j}}{2}}f(v_k)_{\mathrm{e}}^{\frac{1+(-1)^{k-j}}{2}}\right\}\right)\prod_{e\in E(P_{v_jv_{j+2i}})}g(e)$$

$$+\sum_{i=1}^{n}F_{\mathrm{BC}}(T_i;f,g) \tag{3.36}$$

证明　将$U_n(n\geqslant 3)$的 BC 子树分为下面三类：

(i) 不含圈上任何顶点和边的 BC 子树；

(ii) 仅含圈上一个顶点但不含圈上任何边的 BC 子树；

(iii) 仅含圈上$i+1$顶点i条边的 BC 子树$(i=1,2,\cdots,n-1)$.

易知类(i)和类(ii)的并，即$\{S_{\mathrm{BC}}(T_i)\}$ $(i=1,2,\cdots,n)$. 由树的 BC 子树的计数算法 5，这些 BC 子树对应的 BC 子树生成函数为

$$F_{\mathrm{BC}}(T_i;f,g)(i=1,2,\cdots,n) \tag{3.37}$$

类（iii）由这样一些图的 BC 子树构成，这些图分别是由$T_j,T_{j+1},\cdots,T_{j+i}$通过一条连接$v_j$到$v_{j+i}$的路径相连而成的，其中每一棵 BC 子树都含$v_j,v_{j+1},\cdots,v_{j+i}$ $(j=1,2,\cdots,n;$ $i=1,2,\cdots,n-1)$. 由定理 2.2 得$F(T_i;f,g;v_i,\mathrm{odd})$、$F(T_i;f,g;v_i,\mathrm{even})$. 由引理 3.2 和式（3.37）得$F_{\mathrm{BC}}(U_n;f,g)$如式（3.36）所示，定理成立.

由定理 3.6，可得计算U_n的 BC 子树生成函数$F_{\mathrm{BC}}(U_n;f,g)$的算法 14.执行算法 14 的某些步骤时，按定理 2.2 的方式先依次收缩U_n的除圈上的顶点v_i $(i=1,2,\cdots,n)$之外的顶点，可加快算法的执行.

算法 14　加权单圈图$U_n=[V(U_n),E(U_n);f,g]$的 BC 子树的生成函数$F_{\mathrm{BC}}(U_n;f,g)$

1：初始化$N=0$并且设$G:=U_n,f:=f,g:=g$；

2：**for** 集合$\bigcup_{i=1}^{n}T_i$中的每一棵树T_i **do**

3：　　设置$T:=T_i,f:=f,g:=g$；

4：　　调用算法 5 计算T的 BC 子树的生成函数$F_{\mathrm{BC}}(T;f,g)$；

5：　　更新$N=N+F_{\mathrm{BC}}(T;f,g)$；

6：**end for**

7：调用过程 CONTRACTL_OE(G,f,g);//记$U_n^c=[V(U_n^c),E(U_n^c);f^c,g^c]$为调用本过程后的圈

8：**for** $j\leftarrow 1$ **to** n **do**

9：　　**if** n为奇数 **then**

10：　　　**for** $i\leftarrow 1$ **to** $\frac{n-1}{2}$ **do**

11：　　　　记$P'_{v_jv_{j+2i-1}}$（相应地，$P''_{v_jv_{j+2i}}$）为$U_n^c\setminus[(v_{j-1},v_j)\cup(v_{j+2i-1},v_{j+2i})]$（相应地，$U_n^c\setminus[(v_{j-1},v_j)\cup(v_{j+2i},v_{j+2i+1})]$）的含$v_j$和$v_{j+2i-1}$（相应地，$v_{j+2i}$）的加权树;

12:　　设置$T := P'_{v_jv_{j+2i-1}}$（相应地，$T := P''_{v_jv_{j+2i}}$）、$f := f^c$、$g := g^c$、$u := v_j$、$v := v_{j+2i-1}$（相应地，$v := v_{j+2i}$）并利用引理 3.2 计算$F_{\mathrm{BC}}(P'_{v_jv_{j+2i-1}}; f^c, g^c; v_j, v_{j+2i-1})$（相应地，$F_{\mathrm{BC}}(P''_{v_jv_{j+2i}}; f^c, g^c; v_j, v_{j+2i})$）；

13:　　更新$N = N + F_{\mathrm{BC}}(P'_{v_jv_{j+2i-1}}; f^c, g^c; v_j, v_{j+2i-1}) + F_{\mathrm{BC}}(P''_{v_jv_{j+2i}}; f^c, g^c; v_j, v_{j+2i})$；

14:　　**end for**

15:　**else**

16:　　**for** $i \leftarrow 1$ **to** $\frac{n}{2}$ **do**

17:　　令$P'_{v_jv_{j+2i-1}}$同第 11 步所述，计算$F_{\mathrm{BC}}(P'_{v_jv_{j+2i-1}}; f^c, g^c; v_j, v_{j+2i-1})$，同第 12 步；

18:　　更新$N = N + F_{\mathrm{BC}}(P'_{v_jv_{j+2i-1}}; f^c, g^c; v_j, v_{j+2i-1})$；

19:　　**end for**

20:　　**for** $i \leftarrow 1$ **to** $\frac{n-2}{2}$ **do**

21:　　令$P''_{v_jv_{j+2i}}$同第 11 步所述，计算$F_{\mathrm{BC}}(P''_{v_jv_{j+2i}}; f^c, g^c; v_j, v_{j+2i})$，同第 12 步；

22:　　更新$N = N + F_{\mathrm{BC}}(P''_{v_jv_{j+2i}}; f^c, g^c; v_j, v_{j+2i})$；

23:　　**end for**

24:　**end if**

25: **end for**

26: 返回$F_{\mathrm{BC}}(U_n; f, g) = N$.

27: **procedure** CONTRACTL_ OE(G, f, g) // G可以是单圈图或双圈图

28: **while** 存在悬挂点 **do**

29:　选择一条悬挂边$e = (p, v)$，且假定叶子是p；

30:　更新$[f(v)_{\mathrm{o}}, f(v)_{\mathrm{e}}]$为$\{f(v)_{\mathrm{o}}[1 + g(e)f(p)_{\mathrm{e}}] + g(e)f(p)_{\mathrm{e}}, f(v)_{\mathrm{e}}[1 + f(p)_{\mathrm{o}}g(e)]\}$；

31:　删除顶点p和边e.

32:　**end while**

33: **end procedure**

接下来计算双圈图的 BC 子树. 为便于叙述，将定理 3.7 和算法 15 中用到的符号列入定义 3.6 中.

定义 3.6　令$\mathrm{BG}_i (i = 1, 2, 3)$分别为双圈图的三类情况：

记$\mathrm{BG}_i^c = [V(\mathrm{BG}_i^c), E(\mathrm{BG}_i^c); f^c, g^c] (i = 1, 2, 3)$为设置$G := \mathrm{BG}_i$、$f := f$、$g := g$并调用算法 14 中的过程 CONTRACTL_OE(G, f, g)得到的加权双圈图.

- 当$\mathrm{BG} = \mathrm{BG}_1$时，记$\mathrm{BG}_{1,2} = [V(\mathrm{BG}_{1,2}), E(\mathrm{BG}_{1,2}); f, g]$为$\mathrm{BG}_1 \setminus [(v_s, v_{s-1}) \cup (v_s, v_{s+1})]$的包含顶点$v_s$的加权单圈图，记$\mathrm{BG}_{1,1}^c = [V(\mathrm{BG}_{1,1}^c), E(\mathrm{BG}_{1,1}^c); f^c, g^c]$为$\mathrm{BG}_1^c \setminus [(w_t, w_{t-1}) \cup (w_t, w_{t+1})]$的包含顶点$v_s$的加权单圈图，记$\mathrm{BG}_{1,2}^c = [V(\mathrm{BG}_{1,2}^c), E(\mathrm{BG}_{1,2}^c); f^c, g^c]$为$\mathrm{BG}_1^c \setminus [(v_s, v_{s-1}) \cup (v_s, v_{s+1})]$的包含顶点$v_s$的加权单圈图. 同时，定义

$\overline{\mathrm{BG}}_{1,1}^{c}=[V(\overline{\mathrm{BG}}_{1,1}^{c}),E(\overline{\mathrm{BG}}_{1,1}^{c});\overline{f}^{c},\overline{g}^{c}]$ 为顶点集为 $V(\overline{\mathrm{BG}}_{1,1}^{c})=V(\mathrm{BG}_{1,1}^{c})$，边集为 $E(\overline{\mathrm{BG}}_{1,1}^{c})=E(\mathrm{BG}_{1,1}^{c})$，顶点权重为 $\overline{f}^{c}(v)=f^{c}(v)[v\in V(\overline{\mathrm{BG}}_{1,1}^{c})\setminus v_{s}]$、$\overline{f}^{c}(v_{s})=[\overline{f}^{c}(v_{s})_{\mathrm{o}},\overline{f}^{c}(v_{s})_{\mathrm{e}}]=[F(\mathrm{BG}_{1,2}^{c};f^{c},g^{c};v_{s},\mathrm{odd}),F(\mathrm{BG}_{1,2}^{c};f^{c},g^{c};v_{s},\mathrm{even})]$，边权重为 $\overline{g}^{c}(e)=g^{c}(e)[e\in E(\overline{\mathrm{BG}}_{1,1}^{c})]$ 的加权单圈图.

- 当 $\mathrm{BG}=\mathrm{BG}_{2}$ 时，记 $\mathrm{BG}_{2,2}=[V(\mathrm{BG}_{2,2}),E(\mathrm{BG}_{2,2});f,g]$ 为 $\mathrm{BG}_{2}\setminus[(v_{s},v_{s-1})\cup(v_{s},v_{s+1})]$ 的包含顶点 v_{s} 的加权单圈图，记 $\mathrm{BG}_{2,1}^{c}=[V(\mathrm{BG}_{2,1}^{c}),E(\mathrm{BG}_{2,1}^{c});f^{c},g^{c}]$ 为 $\mathrm{BG}_{2}^{c}\setminus(v_{s},u_{1})$ 的包含顶点 v_{s} 的加权单圈图，记 $\mathrm{BG}_{2,2}^{c}=[V(\mathrm{BG}_{2,2}^{c}),E(\mathrm{BG}_{2,2}^{c});f^{c},g^{c}]$ 为 $\mathrm{BG}_{2}^{c}\setminus[(v_{s},v_{s-1})\cup(v_{s},v_{s+1})]$ 的包含顶点 v_{s} 的加权单圈图. 同时，定义 $\overline{\mathrm{BG}}_{2,1}^{c}=[V(\overline{\mathrm{BG}}_{2,1}^{c}),E(\overline{\mathrm{BG}}_{2,1}^{c});\overline{f}^{c},\overline{g}^{c}]$ 为顶点集为 $V(\overline{\mathrm{BG}}_{2,1}^{c})=V(\mathrm{BG}_{2,1}^{c})$，边集为 $E(\overline{\mathrm{BG}}_{2,1}^{c})=E(\mathrm{BG}_{2,1}^{c})$，顶点权重为 $\overline{f}^{c}(v)=f^{c}(v)\ [v\in V(\overline{\mathrm{BG}}_{2,1}^{c})\setminus v_{s}]$、$\overline{f}^{c}(v_{s})=[\overline{f}^{c}(v_{s})_{\mathrm{o}},\overline{f}^{c}(v_{s})_{\mathrm{e}}]=[F(\mathrm{BG}_{2,2}^{c};f^{c},g^{c};v_{s},\mathrm{odd}),F(\mathrm{BG}_{2,2}^{c};f^{c},g^{c};v_{s},\mathrm{even})]$，边权重为 $\overline{g}^{c}(e)=g^{c}(e)[e\in E(\overline{\mathrm{BG}}_{2,1}^{c})]$ 的加权单圈图.
- 当 $\mathrm{BG}=\mathrm{BG}_{3}$ 时，记 $U_{3,j}^{c}=[V(U_{3,j}^{c}),E(U_{3,j}^{c});f_{3,j}^{c},g_{3,j}^{c}]\quad(j\in\{1,2,\cdots,m-1\})$ 为 $\mathrm{BG}_{3}^{c}\setminus[(v_{0},v_{1})\cup(v_{j},v_{j+1})]$ 的含顶点 v_{0} 的单圈图. 记 $P_{v_{0}v_{j}}^{c}=[V(P_{v_{0}v_{j}}^{c}),E(P_{v_{0}v_{j}}^{c});\ f_{3,j}^{c},g_{3,j}^{c}]$ $(j\in\{1,2,\cdots,m-1\})$ 为 $\mathrm{BG}_{3}^{c}\setminus[(u_{0},u_{1})\cup(w_{0},w_{1})\cup(v_{j},v_{j+1})]$ 含顶点 v_{0} 的路径树. 同时，定义 $\overline{P_{v_{0}v_{j}}^{c}}=[V(\overline{P_{v_{0}v_{j}}^{c}}),E(\overline{P_{v_{0}v_{j}}^{c}});\overline{f_{3,j}^{c}},\overline{g_{3,j}^{c}}]$ 为顶点集为 $V(\overline{P_{v_{0}v_{j}}^{c}})=V(P_{v_{0}v_{j}}^{c})$，边集为 $E(\overline{P_{v_{0}v_{j}}^{c}})=E(P_{v_{0}v_{j}}^{c})$，边权重函数为 $\overline{g_{3,j}^{c}}(e)=g_{3,j}^{c}(e)[e\in E(\overline{P_{v_{0}v_{j}}^{c}})]$，顶点权重函数为 $\overline{f_{3,j}^{c}}(v)=f_{3,j}^{c}(v)[v\in V(\overline{P_{v_{0}v_{j}}^{c}})\setminus v_{0}]$、$\overline{f_{3,j}^{c}}(v_{0})=[\overline{f}^{c}(v_{0})_{\mathrm{o}},\overline{f}^{c}(v_{0})_{\mathrm{e}}]=[F(U_{3,j}^{c};f_{3,j}^{c},g_{3,j}^{c};v_{0},\mathrm{odd}),F(U_{3,j}^{c};f_{3,j}^{c},g_{3,j}^{c};v_{0},\mathrm{even})]$ 的加权单圈图.

记 $R_{i,j}^{c}=[V(R_{i,j}^{c}),E(R_{i,j}^{c});f_{i,j}^{c},g_{i,j}^{c}]$ 为 $\mathrm{BG}_{3}^{c}\setminus[(v_{0},v_{1})\cup(w_{n-i},w_{n-i+1})\cup(u_{l-j},u_{l-j+1})]$ $(i=1,2,\cdots,n;j=1,2,\cdots,l)$ 的含点 v_{0} 的树，记 $T_{i,j}^{c}=[V(T_{i,j}^{c}),E(T_{i,j}^{c});f_{i,j}^{c},g_{i,j}^{c}]$ 为 $\mathrm{BG}_{3}^{c}\setminus[(u_{0},u_{1})\cup(w_{0},w_{1})\cup(w_{n-i},w_{n-i+1})\cup(u_{l-j},u_{l-j+1})]$ 的含顶点 v_{0} 的树. 同时，定义 $\overline{T_{i,j}^{c}}=[V(\overline{T_{i,j}^{c}}),E(\overline{T_{i,j}^{c}});\overline{f_{i,j}^{c}},\overline{g_{i,j}^{c}}]$ 为顶点集为 $V(\overline{T_{i,j}^{c}})=V(T_{i,j}^{c})$，边集为 $E(\overline{T_{i,j}^{c}})=E(T_{i,j}^{c})$，边权重函数为 $\overline{g_{i,j}^{c}}(e)=g_{i,j}^{c}(e)[e\in E(\overline{T_{i,j}^{c}})]$，顶点权重函数为 $\overline{f_{i,j}^{c}}(v)=f_{i,j}^{c}(v)[v\in V(\overline{T_{i,j}^{c}})\setminus v_{0}]$、$\overline{f_{i,j}^{c}}(v_{0})=[\overline{f_{i,j}^{c}}(v_{0})_{\mathrm{o}},\overline{f_{i,j}^{c}}(v_{0})_{\mathrm{e}}]=[F(R_{i,j}^{c};f_{i,j}^{c},g_{i,j}^{c};v_{0},\mathrm{odd}),F(R_{i,j}^{c};f_{i,j}^{c},g_{i,j}^{c};v_{0},\mathrm{even})]$，边权重为 $\overline{g_{i,j}^{c}}(e)=g_{i,j}^{c}(e)$ $[e\in E(\overline{T_{i,j}^{c}})]$ 的加权树.

3.5.2 双圈图的 BC 子树

定理 3.7 记 $\mathrm{BG}=[V(\mathrm{BG}),E(\mathrm{BG});f,g]$ 为顶点权重为 f，边权重为 g 的加权双圈图，见图 3.2～图 3.4，相关的符号如定义 3.6 中所述.

- 如果 $\mathrm{BG}=\mathrm{BG}_{1}$（图 3.2），则

$$F_{\mathrm{BC}}(\mathrm{BG}_{1};f,g)=F_{\mathrm{BC}}(\mathrm{BG}_{1,2};f,g)+F_{\mathrm{BC}}(\overline{\mathrm{BG}}_{1,1}^{c};\overline{f}^{c},\overline{g}^{c})+\sum_{j=1}^{s-1}F_{\mathrm{BC}}(T_{j};f,g)+\sum_{j=s+1}^{p}F_{\mathrm{BC}}(T_{j};f,g)\tag{3.38}$$

- 如果$\mathrm{BG}=\mathrm{BG}_2$（图 3.3），则

$$F_{\mathrm{BC}}(\mathrm{BG}_2;f,g)=F_{\mathrm{BC}}(\mathrm{BG}_{2,2};f,g)+F_{\mathrm{BC}}(\overline{\mathrm{BG}_{2,1}^c};\overline{f}^c,\overline{g}^c)+\sum_{j=1}^{s-1}F_{\mathrm{BC}}(T_j;f,g)+\sum_{j=s+1}^{p}F_{\mathrm{BC}}(T_j;f,g) \tag{3.39}$$

- 如果$\mathrm{BG}=\mathrm{BG}_3$（图 3.4），则

$$F_{\mathrm{BC}}(\mathrm{BG}_3;f,g)=F_{\mathrm{BC}}[\mathrm{BG}_3\setminus(v_0,v_1);f,g]+\sum_{j=1}^{m-1}F_{\mathrm{BC}}(\overline{P_{v_0v_j}^c};\overline{f_{3,j}^c},\overline{g_{3,j}^c};\overline{P_{v_0v_j}^c})+\sum_{i=1}^{n}\sum_{j=1}^{l}F_{\mathrm{BC}}(\overline{T_{i,j}^c};\overline{f_{i,j}^c},\overline{g_{i,j}^c};\overline{T_{i,j}^c}) \tag{3.40}$$

证明　当$\mathrm{BG}=\mathrm{BG}_1$和$\mathrm{BG}=\mathrm{BG}_2$时，类似$U_n(n\geqslant 3)$的 BC 子树的讨论，将双圈图$\mathrm{BG}=\mathrm{BG}_1$和$\mathrm{BG}=\mathrm{BG}_2$的 BC 子树分为下面三类：

（i）不含圈C_p上任何顶点和边的 BC 子树；

（ii）仅含圈C_p上一个顶点但不含圈上任何边的 BC 子树；

（iii）仅含圈C_p上$i+1$个顶点i条边的 BC 子树$(i=1,2,\cdots,p-1)$.

由此可得$\mathrm{BG}=\mathrm{BG}_1$和$\mathrm{BG}=\mathrm{BG}_2$的 BC 子树的生成函数如式（3.38）和式（3.39）所示.

当$\mathrm{BG}=\mathrm{BG}_3$时，将$\mathrm{BG}_3$的 BC 子树分为下面三类：

（i）不含边(v_0,v_1)的 BC 子树；

（ii）含边集$\cup_{i=0}^{j-1}(v_i,v_{i+1})$但不含边$(v_j,v_{j+1})$的 BC 子树$(j=1,2,\cdots,m-1)$；

（iii）含子树$T_{i,j}^c$的 BC 子树$(i=1,2,\cdots,n;j=1,2,\cdots,l)$.

利用引理 3.3，不难得到$\mathrm{BG}=\mathrm{BG}_3$的 BC 子树的生成函数如式（3.40）所示.

由定理 3.7，不难得到双圈图 BG 的 BC 子树生成函数$F_{\mathrm{BC}}(\mathrm{BG};f,g)$的计算算法 15.

算法 15　加权双圈图$\mathrm{BG}=(V(\mathrm{BG}),E(\mathrm{BG});f,g)$的 BC 子树的生成函数$F_{\mathrm{BC}}(\mathrm{BG};f,g)$

1：初始化$N=0$，设置$G:=\mathrm{BG}$、$f:=f$、$g:=g$，并假定所有的符号已列入定义 3.6;

2：**switch**(BG)

3：**case** BG_1:

4：设置$U_n:=\mathrm{BG}_{1,2}$、$f:=f$、$g:=g$并调用算法 14，计算得到$F_{\mathrm{BC}}(\mathrm{BG}_{1,2};f,g)$；

5：更新$N=N+F_{\mathrm{BC}}(\mathrm{BG}_{1,2};f,g)$；

6：**for** 每一棵$S\in\{T_1,T_2,\cdots,T_{s-1},T_{s+1},\cdots,T_p\}$ **do**

7：　　设置$T:=S$、$f:=f$、$g:=g$；

8：　　调用算法 5 计算N的 BC 子树的生成函数$F_{\mathrm{BC}}(T;f,g)$；

9：　　更新$N=N+F_{\mathrm{BC}}(T;f,g)$；

10：**end for**

11：调用过程 CONTRACTL_OE(G,f,g)；//该过程同算法 14 中的过程

12：设置 $U_n := \mathrm{BG}_{1,2}^c$、$f := f^c$、$g := g^c$、$u := v_s$ 并调用算法 13，计算得到 $F(\mathrm{BG}_{1,2}^c; f^c, g^c; v_s, \mathrm{odd})$ 和 $F(\mathrm{BG}_{1,2}^c; f^c, g^c; v_s, \mathrm{even})$

13：将加权单圈图 $\mathrm{BG}_{1,2}^c$ 看作加权单圈图 $\overline{\mathrm{BG}_{1,1}^c}$ 的一个顶点 v_s 并且设置 v_s 的权重 $\overline{f}^c(v_s)$ 为 $[\overline{f}^c(v_s)_{\mathrm{o}}, \overline{f}^c(v_s)_{\mathrm{e}}] = [F(\mathrm{BG}_{1,2}^c; f^c, g^c; v_s, \mathrm{odd}), F(\mathrm{BG}_{1,2}^c; f^c, g^c; v_s, \mathrm{even})]$；

14：设置 $U_n := \overline{\mathrm{BG}_{1,1}^c}$、$f := \overline{f}^c$、$g := \overline{f}^c$ 并调用算法 14，计算得到 $F_{\mathrm{BC}}(\overline{\mathrm{BG}_{1,1}^c}; \overline{f}^c, \overline{g}^c)$；

15：更新 $N = N + F_{\mathrm{BC}}(\overline{\mathrm{BG}_{1,1}^c}; \overline{f}^c, \overline{g}^c)$；

16：break;

17：**case** BG_2；

18：替换 $\mathrm{BG}_{1,2}$ 为 $\mathrm{BG}_{2,2}$、$\mathrm{BG}_{1,2}^c$ 为 $\mathrm{BG}_{2,2}^c$、$\overline{\mathrm{BG}_{1,1}^c}$ 为 $\overline{\mathrm{BG}_{2,1}^c}$ 并执行步骤 4～15

19：break;

20：**case** BG_2：

21：设置 $U_n := \mathrm{BG}_3 \setminus (v_0, v_1)$、$f := f$、$g := g$ 并调用算法 14，计算得到 $F_{\mathrm{BC}}[\mathrm{BG}_3 \setminus (v_0, v_1); f, g]$；

22：更新 $N = N + F_{\mathrm{BC}}[\mathrm{BG}_3 \setminus (v_0, v_1); f, g]$；

23：调用过程 CONTRACTL_OE (G, f, g)；//该过程同算法 14 中的过程

24：**for** $(j = 1; j \leqslant m-1; j++)$ **do**

25：　　设置 $U_n := U_{3,j}^c$、$f := f_{3,j}^c$、$g := g_{3,j}^c$、$u := v_0$ 并调用算法 13 计算得到 $F(U_{3,j}^c; f_{3,j}^c, g_{3,j}^c; v_0, \mathrm{odd})$ 和 $F(U_{3,j}^c; f_{3,j}^c, g_{3,j}^c; v_0, \mathrm{even})$；

26：　　将加权单圈图 $U_{3,j}^c$ 看作加权路径树 $\overline{P_{v_0 v_j}^c}$ 一个顶点 v_0 并设置 v_0 的权重 $\overline{f_{3,j}^c}(v_0)$ 为 $[\overline{f_{3,j}^c}(v_0)_{\mathrm{o}}, \overline{f_{3,j}^c}(v_0)_{\mathrm{e}}] = [F(U_{3,j}^c; f_{3,j}^c, g_{3,j}^c; v_0, \mathrm{odd}), F(U_{3,j}^c; f_{3,j}^c, g_{3,j}^c; v_0, \mathrm{even})]$；

27：　　设置 $T := \overline{P_{v_0 v_j}^c}$、$f := \overline{f_{3,j}^c}$、$g := \overline{g_{3,j}^c}$、$T_v := \overline{P_{v_0 v_j}^c}$ 并调用引理 3.3 中的式（3.35），计算得到 $F_{\mathrm{BC}}(\overline{P_{v_0 v_j}^c}; \overline{f_{3,j}^c}, \overline{g_{3,j}^c}; \overline{P_{v_0 v_j}^c})$；

28：　　更新 $N = N + F_{\mathrm{BC}}(\overline{P_{v_0 v_j}^c}; \overline{f_{3,j}^c}, \overline{g_{3,j}^c}; \overline{P_{v_0 v_j}^c})$；

29：**end for**

30：**for** $i \leftarrow 1$ **to** n **do**

31：　**for** $j \leftarrow 1$ **to** l **do**

32：　　设置 $T := R_{i,j}^c$、$f := f_{i,j}^c$、$g := g_{i,j}^c$、$v_i := v_0$ 并调用算法 4，计算得到 $F(R_{i,j}^c; f_{i,j}^c, g_{i,j}^c; v_0, \mathrm{odd})$ 和 $F(R_{i,j}^c; f_{i,j}^c, g_{i,j}^c; v_0, \mathrm{even})$；

33：　　将加权树 $R_{i,j}^c$ 看作加权树 $\overline{T_{i,j}^c}$ 的一个顶点 v_0 并设置 v_0 的权重 $\overline{f_{i,j}^c}(v_0)$ 为 $[\overline{f_{i,j}^c}(v_0)_{\mathrm{o}}, \overline{f_{i,j}^c}(v_0)_{\mathrm{e}}] = [F(R_{i,j}^c; f_{i,j}^c, g_{i,j}^c; v_0, \mathrm{odd}), F(R_{i,j}^c; f_{i,j}^c, g_{i,j}^c; v_0, \mathrm{even})]$；

34：　　设置 $T := \overline{T_{i,j}^c}$、$f := \overline{f_{i,j}^c}$、$g := \overline{g_{i,j}^c}$、$T_v := \overline{T_{i,j}^c}$ 并调用引理 3.3 中的式（3.35），计算得到 $F_{\mathrm{BC}}(\overline{T_{i,j}^c}; \overline{f_{i,j}^c}, \overline{g_{i,j}^c}; \overline{T_{i,j}^c})$；

35：　　更新 $N = N + F_{\mathrm{BC}}(\overline{T_{i,j}^{c}};\overline{f_{i,j}^{c}},\overline{g_{i,j}^{c}};\overline{T_{i,j}^{c}})$；

36：　　**end for**

37：**end for**

38：break;

39：**default**;

40：break;

41：**end switch**

42：返回 $F_{\mathrm{BC}}(B^{*};f,g)=N$.

§3.6　单圈图和双圈图的含指定一个顶点的 BC 子树

3.6.1　单圈图的含指定一个顶点的 BC 子树

首先定义相关符号.

定义 3.7　令 $U_n=[V(U_n),E(U_n);f,g](n\geqslant 3)$ 是一个加权单圈图，u 为 U_n 的一个顶点，令 $e_1=(v_{k-1},v_k)$ 且 $e_2=(v_k,v_{k+1})$.

- 若 u 在圈上，令 $v_k=u$ 且 $G^c=[V(G^c),E(G^c);f^c,g^c]$ 为调用算法 16 的第 1 步和第 5 步后的加权图. 符号 T'、T_i'、T_i'' $(i=1,2,\cdots,n-2)$ 见定义 3.5.
- 若 u 不在圈上，令 $w=u$（图 3.1）且 $\tilde{P}=v_k u_1 u_2\cdots u_{l-1}w(l\geqslant 1)$ 为连接 v_k 和 w 的路径. 记 U_n'（对应地，T_{new}）为 $U_n\setminus(v_k,u_1)$ 的含 v_k（对应地，u_1）的加权图. 此外，令 $T_{\mathrm{new}}'=[V(T_{\mathrm{new}}'),E(T_{\mathrm{new}}');f',g']$ 为一棵加权树，顶点集为 $V(T_{\mathrm{new}}')=\{v_k\}\cup V(T_{\mathrm{new}})$，边集合为 $E(T_{\mathrm{new}}')=(v_k,u_1)\cup E(T_{\mathrm{new}})$，边权重函数为 $g'(e)=g(e)\ [e\in E(T_{\mathrm{new}}')]$，顶点权重函数为 $f'(v)=f(v)[v\in V(T_{\mathrm{new}}')\setminus v_k]$、$f'(v_k)=[F(U_n';f,g;v_k,\mathrm{odd}),F(U_n';f,g;v_k,\mathrm{even})]$.

定理 3.8　由以上符号和定义，当 $u=v_k$ 在圈上时，令 $f^1(j)_{\mathrm{o}}=F(T_{j'};f^c,g^c;v_{k-1},\mathrm{odd})$、$f^2(j)_{\mathrm{e}}=F(T_{j''};f^c,g^c;v_{k+1},\mathrm{even})$、$f^1(j)_{\mathrm{e}}=F(T_{j'};f^c,g^c;v_{k-1},\mathrm{even})$、$f^2(j)_{\mathrm{o}}=F(T_{j''};f^c,g^c;v_{k+1},\mathrm{odd})$ $(j=1,2,\cdots,n-2)$，则 $S_{\mathrm{BC}}(U_n;u)$ 的 BC 子树的生成函数为

$$
\begin{aligned}
&F_{\mathrm{BC}}(U_n;f,g;u)\\
&=F_{\mathrm{BC}}(T_k;f,g;v_k)+f^c(v_k)_{\mathrm{o}}[F(T';f^c,g^c;v_{k-1},\mathrm{even})g^c(e_1)+g^c(e_2)F(T';f^c,g^c;v_{k+1},\mathrm{even})]\\
&\quad+f^c(v_k)_{\mathrm{e}}[F(T';f^c,g^c;v_{k-1},\mathrm{odd})g^c(e_1)+g^c(e_2)F(T';f^c,g^c;v_{k+1},\mathrm{odd})]\\
&\quad+f^c(v_k)_{\mathrm{e}}g^c(e_1)g^c(e_2)\left\{f^1(1)_{\mathrm{o}}f^2(1)_{\mathrm{o}}+\sum_{j=2}^{n-2}[f^1(j)_{\mathrm{o}}-f^1(j-1)_{\mathrm{o}}]f^2(j)_{\mathrm{o}}\right\}\\
&\quad+[1+f^c(v_k)_{\mathrm{o}}]g^c(e_1)g^c(e_2)\left\{f^1(1)_{\mathrm{e}}f^2(1)_{\mathrm{e}}+\sum_{j=2}^{n-2}[f^1(j)_{\mathrm{e}}-f^1(j-1)_{\mathrm{e}}]f^2(j)_{\mathrm{e}}\right\}
\end{aligned}\tag{3.41}
$$

当 $u=w$ 不在圈上时，有

$$F_{\mathrm{BC}}(U_n;f,g;w)=F_{\mathrm{BC}}(T_{\mathrm{new}}';f',g';w)\tag{3.42}$$

式中，T'_{new} 为定义 3.7 中所述的一棵加权树.

证明　首先考虑 $u=v_k$ 在圈上的情况，将 $S_{\text{BC}}(U_n;u)$ 分为如下四类：

$$S_{\text{BC}}(U_n;u)=\mathcal{T}_1\cup\mathcal{T}_2\cup\mathcal{T}_3\cup\mathcal{T}_4$$

式中，$\mathcal{T}_1$ 为 $S_{\text{BC}}(U_n;u)$ 的既不含 e_1 也不含 e_2 的 BC 子树；$\mathcal{T}_2$ 为 $S_{\text{BC}}(U_n;u)$ 的含 e_1 但不含 e_2 的 BC 子树；$\mathcal{T}_3$ 为 $S_{\text{BC}}(U_n;u)$ 的含 e_2 但不含 e_1 的 BC 子树；$\mathcal{T}_4$ 为 $S_{\text{BC}}(U_n;u)$ 的既含 e_1 又含 e_2 的 BC 子树.

由算法 7，可得 $\mathcal{T}_1$ 的 BC 子树的生成函数为

$$F_{\text{BC}}(T_k;f,g;v_k) \tag{3.43}$$

由定义 3.7 中的符号，$\mathcal{T}_2$ 的 BC 子树的生成函数为

$$F(T';f^c,g^c;v_{k-1},\text{even})f^c(v_k)_{\text{o}}g^c(e_1)+F(T';f^c,g^c;v_{k-1},\text{odd})f^c(v_k)_{\text{e}}g^c(e_1) \tag{3.44}$$

同样，$\mathcal{T}_3$ 的 BC 子树的生成函数为

$$F(T';f^c,g^c;v_{k+1},\text{even})f^c(v_k)_{\text{o}}g^c(e_2)+F(T';f^c,g^c;v_{k+1},\text{odd})f^c(v_k)_{\text{e}}g^c(e_2) \tag{3.45}$$

对于 $\mathcal{T}_4$，将它分为两类：

（1）$S_{\text{BC}}(U_n;u)$ 的含 e_1、e_2 但不含 T_k 的任何一条边的 BC 子树；

（2）$S_{\text{BC}}(U_n;u)$ 的含 e_1、e_2 及 T_k 的边的 BC 子树.

对于类（1），进一步把它分为两类：

（1-i）不含边 (v_{k-1},v_{k-2})；

（1-ii）含边 $\bigcup_{j=1}^{i-1}(v_{k-j},v_{k-j-1})$ 但不含 (v_{k-i},v_{k-i-1}) $(i=2,3,\cdots,n-2)$.

不难得到类（1-i）的 BC 子树的生成函数为

$$\begin{aligned}&[F(T_1';f^c,g^c;v_{k-1},\text{even})F(T_1'';f^c,g^c;v_{k+1},\text{even})\\&+F(T_1';f^c,g^c;v_{k-1},\text{odd})F(T_1'';f^c,g^c;v_{k+1},\text{odd})f(v_k)_{\text{e}}]g^c(e_1)g^c(e_2)\end{aligned} \tag{3.46}$$

对于 $2\leqslant i\leqslant n-2$，类（1-ii）的 BC 子树的生成函数为

$$\begin{aligned}&[F(T_i';f^c,g^c;v_{k-1},\text{even})-F(T_{i-1}';f^c,g^c;v_{k-1},\text{even})]F(T_i'';f^c,g^c;v_{k+1},\text{even})g^c(e_1)g^c(e_2)\\&+g^c(e_1)g^c(e_2)[F(T_i';f^c,g^c;v_{k-1},\text{odd})-F(T_{i-1}';f^c,g^c;v_{k-1},\text{odd})].\\&F(T_i'';f^c,g^c;v_{k+1},\text{odd})f(v_k)_e\end{aligned} \tag{3.47}$$

同样，分析类（2）可得

$$\begin{aligned}&g^c(e_1)g^c(e_2)\{F(T_1';f^c,g^c;v_{k-1},\text{even})F(T_1'';f^c,g^c;v_{k+1},\text{even})f^c(v_k)_{\text{o}}\\&+F(T_1';f^c,g^c;v_{k-1},\text{odd})F(T_1'';f^c,g^c;v_{k+1},\text{odd})[f^c(v_k)_{\text{e}}-f(v_k)_{\text{e}}]\}\end{aligned} \tag{3.48}$$

和

$$\begin{aligned}&\{[F(T_i';f^c,g^c;v_{k-1},\text{even})-F(T_{i-1}';f^c,g^c;v_{k-1},\text{even})]F(T_i'';f^c,g^c;v_{k+1},\text{even})f^c(v_k)_{\text{o}}\\&+[F(T_i';f^c,g^c;v_{k-1},\text{odd})-F(T_{i-1}';f^c,g^c;v_{k-1},\text{odd})].\\&F(T_i'';f^c,g^c;v_{k+1},\text{odd})[f^c(v_k)_{\text{e}}-f(v_k)_{\text{e}}]\}g^c(e_1)g^c(e_2)\quad i=2,3,\cdots,n-2\end{aligned} \tag{3.49}$$

当计算 $\mathcal{T}_2$、$\mathcal{T}_3$、$\mathcal{T}_4$ 时，首先用定理 2.2 的递归收缩方法对除圈上的顶点 v_i $(i=1,2,\cdots,n)$ 之外的 U_n 的其他顶点依次进行收缩操作，结合式（3.43）～式（3.49），可得 $S_{\text{BC}}(U_n;u)$ 的 BC 子树的生成函数，如式（3.41）所示.

当$u=w$不在圈上时，令U_n'、T_{new}、T_{new}'如定义 3.7 所述，设置$U_n:=U_{n'}$、$f:=f$、$g:=g$、$u:=v_k$并调用定理 3.5，可得$F(U_n';f,g;v_k,\text{odd})$和$F(U_n';f,g;v_k,\text{even})$. 通过将$U_n'$看作$T_{\text{new}}'$的一个权重为$[F(U_n';f,g;v_k,\text{odd}),F(U_n';f,g;v_k,\text{even})]$的顶点$v_k$，然后调用算法 7，可得$F_{\text{BC}}(U_n;f,g;w)$，如式（3.42）所示.

由定理 3.8，可得计算U_n含u的 BC 子树的生成函数$F_{\text{BC}}(U_n;f,g;u)$的算法 16. 为简洁起见，单独列出算法 16 中的一个等式：

$$N=N+f^c(v_k)_e g^c(e_1)g^c(e_2)\{F(T_1';f^c,g^c;v_{k-1},\text{odd})F(T_1'';f^c,g^c;v_{k+1},\text{odd})$$
$$+\sum_{j=2}^{n-2}[F(T_j';f^c,g^c;v_{k-1},\text{odd})-F(T_{j-1}';f^c,g^c;v_{k-1},\text{odd})]F(T_j'';f^c,g^c;v_{k+1},\text{odd})\}.$$
$$[1+f^c(v_k)_o]g^c(e_1)g^c(e_2)\{F(T_1';f^c,g^c;v_{k-1},\text{even})F(T_1'';f^c,g^c;v_{k+1},\text{even})$$
$$+\sum_{j=2}^{n-2}[F(T_j';f^c,g^c;v_{k-1},\text{even})-F(T_{j-1}';f^c,g^c;v_{k-1},\text{even})]F(T_j'';f^c,g^c;v_{k+1},\text{even})\} \quad (3.50)$$

算法 16　加权单圈图$U_n=[V(U_n),E(U_n);f,g]$的含一个顶点u的 BC 子树的生成函数$F_{\text{BC}}(U_n;f,g;u)$

1：初始化$N=0$，设置$G:=U_n$、$f:=f$、$g:=g$、$x:=u$.
2：**if** $x=v_k$在圈上 **then**
3：　设置$T:=T_k$、$f:=f$、$g:=g$、$v_k:=v_k$并调用算法 7，计算得到$F_{\text{BC}}(T_k;f,g,v_k)$；
4：　更新$N=N+F_{\text{BC}}(T_k;f,g,v_k)$；
5：　调用过程 CONTRACT7(G,f,g,x)；//同算法 13 中的过程
6：　设置$G:=T'$、$f:=f^c$、$g:=g^c$、$x:=v_{k-1}$（相应地，$x:=v_{k+1}$），调用第 5 步；
7：　更新$N=N+$式（3.44）+式（3.45）；
8：　**for** $i\leftarrow 1$ **to** $n-2$ **do**
9：　　设置$G:=T_i'$（相应地，$G:=T_i''$）、$f:=f^c$、$g:=g^c$、$x:=v_{k-1}$（相应地，$x:=v_{k+1}$）并执行算法第 5 步，然后存储相应的返回值；
10：　**end for**
11：　更新N为式（3.50）；
12：**else**// $w=x$没有在圈上
13：　设置$U_n:=U_n'$、$f:=f$、$g:=g$、$u:=v_k$并调用算法 13，计算得到$F(U_n';f,g;v_k,\text{odd})$和$F(U_n';f,g;v_k,\text{even})$；
14：　把U_n'看作T_{new}'的一个顶点v_k并且设置v_k的权重$f^c(v_s)$为$[F(U_n';f,g;v_k,\text{odd}),F(U_n';f,g;v_k,\text{even})]$；
15：　设置$T:=T_{\text{new}}'$、$f:=f'$、$g:=g'$、$v_k:=w$并调用算法 7，计算得到$F_{\text{BC}}(T_{\text{new}}';f',g',w)$；
16：　更新$N=N+F_{\text{BC}}(T_{\text{new}}';f',g',w)$；
17：**end if**
18：返回$F_{\text{BC}}(U_n;f,g;u)=N$.

3.6.2　双圈图的含指定一个顶点的 BC 子树

令 $BG=[V(BG),E(BG);f,g]$ 为一个加权双圈图，且 $u\in V(BG)$ 为 BG 的一个顶点，BG 的含顶点 u 的 BC 子树等于所有 BC 子树减去不含顶点 u 的 BC 子树，针对 $BG\setminus u$ 为树、单圈图和双圈图的情况，分别利用算法 5、算法 14 和算法 15 来进行计算，进而可得 $F_{BC}(BG;f,g;u)$ 的算法 17.

算法 17　加权双圈图 $BG=[V(BG),E(BG);f,g]$ 的含一个顶点 u 的 BC 子树的生成函数 $F_{BC}(BG;f,g;u)$

1：初始化 $N=0$；
2：设置 $BG:=BG$、$f:=f$、$g:=g$ 并调用算法 15，计算得到 $F_{BC}(BG;f,g)$
3：**for** 每一个图 $S\in BG\setminus u$ **do**
4：　　**if** S 是一棵树 **then**
5：　　　　设置 $T:=S$、$f:=f$、$g:=g$ 并调用算法 5，计算 S 的子树的生成函数 $F_{BC}(S;f,g)$；
6：　　**else if** S 是一个单圈图 **then**
7：　　　　设置 $U_n:=S$、$f:=f$、$g:=g$ 并调用算法 14，计算得到 $F_{BC}(S;f,g)$；
8：　　**else if** S 是一个双圈图 **then**
9：　　　　设置 $BG:=S$、$f:=f$、$g:=g$ 并调用算法 15，计算得到 $F_{BC}(S;f,g)$；
10：　　**end if**
11：　　　更新 $N=N+F_{BC}(S;f,g)$；
12：**end for**
13：返回 $F_{BC}(BG;f,g;u)=F_{BC}(BG;f,g)-N$.

第 4 章　六元素环螺链图和聚苯六角链图的子树和 BC 子树

六元素化合物及材料与人们的生活息息相关（图 4.1），其中六元素环螺链图和聚苯六角链图是有机化学里无支链图的多螺环分子和多环芳烃的一类图，关于这两类分子结构图的众多指标已被学者给出，如 Wiener 指标[158]、Kirchhoff 指标[159]、匹配和独立多项式[160]、Merrifield-Simmons 和 Hosoya 指标[161]、π-电子能[162]及 Hosoya 多项式[163,164]. Yang 和 Zhang[165]给出了随机聚苯六角链的 Wiener 指标的数学期望，Huang 等[166]给出了随机六元素环螺链图和随机聚苯六角链图的 Kirchhoff 指标，以及随机六元素环螺链图的 Hosoya 指标和 Merrifield-Simmons 指标的显式数学期望公式[167]. 最近，Wei 等[168]给出了随机六元素环螺链图的 ABC 指标和 GA 指标的数学期望的显式公式，并对其进行了比较. Zhang 等[40]给出了随机聚苯六角链图的 Schultz 指标、Gutman 指标、乘法 degree-Kirchhoff 指标及加法 degree-Kirchhoff 指标的数学期望的显式分析表达式. 然而，关于这两类分子图结构的子树和块割点子树却未见有相关的研究.

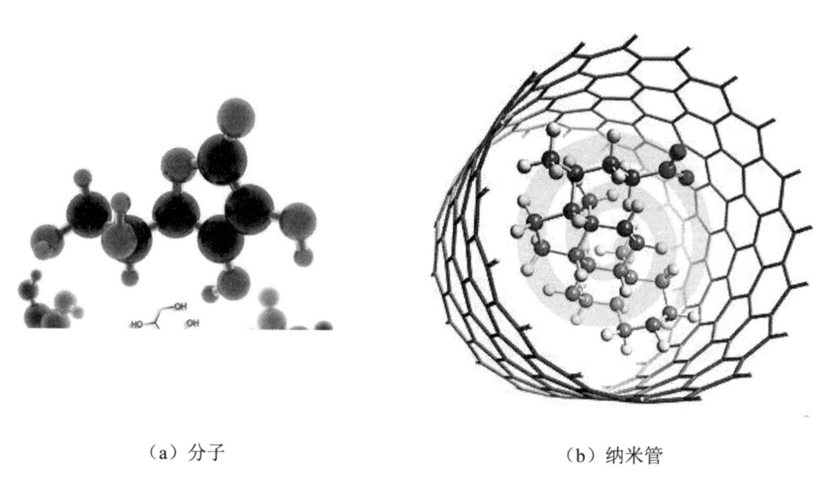

（a）分子　　（b）纳米管

图 4.1　生活中的六元素分子及材料

本章通过 Tutte 和新的三元 Tutte 多项式、圈权重的“收缩传递”及结构分析的方法，首先解决六元素环螺链图 G_n（聚苯六角链图 $\overline{G}_n$）的含割点 c_n（尾点 t_n）的子树及含 $c_n(t_n)$ 且所有的叶子到 $c_n(t_n)$ 的距离分别是奇数和偶数的子树的生成函数的迭代公式，然后推导出这两类链图的子树和 BC 子树的生成函数的公式和算法论证，同时给出这两类链图的子树数及 BC 子树数指标间的关系、所有长度为 n 的这两类链图的对应子树数指标的前三大（小）值及对应的极图、对应 BC 子树数指标的最大值和最小值（猜想）及对应的极值图的割点及尾点序列.

尽管基于距离和基于结构的拓扑指标间的关系一直被相关学者讨论研究[21,115,120]，但这些研究主要限于树. 本章研究发现，两类链图的子树数指标和 Wiener 指标间也存在一个“反序”关系，进而将这种“反序”关系从树推广到了具体的化合物分子链图上，本章还将分析这两类链图的子树密度和 BC 子树密度渐近特性.

§ 4.1　六元素环螺链图和聚苯六角链图的定义

因本节研究普通子树及相关问题，故默认 $f := f_1$、 $g := g_1$. 更多详细的定义可参阅文献[22]和文献[158].

定义 4.1　六元素环螺链图是由 $n(n\geqslant 3)$ 个六元素环 $H_0, H_1, \cdots, H_{n-1}$ 构成且满足对于任意 $0\leqslant i < j\leqslant n-1$，当且仅当 $j = i+1$， H_i 和 H_j 通过割点邻接，且割点是六元素环螺链图中仅有的四度顶点. 六元素环的个数称为该六元素环螺链图的长度. 易知长度为 n 的六元素环螺链图有 $5n+1$ 个顶点和 $6n$ 条边.

记长度为 n 的六元素环螺链图的集合为 $\mathcal{G}(n)$.令 $G_n = H_0 H_1 \cdots H_{n-1} \in \mathcal{G}(n)$ ，这里 H_k 是 G_n 的第 $(k+1)$ 个六元素环， c_k 是 H_{k-1} 的 H_k $(k = 1,2,\cdots,n-1)$ 的公共割点. 这样， G_n 可以被长度为 $n-2$ 的割点序列 $(c_2, c_3, \cdots, c_{n-1})$ 唯一表示. H_k 的顶点 v 满足 $d_{H_k}(v, c_k)$ 分别是 1、2 和 3，则分别称 v 为它的邻位、间位和对位，为方便起见，分别记为 o_k 、 m_k 和 p_k （图 4.2）. 对于每一个 $i(i = 1,2,\cdots,n-2)$ ，如果 $d(c_i, c_{i+1})$ 分别为 1、2 和 3［对每一个 $k(2\leqslant k\leqslant n-1)$ ， c_k 分别满足 $c_k = o_{k-1}$ 、 $c_k = m_{k-1}$ 和 $c_k = p_{k-1}$ ］，那么 G_n 分别被称为邻位、间位和对位六元素环螺链图，记为 O_n 、 M_n 和 P_n （图 4.3）.

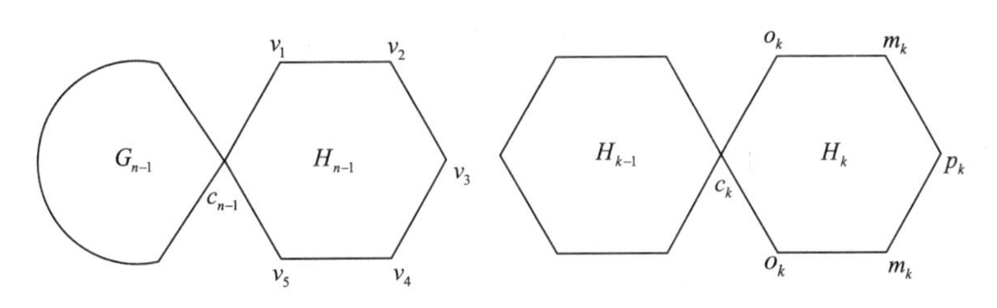

（a）六元素环螺链图 G_n　　（b）四度顶点的位置

图 4.2　六元素环螺链图的割点、邻位、间位、对位

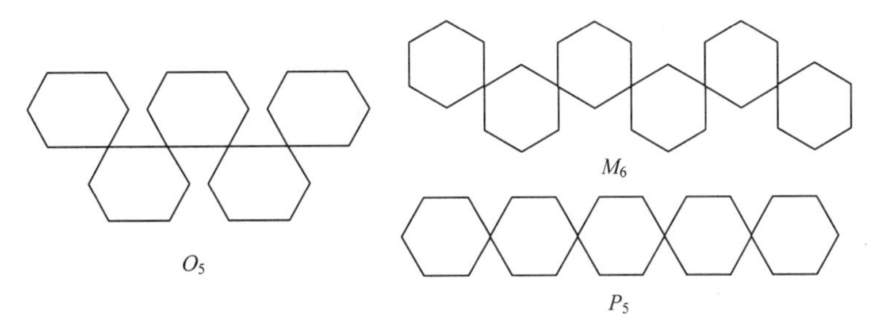

图 4.3　邻位、间位、对位六元素环螺链图

定义 4.2[169]　聚苯六角链图 $\bar{G}$ 的每一个块是一条边或者是一个六元素环，每一个六元素环至多有两个割点，每一个割点刚好被一个六元素环和一条边所共享. $\bar{G}$ 中的六元素环的个数被称为它的长度，易知长度为 n 的聚苯六角链图有 $6n$ 个顶点和 $7n-1$ 条边.

令 $\bar{G}_n=\bar{H}_0\bar{H}_1\cdots\bar{H}_{n-1}$ 为长度是 $n(n\geqslant 2)$ 的聚苯六角链图，那么 $\bar{G}_n$ 可以看作通过一条割边连接六元素环 $\bar{H}_{n-1}$ 的顶点 c_{n-1} 和 $\bar{G}_{n-1}$ 的六元素环 $\bar{H}_{n-2}$ 的一个顶点 u 而成. 顶点 u 被称为 $\bar{H}_{n-1}$ 的尾巴，记为 t_{n-1}. $\bar{H}_k\,(1\leqslant k\leqslant n-1)$ 的顶点 v 被称作邻位、间位、对位接点，如果 $d_{\bar{H}_k}(v,c_k)$ 分别是 1、2 和 3，并记这些顶点分别为 o_k 、 m_k 和 p_k. 尾接点、邻位接点、间位接点、对位接点的例子见图 4.4. 如果对于每一个 $k(2\leqslant k\leqslant n-1)$，$t_k$ 分别满足 $t_k=o_{k-1}$、$t_k=m_{k-1}$ 或 $t_k=p_{k-1}$，那么 $\bar{G}_n$ 被称作邻位、间位、对位聚苯六角链图，并分别记为 $\bar{O}_n$、$\bar{M}_n$ 和 $\bar{P}_n$（见图 4.5）.

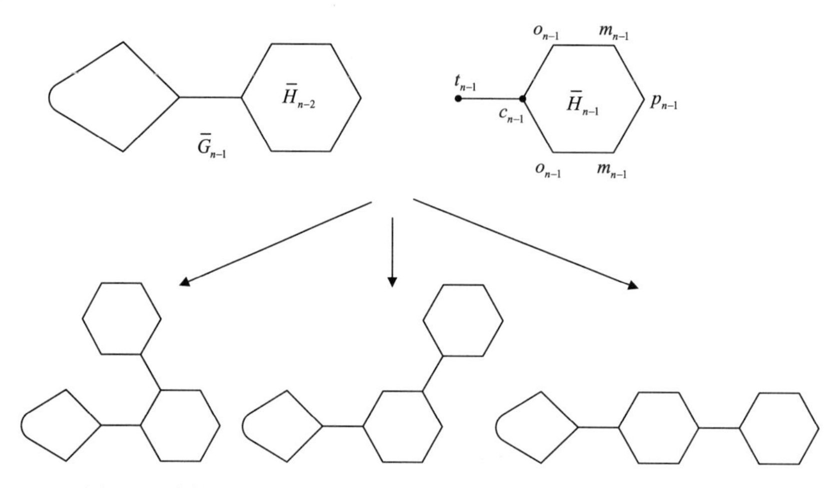

图 4.4　聚苯六角链图的尾接点、邻位接点、间位接点、对位接点

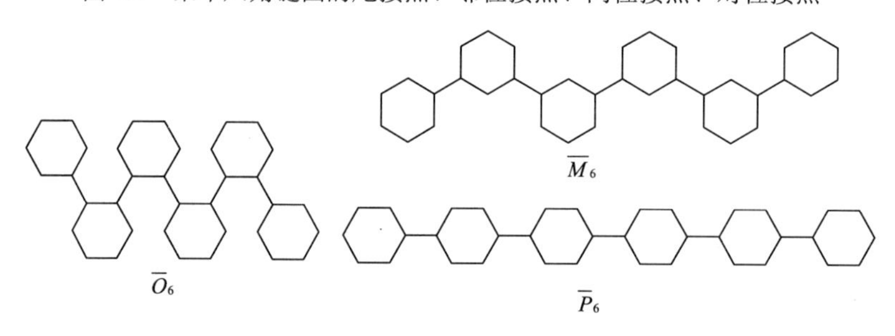

图 4.5　邻位、间位、对位聚苯六角链图

§4.2　六元素环螺链图和聚苯六角链图的子树

4.2.1　六元素环螺链图的子树

接下来引入一些记号和引理，约定若 $\{a_n\}\geqslant 0$ 是一个序列，当 $j<i$ 时，$\prod_{t=i}^{j}a_t=1$.

定义 4.3　令$T=[V(T),E(T);f,g]$为含至少两个顶点的加权树，u、v是它的两个不同的顶点，记P_{uv}为T的连接u和v的唯一路径，且$V(P_{uv})=\{x_i \mid i=1,2,\cdots,l-1\}\cup\{u,v\}$、$E(P_{uv})=\{(u,x_1)\}\cup\{(x_i,x_{i+1}) \mid i=1,2,\cdots,l-2\}\cup\{x_{l-1},v\}$，这里$l=d_T(u,v)$.此外，记$T_u$、$T_v$、$T_{x_i}(i=1,2,\cdots,l-1)$为$T$的删除边集$E(P_{uv})$后分别包含$u$、$v$、$x_i$ $(i=1,2,\cdots,l-1)$的加权图.

引理 4.1[22]　由上述符号和定义，可知

$$F(T;f,g;u,v)=f^*(u)f^*(v)\prod_{i=1}^{l-1}f^*(x_i)\prod\nolimits_{e\in E(P_{uv})}g(e) \tag{4.1}$$

式中，$f^*(\tilde{v})=F(T_{\tilde{v}};f,g;\tilde{v})\ (\tilde{v}\in\{u,v,x_i(i=1,2,\cdots,l-1)\})$.

定义 4.4　令$G_n=H_0H_1\cdots H_{n-1}$是图4.2（a）所示的一个长度为n的加权六元素环螺链图，其顶点权重函数为f，边权重函数为g，记$G_{n-1}=H_0H_1\cdots H_{n-2}$. 同时，分别记$c_{n-1}$、$o_{n-1}$、$m_{n-1}$和$p_{n-1}$为$H_{n-1}$的割点、邻位接点、间位接点和对位接点.

令$G_n^c=[V(G_n^c),E(G_n^c);f^c,g^c]$为$V(G_n^c)=V(H_{n-1})$、$E(G_n^c)=E(H_{n-1})$、$g^c(e)=g(e)$的$e\in E(G_n^c)$时的加权图，且

$$f^c(v)=\begin{cases}F(G_{n-1};f,g;c_{n-1}) & \text{如果}v=c_{n-1}\\ f(v) & \text{其他}\end{cases} \tag{4.2}$$

令

$$D_f(c_n)=\begin{cases}1 & c_n\text{是}o_{n-1}\\ 2 & c_n\text{是}m_{n-1}\\ 3 & c_n\text{是}p_{n-1}\end{cases} \tag{4.3}$$

标记H_{n-1}的顶点为$r_1(c_n)r_2\ldots r_{[D_f(c_n)+1]}(c_{n-1})r_{[D_f(c_n)+2]}\ldots r_6$，这里$e_1=(r_1,r_2)$、$e_2=(r_1,r_6)$.

记$T'=[V(T'),E(T');f^c,g^c]$为$G_n^c\setminus(e_1\cup e_2)$的含顶点$r_2$和$r_6$的加权图. 此外，对每个$i(i=1,2,3,4)$，记$T_i'(T_i'')$为$T'\setminus(r_{7-i},r_{7-i-1})$的含$r_{7-i}(r_{7-i-1})$的加权图，同时规定$r_{i+6}=r_i$.

1. 子树数的计算

首先给出计算六元素环螺链图G_j的含割点c_j的子树生成函数的迭代公式，即$F(G_j;f,g;c_j)$；然后推导出计算六元素环螺链图的子树生成函数的公式.

引理 4.2　令$G_n=[V(G_n),E(G_n);f,g]$为定义4.4所述的长度为n的加权六元素环螺链图，其顶点和边权重函数分别为$f(v)=y\ [v\in V(G_n)]$和$g(e)=z\ [e\in E(G_n)]$，则

$$\begin{aligned}F(G_n;f,g;c_n)=&\ y+yz(\beta_{[D_f(c_n)-1]}+\gamma_{[5-D_f(c_n)]})+y^2z^2\xi_{[D_f(c_n)-1]}+y^3z^3\theta_{[D_f(c_n)-1]}\\&+y^4z^4\delta_{\frac{1+(-1)^{D_f(c_n)}}{2}}+y^5z^5F(G_{n-1};f,g;c_{n-1})\end{aligned} \tag{4.4}$$

这里$F(G_1;f,g;c_1)=y+2y^2z+3y^3z^2+4y^4z^3+5y^5z^4+6y^6z^5,\alpha_0=0,\alpha_k=y(1+z\alpha_{k-1})$ $[k=1,2,\cdots,5-D_f(c_n)]$.

同时

$$\beta_k=\begin{cases}F(G_{n-1};f,g;c_{n-1})(1+z\alpha_{5-D_f(c_n)}) & k=0\\ y(1+z\beta_{k-1}) & k=1,2,\cdots,D_f(c_n)-1\end{cases}$$

$$\gamma_k=\begin{cases}F(G_{n-1};f,g;c_{n-1})(1+z\alpha_{D_f(c_n)-1}) & k=0\\ y(1+z\gamma_{k-1}) & k=1,2,\cdots,5-D_f(c_n)\end{cases}$$

$$\xi_k=\begin{cases}F(G_{n-1};f,g;c_{n-1})(1+z\alpha_{4-D_f(c_n)}) & k=0\\ y(1+z\xi_{k-1}) & k=1,2,\cdots,D_f(c_n)-1\end{cases}$$

$$\theta_k=\begin{cases}F(G_{n-1};f,g;c_{n-1})(1+z\alpha_{3-D_f(c_n)}) & k=0\\ y(1+z\theta_{k-1}) & k=1,2,\cdots,D_f(c_n)-1\end{cases}$$

且

$$\begin{cases}\delta_0=F(G_{n-1};f,g;c_{n-1})\left(1+z\alpha_{\frac{1-(-1)^{D_f(c_n)}}{2}}\right)\\ \delta_1=y(1+z\delta_0)\end{cases}$$

证明 当$n=1$时，易知

$$F(G_1;f,g;c_1)=y+2y^2z+3y^3z^2+4y^4z^3+5y^5z^4+6y^6z^5 \tag{4.5}$$

当$n\geqslant 2$时，将子树集合$S(G_n;c_n)$划分为

$$S(G_n;c_n)=\mathcal{T}_1\cup\mathcal{T}_2\cup\mathcal{T}_3\cup\mathcal{T}_4$$

式中，$\mathcal{T}_1$为子树集合$S(G_n;c_n)$中的既不含e_1也不含e_2的子树集合；$\mathcal{T}_2$为子树集合$S(G_n;c_n)$中的含e_1但不含e_2的子树集合；$\mathcal{T}_3$为子树集合$S(G_n;c_n)$中的含e_2但不含e_1的子树集合；$\mathcal{T}_4$为子树集合$S(G_n;c_n)$中的既含e_1也含e_2的子树集合.

显然，$\mathcal{T}_1$仅含一个顶点c_n (r_1)，对应的子树生成函数为

$$y \tag{4.6}$$

由定义4.4的符号、引理2.1和引理4.1可得$\mathcal{T}_2$的子树生成函数为

$$yzF(T';f^c,g^c;r_2) \tag{4.7}$$

类似地，$\mathcal{T}_3$的子树生成函数为

$$yzF(T';f^c,g^c;r_6) \tag{4.8}$$

进一步把$\mathcal{T}_4$分为如下两类：

（i）$S(G_n;c_n)$中的含e_1、e_2但不含(r_6,r_5)的子树；

（ii）$S(G_n;c_n)$中的含e_1、e_2及$\bigcup_{j=1}^{i-1}(r_{7-j},r_{7-j-1})$但不含$(r_{7-i},r_{7-i-1})$ $(i=2,3,4)$的子树.

再次由引理4.1，可得类（i）的子树生成函数为

$$F(T_1';f^c,g^c;r_6)f^c(r_1)F(T_1'';f^c,g^c;r_2)g^c(e_1)g^c(e_2) \tag{4.9}$$

简化为

$$yz^2F(T_1';f^c,g^c;r_6)F(T_1'';f^c,g^c;r_2) \tag{4.10}$$

对于$i=2,3,4$，类（ii）的子树生成函数为

$$[F(T_i';f^c,g^c;r_6)-F(T_{i-1}';f^c,g^c;r_6)]f^c(r_1)F(T_i'';f^c,g^c;r_2)g^c(e_1)g^c(e_2) \tag{4.11}$$

即

$$yz^2[F(T_i';f^c,g^c;r_6)-F(T_{i-1}';f^c,g^c;r_6)]F(T_i'';f^c,g^c;r_2) \tag{4.12}$$

因为顶点 $r_1(c_n)$ 和 $r_{[D_f(c_n)+1]}(c_{n-1})$ 距离为 $D_f(c_n)$，根据引理 2.1，式（4.7）可以简化为

$$yz\beta_{[D_f(c_n)-1]} \tag{4.13}$$

式中，β_i 如引理 4.2 中的定义.

同样，式（4.8）可以简化为

$$yz\gamma_{[5-D_f(c_n)]} \tag{4.14}$$

类似地论证，式（4.10）可以简化为

$$y^2z^2\xi_{D_f(c_n)-1} \tag{4.15}$$

且

$$yz^2[F(T_i';f^c,g^c;r_6)-F(T_{i-1}';f^c,g^c;r_6)]F(T_i'';f^c,g^c;r_2)=\begin{cases} y^3z^3\theta_{D_f(c_n)-1} & i=2 \\ y^4z^4\delta_{\frac{1+(-1)^{D_f(c_n)}}{2}} & i=3 \\ y^5z^5F(G_{n-1};f,g;c_{n-1}) & i=4 \end{cases} \tag{4.16}$$

因此，由式（4.6）、式（4.13）～式（4.16），可得 $S(G_n;c_n)$ 的子树生成函数如式（4.4）所示.

定理 4.1　令 $G_n=[V(G_n),E(G_n);f,g]$ 是长度为 n 的加权六元素环螺链图，c_{n-1} 为 H_{n-1} 的割点，顶点和边权重函数分别为 $f(v)=y\ [v\in V(G_n)]$ 和 $g(e)=z\ [e\in E(G_n)]$. 同时，令 $c_{n-1}=v_6$ 和 $v_{i+6}=v_i$，则有

$$F(G_n;f,g)=(n-1)\sum_{i=0}^{4}(5-i)y^{i+1}z^i+\sum_{i=1}^{5}(i+1)y^iz^i\sum_{j=1}^{n-1}F(G_j;f,g;c_j)$$
$$+6(y+y^2z+y^3z^2+y^4z^3+y^5z^4+y^6z^5) \tag{4.17}$$

式中，$F(G_j;f,g;c_j)$ 即式（4.4）.

证明　当 $n=1$ 时，类似 $n\geqslant2$ 的情况论证，利用引理 4.1 易得 $F(O_1;f,g)=F(M_1;f,g)=F(P_1;f,g)=6(y+y^2z+y^3z^2+y^4z^3+y^5z^4+y^6z^5)$. 当 $n\geqslant2$ 时，把 $G_n(n\geqslant2)$ 的子树分为三类:

（i）不含 H_{n-1} 的任何顶点和任何边的子树;

（ii）仅含 H_{n-1} 的一个顶点但不含它的任何边的子树;

（iii）仅含 H_{n-1} 的 $i+1$ 个顶点和 i 条边的子树 $(i=1,2,\cdots,5)$.

对 H_{n-1} 的顶点进行标记[图 4.2（a）]，因为类（i）和类（ii）子树集合的并为

$$\{v_1,v_2,v_3,v_4,v_5\}\cup S(G_{n-1}) \tag{4.18}$$

由定义，式（4.18）的子树生成函数为

$$5y+F(G_{n-1};f,g) \tag{4.19}$$

记 $G_{n-1,i}^*$ 为 $G_n\setminus\bigcup_{i=1}^{6}(v_i,v_{i+1})$ 的含 $v_i\ (i=1,2,\cdots,6)$ 的加权连通图. 易知 $G_{n-1,i}^*$ 是一个单顶点 $v_i\ (i=1,2,\cdots,5)$ 且 $G_{n-1,6}^*$ 是六元素环螺链图 G_{n-1}，因此可得 $F(G_{n-1,i}^*;f,g;v_i)=y(i=1,2,\cdots,5)$，把 $G_{n-1,6}^*$ 看作一个权重为 $F(G_{n-1};f,g;c_{n-1})$ 的单顶点 v_6（或 c_{n-1}）. 由以上定义可知，类(iii)是图 $\bigcup_{k=j}^{j+i}G_{n-1,k}^*\bigcup_{k=j}^{j+i-1}(v_k,v_{k+1})(j=1,2,\cdots,6;\ i=1,2,\cdots,5)$ 的子树构成，由引理 4.1 可得其子树生成函数为

$$\sum_{i=1}^{4}(5-i)y^{i+1}z^{i}+F(G_{n-1};f,g;c_{n-1})\sum_{i=1}^{5}(i+1)y^{i}z^{i} \tag{4.20}$$

结合式（4.19）和式（4.20），得 G_n 的子树生成函数为

$$\sum_{i=0}^{4}(5-i)y^{i+1}z^{i}+F(G_{n-1};f,g;c_{n-1})\sum_{i=1}^{5}(i+1)y^{i}z^{i}+F(G_{n-1};f,g) \tag{4.21}$$

用类似的方法递归地分析六元素环螺链图 G_{n-j} $(j=1,2,\cdots,n-2)$，可得 G_n 的子树生成函数为

$$(n-1)\sum_{i=0}^{4}(5-i)y^{i+1}z^{i}+\sum_{i=1}^{5}(i+1)y^{i}z^{i}\sum_{j=1}^{n-1}F(G_j;f,g;c_j)+F(G_1;f,g) \tag{4.22}$$

注意 $G_1=O_1=M_1=P_1$ 且

$$F(G_1;f,g)=6(y+y^2z+y^3z^2+y^4z^3+y^5z^4+y^6z^5) \tag{4.23}$$

所以，由式（4.22）、式（4.23）和引理 4.2，定理得证.

说明 4.1　由定理 4.1，不难设计加权六元素环螺链图 $G_n=[V(G_n),E(G_n);f,g](n\geqslant1)$ 的计算子树生成函数 $F(G_n;f,g)$ 的算法，在此略去.

将 $y=1$ 和 $z=1$ 代入式（4.4），可得

$$\begin{aligned}\eta(G_n;c_n)&=F(G_n;1,1;c_n)\\&=[D_f(c_n)^2-6D_f(c_n)+21]\eta(G_{n-1};c_{n-1})-D_f(c_n)^2+6D_f(c_n)\end{aligned} \tag{4.24}$$

式中，$\eta(G_1;c_1)=21$，将 $y=1$ 和 $z=1$ 代入式（4.17），得如下结论.

推论 4.1　六元素环螺链图 G_n 的子树数为

$$\eta(G_n)=F(G_n;1,1)=20\sum_{j=1}^{n-1}\eta(G_j;c_j)+15n+21 \tag{4.25}$$

式中，$\eta(G_j;c_j)$ 即式（4.24）且 $\eta(G_1;c_1)=21$.

因为邻位、间位和对位六元素环螺链图 O_n、M_n 和 P_n 的 c_k 分别是 o_{k-1}、m_{k-1} 和 p_{k-1}，由式（4.3）和式（4.24），有

$$\begin{cases}\eta(O_n;c_n)=16\eta(O_{n-1};c_{n-1})+5=\cdots=\dfrac{64}{3}16^{n-1}-\dfrac{1}{3}\\\eta(M_n;c_n)=13\eta(M_{n-1};c_{n-1})+8=\cdots=\dfrac{65}{3}13^{n-1}-\dfrac{2}{3}\\\eta(P_n;c_n)=12\eta(P_{n-1};c_{n-1})+9=\cdots=\dfrac{240}{11}12^{n-1}-\dfrac{9}{11}\end{cases} \tag{4.26}$$

由式（4.25）和式（4.26），可得如下推论.

推论 4.2　邻位、间位和对位六元素环螺链图 O_n、M_n 和 P_n 的子树数分别为

$$\begin{cases}\eta(O_n)=F(O_n;1,1)=\dfrac{256(16^{n-1}-1)}{9}+\dfrac{25(n-1)}{3}+36\\\eta(M_n)=F(M_n;1,1)=\dfrac{325(13^{n-1}-1)}{9}+\dfrac{5(n-1)}{3}+36\\\eta(P_n)=F(P_n;1,1)=\dfrac{4800(12^{n-1}-1)}{121}-\dfrac{15(n-1)}{11}+36\end{cases} \tag{4.27}$$

2. 关于子树数的极值六元素环螺链图

接下来研究六元素环螺链图的关于子树数的极值问题，并进一步研究子树数指标和 Wiener 指标间的关系.

众所周知，所有 n 个顶点的树中，星树 $K_{1,n-1}$ 的 Wiener 指标最小，路径 P_n^*（与六元素环螺链图 P_n 相区别）的 Wiener 指标最大[146]. $K_{1,n-1}$ 的子树数指标最大，P_n^* 的子树数指标最小[21]. 关于子树数指标和 Wiener 指标间的反序关系，已有以下结论：对于给定叶子数的二叉树，文献[111]证明了具有最小（大）子树数的树刚好具有最大（小）的 Wiener 指标，同样的结果在给定度序列的树上也成立[115,125,170]. Wagner[171]讨论了树的各种不同拓扑指标间的关系，并且证明了在所有的关系里，子树数指标和 Wiener 指标具有最强的“反序”关系.

令 $G_n = H_0H_1\cdots H_{n-1}$ 是一个长度为 $n(n\geqslant 4)$ 的六元素环螺链图，c_k 是 H_{k-1} 和 H_k $(1\leqslant k\leqslant n-1)$ 的公共割点. 由推论 4.1 和式(4.24)可知 $\eta(G_j;o_{j-1})>\eta(G_j;m_{j-1})>\eta(G_j;p_{j-1})$ $(j>1)$，易知 O_n 是唯一的具有最大子树数的六元素环螺链图.

接下来找具有第二大子树数的六元素环螺链图，同样由推论 4.1 和式(4.24)可知，只需比较 $\eta(G_{n-2};o_{n-3})+\eta(G_{n-1};m_{n-2})$ 和 $\eta(G_{n-2};m_{n-3})+\eta(G_{n-1};o_{n-2})$ 即可. 因为

$$\begin{aligned}&16\eta(G_{n-3};c_{n-3})+5+13\times[16\eta(G_{n-3};c_{n-3})+5]+8\\&>13\eta(G_{n-3};c_{n-3})+8+16\times[13\eta(G_{n-3};c_{n-3})+8]+5\end{aligned}$$

所以可得唯一的具有第二大子树数指标的六元素环螺链图是割点序列为 $(c_2,c_3,\cdots,c_{n-3},c_{n-2},c_{n-1})=(o_1,o_2,\cdots,o_{n-4},o_{n-3},m_{n-2})$ 的六元素环螺链图.

同样地，仅需比较 $\eta(G_{n-2};o_{n-3})+\eta(G_{n-1};p_{n-2})$ 和 $\eta(G_{n-2};m_{n-3})+\eta(G_{n-1};o_{n-2})$ 即可得到具有第三大子树数的六元素环螺链图. 因为

$$\begin{aligned}&16\eta(G_{n-3};c_{n-3})+5+12\times[16\eta(G_{n-3};c_{n-3})+5]+9\\&<13\eta(G_{n-3};c_{n-3})+8+16\times[13\eta(G_{n-3};c_{n-3})+8]+5\end{aligned}$$

所以可得唯一的具有第三大子树数指标的六元素环螺链图的割点序列为 $(c_2,c_3,\cdots,c_{n-3},c_{n-2},c_{n-1})=(o_1,o_2,\cdots,o_{n-4},m_{n-3},o_{n-2})$ 的六元素环螺链图.

综上可得如下定理.

定理 4.2　所有长度为 $n(n\geqslant 4)$ 的六元素环螺链图中，O_n 是唯一的具有最大子树数指标的六元素环螺链图，唯一的具有第二大子树数指标的六元素环螺链图的割点序列为 $(c_2,c_3,\cdots,c_{n-1})=(o_1,o_2,\cdots,o_{n-3},m_{n-2})$，唯一的具有第三大子树数指标的六元素环螺链图的割点序列为 $(c_2,c_3,\cdots,c_{n-1})=(o_1,o_2,\cdots,o_{n-4},m_{n-3},o_{n-2})$.

类似的论证，也可得下面关于六元素环螺链图的子树数指标的前三个小值和对应的极值图的结论，在此略去证明.

定理 4.3　所有长度为 $n(n\geqslant 4)$ 的六元素环螺链图中，P_n 是唯一的具有最小子树数指标的六元素环螺链图，唯一的具有第二小子树数指标的六元素环螺链图的割点序列为 $(c_2,c_3,\cdots,c_{n-1})=(p_1,p_2,\cdots,p_{n-3},m_{n-2})$，唯一的具有第三小子树数指标的六元素环螺链图的割点序列为 $(c_2,c_3,\cdots,c_{n-1})=(p_1,p_2,\cdots,p_{n-4},m_{n-3},p_{n-2})$.

对于所有长度为$n(n\geqslant 4)$的六元素环螺链图的 Wiener 指标的极值和极值图，Deng[158]给出了如下结论.

定理 4.4[158] 长度为$n(n\geqslant 4)$的六元素环螺链图中，O_n是唯一的具有最小 Wiener 指标的六元素环螺链图，唯一的具有第二小 Wiener 指标的六元素环螺链图的割点序列为$(o_1,o_2,\cdots,o_{n-3},m_{n-2})$，唯一的具有第三小 Wiener 指标的六元素环螺链图的割点序列为$(o_1,o_2,\cdots,o_{n-4},m_{n-3},o_{n-2})$.

定理 4.5[158] 长度为$n(n\geqslant 4)$的六元素环螺链图中，P_n是唯一的具有最大 Wiener 指标的六元素环螺链图，唯一的具有第二大 Wiener 指标的六元素环螺链图的割点序列为$(p_1,p_2,\cdots,p_{n-3},m_{n-2})$，唯一的具有第三大 Wiener 指标的六元素环螺链图的割点序列为$(p_1,p_2,\cdots,p_{n-4},m_{n-3},p_{n-2})$.

由定理 4.2～定理 4.5 可以看出，子树数指标和 Wiener 指标间的“反序”关系在六元素环螺链图上成立.

4.2.2 聚苯六角链图的子树

下面讨论聚苯六角链图的子树问题.

定义 4.5 令$\bar{G}_n=\bar{H}_0\bar{H}_1\cdots\bar{H}_{n-1}$是长度为$n$的加权聚苯六角链图，顶点权重函数为$f$，边权重函数为$g$，记$\bar{G}_{n-1}=\bar{H}_0\bar{H}_1\cdots\bar{H}_{n-2}$. 同时，分别记$t_{n-1}$、$o_{n-1}$、$m_{n-1}$、$p_{n-1}$为$\bar{H}_{n-1}$的尾接点、邻位接点、间位接点、对位接点.

（i）令$\bar{G}_n^c=[V(\bar{G}_n^c),E(\bar{G}_n^c);f^c,g^c]$，且$V(\bar{G}_n^c)=V(\bar{H}_{n-1})$、$E(\bar{G}_n^c)=E(\bar{H}_{n-1})$、$g^c(e)=g(e)$ $[e\in E(\bar{G}_n^c)]$

$$f^c(v)=\begin{cases}f(v)[1+zF(\bar{G}_{n-1};f,g;t_{n-1})] & v=c_{n-1}\\ f(v) & \text{其他}\end{cases} \tag{4.28}$$

（ii）令

$$\bar{D}_f(t_n)=\begin{cases}1 & t_n\text{是}o_{n-1}\\ 2 & t_n\text{是}m_{n-1}\\ 3 & t_n\text{是}p_{n-1}\end{cases} \tag{4.29}$$

且标记$\bar{H}_{n-1}$的顶点为$r_1(t_n)r_2\ldots r_{[\bar{D}_f(t_n)+1]}(c_{n-1})r_{[\bar{D}_f(t_n)+2]}\cdots r_6$，这里$e_1=(r_1,r_2)$且$e_2=(r_1,r_6)$.

（iii）记$\bar{T}'=[V(\bar{T}'),E(\bar{T}');f^c,g^c]$为$\bar{G}_n^c\setminus(e_1\cup e_2)$的含顶点$r_2$和$r_6$的加权图.此外，记$\bar{T}_i'(\bar{T}_i'')$为$\bar{T}'\setminus(r_{7-i},r_{7-i-1})$的含顶点$r_{7-i}(r_{7-i-1})(i=1,2,3,4)$的加权图.

引理 4.3 令$\bar{G}_n$如定义 4.2 所述，顶点权重函数为$f(v)=y[v\in V(\bar{G}_n)]$，边权重函数为$g(e)=z\ [e\in E(\bar{G}_n)]$，那么

$$\begin{aligned}F(\bar{G}_n;f,g;t_n)=&\,y+yz\left(\bar{\beta}_{[\bar{D}_f(t_n)-1]}+\bar{\gamma}_{[5-\bar{D}_f(t_n)]}\right)+y^2z^2\bar{\xi}_{[\bar{D}_f(t_n)-1]}+y^3z^3\bar{\theta}_{[\bar{D}_f(t_n)-1]}\\&+y^4z^4\bar{\delta}_{\frac{1+(-1)^{\bar{D}_f(t_n)}}{2}}+y^6z^5[1+zF(\bar{G}_{n-1};f,g;t_{n-1})]\end{aligned} \tag{4.30}$$

这里$F(\bar{G}_1;f,g;t_1)=y+2y^2z+3y^3z^2+4y^4z^3+5y^5z^4+6y^6z^5$、$\alpha_0=0$、$\alpha_k=y(1+z\alpha_{k-1})$ $[k=1,2,\cdots,5-\bar{D}_f(t_n)]$.

同时

$$\bar{\beta}_k = \begin{cases} y[1+zF(\bar{G}_{n-1};f,g;t_{n-1})](1+z\alpha_{5-\bar{D}_f(t_n)}) & k=0 \\ y(1+z\bar{\beta}_{k-1}) & k=1,2,\cdots,\bar{D}_f(t_n)-1 \end{cases}$$

$$\bar{\gamma}_k = \begin{cases} y[1+zF(\bar{G}_{n-1};f,g;t_{n-1})](1+z\alpha_{\bar{D}_f(t_n)-1}) & k=0 \\ y(1+z\bar{\gamma}_{k-1}) & k=1,2,\cdots,5-\bar{D}_f(t_n) \end{cases}$$

$$\bar{\xi}_k = \begin{cases} y[1+zF(\bar{G}_{n-1};f,g;t_{n-1})](1+z\alpha_{4-\bar{D}_f(t_n)}) & k=0 \\ y(1+z\bar{\xi}_{k-1}) & k=1,2,\cdots,\bar{D}_f(t_n)-1 \end{cases}$$

$$\bar{\theta}_k = \begin{cases} y[1+zF(\bar{G}_{n-1};f,g;t_{n-1})](1+z\alpha_{3-\bar{D}_f(t_n)}) & k=0 \\ y(1+z\bar{\theta}_{k-1}) & k=1,2,\cdots,\bar{D}_f(t_n)-1 \end{cases}$$

且

$$\begin{cases} \bar{\delta}_0 = y[1+zF(\bar{G}_{n-1};f,g;t_{n-1})]\left(1+z\alpha_{\frac{1-(-1)^{\bar{D}_f(t_n)}}{2}}\right) \\ \bar{\delta}_1 = y(1+z\bar{\delta}_0) \end{cases}$$

证明　当$n=1$时，$F(\bar{G}_1;f,g;t_1)=y+2y^2z+3y^3z^2+4y^4z^3+5y^5z^4+6y^6z^5$. 当$n\geqslant 2$时，对子树集合$S(\bar{G}_n;t_n)$划分如下：

$$S(\bar{G}_n;t_n)=\bar{T}_1\cup\bar{T}_2\cup\bar{T}_3\cup\bar{T}_4$$

式中，$\bar{T}_1$为$S(\bar{G}_n;t_n)$的既不含e_1也不含e_2的子树集合；$\bar{T}_2$为$S(\bar{G}_n;t_n)$的含e_1但不含e_2的子树集合；$\bar{T}_3$为$S(\bar{G}_n;t_n)$的含e_2但不含e_1的子树集合；$\bar{T}_4$为$S(\bar{G}_n;t_n)$的既含e_1也含e_2的子树集合.

将$\bar{T}_4$子树集合进一步细分为如下两类：

（i）$S(\bar{G}_n;t_n)$的既含e_1又含e_2但不含边(r_6,r_5)的子树集合；

（ii）$S(\bar{G}_n;t_n)$的含e_1和e_2及$\bigcup_{j=1}^{i-1}(r_{7-j},r_{7-j-1})$但不含边$(r_{7-i},r_{7-i-1})(i=2,3,4)$的子树集合.

类似引理 4.2 的分析，可证本引理成立.

定理 4.6　令$\bar{G}_n=[V(\bar{G}_n),E(\bar{G}_n);f,g]$为长度是$n$的加权聚苯六角链图，$t_{n-1}$为$\bar{H}_{n-1}$的尾接点，顶点和边权重函数分别为$f(v)=y\ [v\in V(\bar{G}_n)]$和$g(e)=z\ [e\in E(\bar{G}_n)]$，则

$$F(\bar{G}_n;f,g)=6(n-1)\sum_{i=0}^{5}y^{i+1}z^i+\sum_{i=1}^{6}iy^iz^i\sum_{j=1}^{n-1}F(\bar{G}_j;f,g;t_j)$$
$$+6(y+y^2z+y^3z^2+y^4z^3+y^5z^4+y^6z^5) \quad (4.31)$$

式中，$F(\bar{G}_j;f,g;t_j)$即式（4.30）.

证明　当$n=1$时，有

$$F(\bar{G}_1;f,g)=F(\bar{H}_0;f,g)=6(y+y^2z+y^3z^2+y^4z^3+y^5z^4+y^6z^5) \quad (4.32)$$

当$n\geqslant 2$时，将$\bar{G}_n(n\geqslant 2)$的子树分为以下两类：

（i）不含(t_{n-1},c_{n-1})的子树；

（ii）含 (t_{n-1},c_{n-1}) 的子树.

易知类（i）即子树集合

$$S(\bar{H}_{n-1})\cup S(\bar{G}_{n-1}) \tag{4.33}$$

对应的生成函数为

$$6(y+y^2z+y^3z^2+y^4z^3+y^5z^4+y^6z^5)+F(\bar{G}_{n-1};f,g) \tag{4.34}$$

由式（4.5），则有 $F(\bar{H}_{n-1};f,g;c_{n-1})=y+2y^2z+3y^3z^2+4y^4z^3+5y^5z^4+6y^6z^5$. 由引理 4.1 可得类（ii）的子树生成函数为

$$F(\bar{G}_{n-1};f,g;t_{n-1})(yz+2y^2z^2+3y^3z^3+4y^4z^4+5y^5z^5+6y^6z^6) \tag{4.35}$$

由式（4.34）和式（4.35）得 $\bar{G}_n$ 的生成函数为

$$\sum_{i=0}^{5}6y^{i+1}z^i+F(\bar{G}_{n-1};f,g;t_{n-1})\sum_{i=1}^{6}iy^iz^i+F(\bar{G}_{n-1};f,g) \tag{4.36}$$

递归地分析，可得 $\bar{G}_n$ 的生成函数为

$$6(n-1)\sum_{i=0}^{5}y^{i+1}z^i+\sum_{i=1}^{6}iy^iz^i\sum_{j=1}^{n-1}F(\bar{G}_j;f,g;t_j)+F(\bar{G}_1;f,g) \tag{4.37}$$

结合式（4.32）、式（4.37）和引理 4.3，可得定理成立.

将 $y=1$ 和 $z=1$ 代入式（4.30）和式（4.31），可得如下推论.

推论 4.3 聚苯六角链图 $\bar{G}_n$ 的子树数为

$$\eta(\bar{G}_n)=F(\bar{G}_n;1,1)=21\sum_{j=1}^{n-1}\eta(\bar{G}_j;t_j)+36n \tag{4.38}$$

这里

$$\begin{aligned}\eta(\bar{G}_n;t_n)&=F(\bar{G}_n;1,1;t_n)\\&=[\bar{D}_f(t_n)^2-6\bar{D}_f(t_n)+21]\eta(\bar{G}_{n-1};t_{n-1})+21\end{aligned} \tag{4.39}$$

且

$$\eta(\bar{G}_1;t_1)=21$$

邻位、间位和对位聚苯六角链图 $\bar{O}_n$、$\bar{M}_n$ 和 $\bar{P}_n$ 的 t_k 分别是 o_{k-1}、m_{k-1} 和 p_{k-1}. 所以，由式（4.3）和式（4.24）可得

$$\begin{cases}\eta(\bar{O}_n;t_n)=16\eta(\bar{O}_{n-1};t_{n-1})+21=\cdots=\dfrac{7}{5}(16^n-1)\\\eta(\bar{M}_n;t_n)=13\eta(\bar{M}_{n-1};t_{n-1})+21=\cdots=\dfrac{7}{4}(13^n-1)\\\eta(\bar{P}_n;t_n)=12\eta(\bar{P}_{n-1};t_{n-1})+21=\cdots=\dfrac{21}{11}(12^n-1)\end{cases} \tag{4.40}$$

由式（4.40），可得下面的推论.

推论 4.4 邻位、间位和对位聚苯六角链图 $\bar{O}_n$、$\bar{M}_n$ 和 $\bar{P}_n$ 的子树数分别为

$$\eta(\bar{O}_n)=F(\bar{O}_n;1,1)=\frac{49(16^n-1)}{25}+\frac{33n}{5}$$

$$\eta(\bar{M}_n)=F(\bar{M}_n;1,1)=\frac{49(13^n-1)}{16}-\frac{3n}{4}$$

$$\eta(\bar{P}_n)=F(\bar{P}_n;1,1)=\frac{441(12^n-1)}{121}-\frac{45n}{11}$$

接下来讨论聚苯六角链图的极图结构情况.

由推论 4.3 和式（4.39），可知 $\eta(\bar{G}_j;o_{j-1})>\eta(\bar{G}_j;m_{j-1})>\eta(\bar{G}_j;p_{j-1})$ $(j>1)$. 显然，$\bar{O}_n$ 是唯一的具有最大子树数指标的聚苯六角链图.

同样地，只需比较 $\eta(\bar{G}_{n-2};o_{n-3})+\eta(\bar{G}_{n-1};m_{n-2})$ 和 $\eta(\bar{G}_{n-2};m_{n-3})+\eta(\bar{G}_{n-1};o_{n-2})$ 就能确定具有第二大子树数指标的聚苯六角链图.因为

$$13\times[16\eta(\bar{G}_{n-3};t_{n-3})+21]+21<16\times[13\eta(\bar{G}_{n-3};t_{n-3})+21]+21$$

所以唯一的具有第二大子树数指标的聚苯六角链图的尾顶点序列为 $(t_2,t_3,\cdots,t_{n-3},t_{n-2},t_{n-1})=(o_1,o_2,\cdots,o_{n-4},m_{n-3},o_{n-2})$.

类似地，仅需比较 $\eta(\bar{G}_{n-2};o_{n-3})+\eta(\bar{G}_{n-1};m_{n-2})$ 和 $\eta(\bar{G}_{n-2};p_{n-3})+\eta(\bar{G}_{n-1};o_{n-2})$ 就能确定具有第三大子树数指标的聚苯六角链图. 因为

$$13\times[16\eta(\bar{G}_{n-3};t_{n-3})+21]+21>16\times[12\eta(\bar{G}_{n-3};t_{n-3})+21]+21$$

所以唯一的具有第三大子树数指标的聚苯六角链图的尾顶点序列为 $(t_2,t_3,\cdots,t_{n-3},t_{n-2},t_{n-1})=(o_1,o_2,\cdots,o_{n-4},o_{n-3},m_{n-2})$.

类似的分析，可得下面关于聚苯六角链图的子树数指标的前三小值和对应的极值图的结论，在此略去证明.

定理 4.7　长度为 $n(n\geqslant 4)$ 的聚苯六角链图中，$\bar{O}_n(\bar{P}_n)$ 是唯一的具有最大（小）子树数指标的聚苯六角链图，唯一的具有第二大（小）子树数指标的聚苯六角链图的尾顶点序列为 $(o_1,o_2,\cdots,o_{n-3},m_{n-2})$ $[(p_1,p_2,\cdots,p_{n-3},m_{n-2})]$，唯一的具有第三大（小）子树数指标的聚苯六角链图的尾顶点序列为 $(o_1,o_2,\cdots,o_{n-4},m_{n-3},o_{n-2})$ $[(p_1,p_2,\cdots,m_{n-3},p_{n-2})]$.

4.2.3　子树数指标间的关系

易知每一个六元素环螺链图都可以通过收缩一个对应的聚苯六角链图的所有割边而得到. 因此，该六元素环螺链图可以被称为对应的聚苯六角链图的“六角形挤压”. 图 4.6（a）（六元素环螺链图）即为图 4.6（b）（聚苯六角链图）的“六角形挤压”.

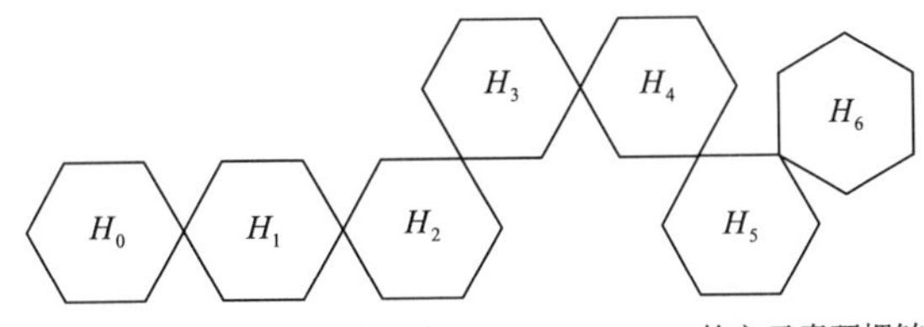

（a）长度为 7 且割点序列为 (p_1,m_2,m_3,m_4,o_5) 的六元素环螺链图

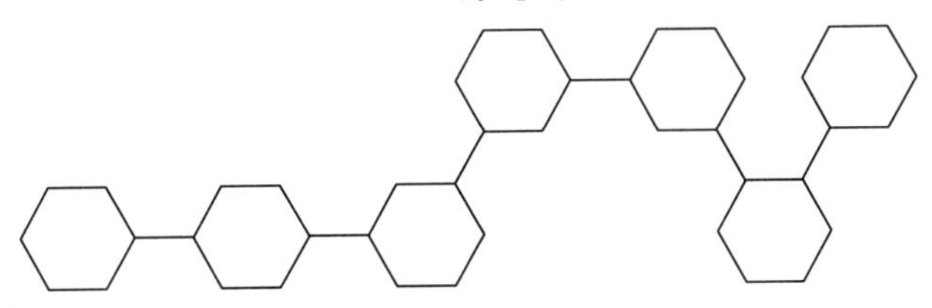
（b）长度为 7 的聚苯六角链图

图 4.6　六元素环螺链图和聚苯六角链图

关于聚苯六角链图和它的“六角形挤压”的 Wiener 指标间的关系，Pavlović 和 Gutman[172]及 Deng[158]分别给出了两者间关于 Wiener 指标的公式.

下面讨论聚苯六角链图和它的“六角形挤压”关于子树数间的关系.

定理 4.8 令 $\bar{G}_n = \bar{H}_0\bar{H}_1\cdots\bar{H}_{n-1}$ 为长度为 $n(n\geqslant 2)$ 的聚苯六角链图，$G_n = H_0H_1\cdots H_{n-1}$ 为它的“六角形挤压”，t_j 和 c_j 分别是 $\bar{G}_j$ 和 G_j 的尾接点和割点，则

$$20\eta(\bar{G}_n)=21\eta(G_n)+405n-441+\sum_{j=2}^{n-1}[\eta(\bar{G}_j;t_j)-\eta(G_j;c_j)] \tag{4.41}$$

式中，

$$\eta(\bar{G}_n;t_n)-\eta(G_n;c_n)=[D_f(c_n)^2-6D_f(c_n)+21][\eta(\bar{G}_{n-1};t_{n-1})-\eta(G_{n-1};c_{n-1})+1] \tag{4.42}$$

D_f 如式（4.3）所示，且 $\eta(\bar{G}_1;t_1)=\eta(G_1;c_1)=21$.

证明 由式（4.39）和式（4.24），可得式（4.42）.

由式（4.25）和式（4.38），可得

$$\frac{\eta(\bar{G}_n)-36n}{21}-\frac{\eta(G_n)-15n-21}{20}=\sum_{j=1}^{n-1}[\eta(\bar{G}_j;t_j)-\eta(G_j;c_j)] \tag{4.43}$$

等价于

$$20\eta(\bar{G}_n)=21\eta(G_n)+405n-441+\sum_{j=2}^{n-1}[\eta(\bar{G}_j;t_j)-\eta(G_j;c_j)] \tag{4.44}$$

仔细分析 $\sum_{j=2}^{n-1}[\eta(\bar{G}_j;t_j)-\eta(G_j;c_j)]$ 可知，该式达到最大（最小）、第二大（小）、第三大（小），当且仅当 G_n 有最大（小）、第二大（小）、第三大（小）的子树数，所以可得如下定理.

定理 4.9 长度为 $n(n\geqslant 4)$ 的聚苯六角链图中，$\bar{G}_n$ 有最小（大）、第二小（大）、第三小（大）的子树数指标当且仅当它的“六角形挤压”G_n 在所有的长度为 n 的六元素环螺链图中有最小（大）、第二小（大）、第三小（大）的子树数指标.

4.2.4 子树密度特性

子树密度的概念见定义 2.1，接下来借助顶点生成函数分别讨论六元素环螺链图和聚苯六角链图的子树密度.

由定义可知，G_n 和 $\bar{G}_n$ 的顶点数分别为

$$n(G_n)=5n+1 \tag{4.45}$$

和

$$n(\bar{G}_n)=6n \tag{4.46}$$

令 $z=1$，由引理 4.2(4.3)和定理 4.1(4.6)，可得 G_n 的子树顶点生成函数，即 $F(G_n;y,1)$ $[F(\bar{G}_n;y,1)]$. 由子树密度的定义，可知 $G^*(G_n$或$\bar{G}_n)$ 的子树密度为

$$D(G^*)=\frac{\left.\dfrac{\partial F(G^*;y,1)}{\partial y}\right|_{y=1}}{F(G^*;1,1)\times n(G^*)} \tag{4.47}$$

因为邻位、间位和对位六元素环螺链图 O_n、M_n 和 P_n 的 c_k 分别是 o_{k-1}、m_{k-1} 和 p_{k-1}，由式（4.4），可知

$$\begin{cases} F(O_n;y,1;c_n)=\sum_{i=1}^{5}y^i+\left(\sum_{i=1}^{4}iy^i+6y^5\right)F(O_{n-1};y,1;c_{n-1}) \\ F(M_n;y,1;c_n)=\sum_{i=2}^{4}2y^i+y+y^5+\left[\sum_{i=2}^{3}(i-1)y^i+4y^4+6y^5\right]F(M_{n-1};y,1;c_{n-1}) \\ F(P_n;y,1;c_n)=2\sum_{i=1}^{4}y^i+y^5+\left(\sum_{i=1}^{2}iy^{i+1}+\sum_{i=4}^{5}iy^i\right)F(P_{n-1};y,1;c_{n-1}) \end{cases} \tag{4.48}$$

结合式（4.17）和式（4.48），进一步得到

$$\begin{cases} \left.\dfrac{\partial F(O_n;y,1)}{\partial y}\right|_{y=1}=\dfrac{55n}{3}+\dfrac{320}{3}16^{n-1}+\dfrac{5120(n-1)}{3}16^{n-2}+1 \\ \left.\dfrac{\partial F(M_n;y,1)}{\partial y}\right|_{y=1}=\dfrac{25n}{3}+\dfrac{1025}{9}13^{n-1}+1950(n-1)13^{n-2}+\dfrac{34}{9} \\ \left.\dfrac{\partial F(P_n;y,1)}{\partial y}\right|_{y=1}=\dfrac{625n}{121}+\dfrac{166500}{1331}12^{n-1}+\dfrac{235200(n-1)}{121}12^{n-2}+\dfrac{5669}{1331} \end{cases} \tag{4.49}$$

最后，综合式（4.27）、式（4.45）、式（4.47）和式（4.49），有 $\lim_{n\to\infty}D(O_n)=\dfrac{3}{4}$、$\lim_{n\to\infty}D(M_n)=\dfrac{54}{65}$、$\lim_{n\to\infty}D(P_n)=\dfrac{49}{60}$.

定理 4.10　邻位、间位和对位六元素环螺链图 O_n、M_n 和 P_n 的子树极限密度分别为 $\dfrac{3}{4}$、$\dfrac{54}{65}$ 和 $\dfrac{49}{60}$，显然 $D(M_n)>D(P_n)>D(O_n)$.

同样地，由引理 4.3、定理 4.6、式（4.46）和式（4.47）可得

$$\begin{cases} F(\bar{O}_n;y,1;t_n)=\sum_{i=1}^{6}iy^i+\left(\sum_{i=1}^{4}iy^{i+1}+6y^6\right)F(\bar{O}_{n-1};y,1;t_{n-1}) \\ F(\bar{M}_n;y,1;t_n)=\sum_{i=1}^{6}iy^i+(y^3+2y^4+4y^5+6y^6)F(\bar{M}_{n-1};y,1;t_{n-1}) \\ F(\bar{P}_n;y,1;t_n)=\sum_{i=1}^{6}iy^i+(2y^4+4y^5+6y^6)F(\bar{P}_{n-1};y,1;t_{n-1}) \end{cases} \tag{4.50}$$

以及邻位、间位和对位聚苯六角链图 $\bar{O}_n$、$\bar{M}_n$ 和 $\bar{P}_n$ 的子树密度 $D(\bar{O}_n)$、$D(\bar{M}_n)$ 和 $D(\bar{P}_n)$ 分别为

$$\lim_{n\to\infty}D(\bar{O}_n)=\lim_{n\to\infty}\frac{\dfrac{504n}{25}+\dfrac{38612}{375}16^{n-1}+\dfrac{59584(n-1)}{25}16^{n-2}-\dfrac{38297}{375}}{\left(\dfrac{49(16^n-1)}{25}+\dfrac{33n}{5}\right)6n}=\frac{19}{24} \tag{4.51}$$

$$\lim_{n\to\infty}D(\bar{M}_n)=\lim_{n\to\infty}\frac{\dfrac{203n}{16}+\dfrac{3381}{32}13^{n-1}+\dfrac{42679(n-1)}{16}13^{n-2}-\dfrac{3115}{32}}{\left(\dfrac{49(13^n-1)}{16}-\dfrac{3n}{4}\right)6n}=\frac{67}{78} \tag{4.52}$$

$$\lim_{n\to\infty} D(\bar{P}_n) = \lim_{n\to\infty} \frac{\frac{1428n}{121} + \frac{137592}{1331}12^{n-1} + \frac{338688(n-1)}{121}12^{n-2} - \frac{125349}{1331}}{\left(\frac{441(12^n-1)}{121} - \frac{45n}{11}\right)6n} = \frac{8}{9} \quad (4.53)$$

定理 4.11 邻位、间位和对位聚苯六角链图 $\bar{O}_n$、$\bar{M}_n$ 和 $\bar{P}_n$ 的子树密度极限分别为 $\frac{19}{24}$、$\frac{67}{78}$ 和 $\frac{8}{9}$，显然 $D(\bar{P}_n) > D(\bar{M}_n) > D(\bar{O}_n)$。

图 4.7（a）所示为邻位、间位和对位六元素环螺链图 O_n、M_n 和 P_n，图 4.7（b）所示

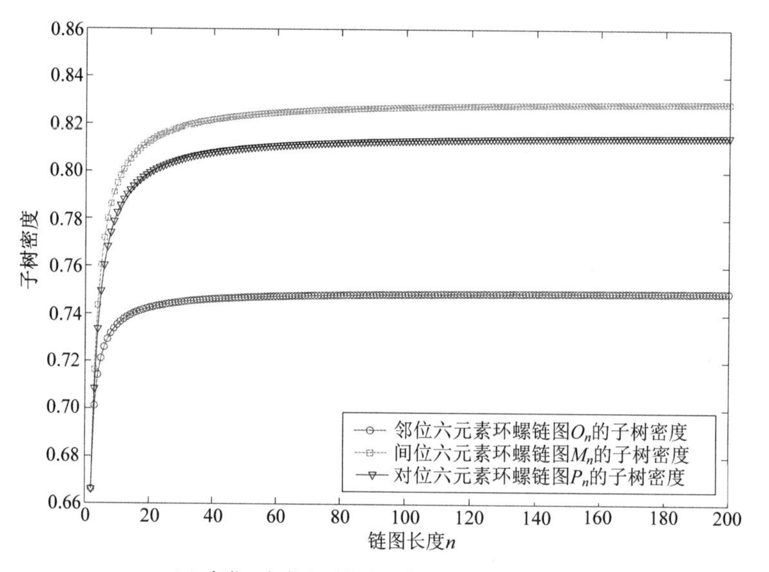

（a）邻位、间位和对位六元素环螺链图的子树密度

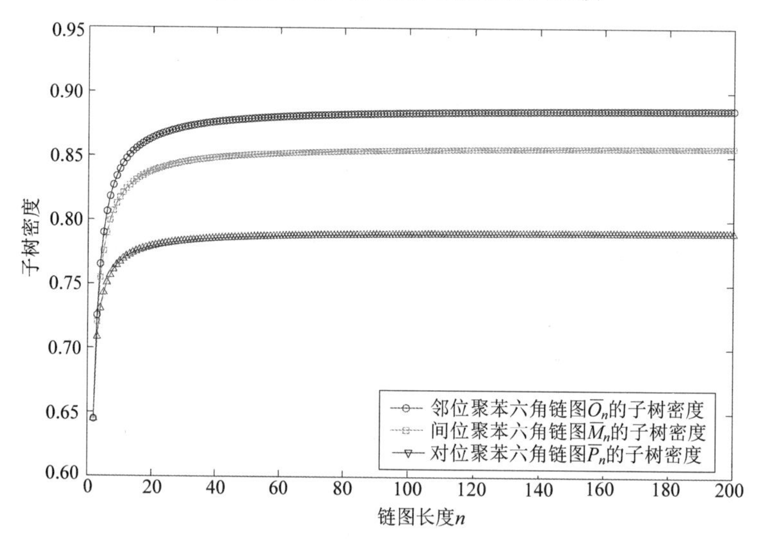

（b）邻位、间位和对位聚苯六角链图的子树密度

图 4.7 邻位、间位和对位六元素环螺链图和聚苯六角链图的子树密度

为邻位、间位和对位聚苯六角链图 $\bar{O}_n$、$\bar{M}_n$ 和 $\bar{P}_n$ 的子树密度. 可以观察到 $O_n(\bar{O}_n)$ 的子树密度均小于对应的间位、对位六元素环螺链图和聚苯六角链图。对于六元素环螺链图，它的间位六元素环螺链图 M_n 的子树密度大于对应的对位六元素环螺链图 P_n；而对于聚苯六角链图的子树密度来说，$\bar{M}_n$ 和 $\bar{P}_n$ 的大小关系刚好相反.

§4.3　六元素环螺链图和聚苯六角链图的 BC 子树

关于这两类链图的 BC 子树数指标目前为止未见相关的研究. 本节将研究这两类链图的 BC 子树数的计数和极图结构及它们关于 BC 子树数指标间的关系，同时借助于 BC 子树的边生成函数，分析它们的 BC 子树密度渐近特性.

因本节研究 BC 子树及相关问题，所以默认 $f := f_2$、$g := g_2$. 为增强易读性，简写了一些较长的符号，见表 4.1.

表 4.1　一些符号的缩写

完整符号	缩写	完整符号	缩写
$F_{\text{BC}}(G;f,g;u,v)$	$F_{\text{BC}}(G;u,v)$	$F(G;f^c,g^c;v,\text{odd})$	$F_o^c(G;v)$
$F(G;f,g;v,\text{odd})$	$F_o(G;v)$	$F(G;f^c,g^c;v,\text{even})$	$F_e^c(G;v)$
$F(G;f,g;v,\text{even})$	$F_e(G;v)$	真值函数	$\mathbb{I}(D_f(c_n)=1)$、$\bar{\mathbb{I}}(\bar{D}_f(t_n)=1)$

4.3.1　六元素环螺链图的 BC 子树

首先给出一些定义.

定义 4.6　令 $G_n = H_0H_1\cdots H_{n-1}$ 是长度为 n［图 4.2（a）］的六元素环螺链图，顶点权重函数为 f，边权重函数为 g. 记 $G_{n-1} = H_0H_1\cdots H_{n-2}$，同时分别记 c_{n-1}、o_{n-1}、m_{n-1}和p_{n-1} 为 H_{n-1} 的割点、邻位点、间位点和对位点.

（i）令 $G_n^c = [V(G_n^c), E(G_n^c); f^c, g^c]$ 为一个加权图，且 $V(G_n^c) = V(H_{n-1}), E(G_n^c) = E(H_{n-1})$

$$f^c(v) = \begin{cases} [f^*(c_{n-1})_o, f^*(c_{n-1})_e] & v = c_{n-1} \\ f(v) & \text{其他} \end{cases} \tag{4.54}$$

式中，$f^*(c_{n-1})_{\text{o}}$ 代表 $F_{\text{o}}(G_{n-1};c_{n-1})$；$f^*(c_{n-1})_{\text{e}}$ 代表 $F_{\text{e}}(G_{n-1};c_{n-1})$ 且 $g^c(e) = g(e)$ $[e \in E(G_n^c)]$.

（ii）定义函数 D_f 为

$$D_f(c_n) = \begin{cases} 1 & c_n\text{是}o_{n-1} \\ 2 & c_n\text{是}m_{n-1} \\ 3 & c_n\text{是}p_{n-1} \end{cases} \tag{4.55}$$

标记 H_{n-1} 的顶点为 $r_1(c_n)r_2\cdots r_{[D_f(c_n)+1]}(c_{n-1})r_{[D_f(c_n)+2]}\cdots r_6$ 且记 $e_1 = (r_1, r_2)$、$e_2 = (r_1, r_6)$.

（iii）记 $T' = [V(T'), E(T'); f^c, g^c]$ 为 $G_n^c \setminus (e_1 \cup e_2)$ 的含顶点 r_2 和 r_6 的加权图. 此外，记 $T_i'(T_i'')$ 为 $T' \setminus (r_{7-i}, r_{7-i-1})$ 的含顶点 r_{7-i} (r_{7-i-1}) $(i = 1,2,3,4)$ 的加权图. 规定 $r_{i+6} = r_i$.

下面研究六元素环螺链图 G_j 的含割点 c_j，且所有的叶子到 c_j 的距离分别是奇（偶）数的子树的奇（偶）生成函数，然后推导出六元素环螺链图的 BC 子树.

引理 4.4　令 $G_n=[V(G_n),E(G_n);f,g]$ 为定义 4.6 所述的加权六元素环螺链图，顶点和边权重函数分别是 $f(v)=(0,y)$ $[v\in V(G_n)]$ 和 $g(e)=z$ $[e\in E(G_n)]$，则

$$F_o(G_n;c_n)=z\left(\beta_{[D_f(c_n)-1],2}+\gamma_{[5-D_f(c_n)],2}\right)+yz^2\xi_{D_f(c_n)-1,2}+y^2z^4\delta_{\frac{1+(-1)^{D_f(c_n)}}{2},2}$$
$$+y^3z^5F_o(G_{n-1};c_{n-1})[-D_f(c_n)^2+4D_f(c_n)-3] \tag{4.56}$$

$$F_e(G_n;c_n)=y+yz\left(\beta_{[D_f(c_n)-1],1}+\gamma_{[5-D_f(c_n)],1}\right)+y^2z^3\theta_{[D_f(c_n)-1],1}$$
$$+y^3z^5F_o(G_{n-1};c_{n-1})[D_f(c_n)^2-4D_f(c_n)+4] \tag{4.57}$$

这里 $F_o(G_1;c_1)=2yz+y^2z^2+2y^2z^3+2y^3z^4+2y^3z^5$ 、 $F_e(G_1;c_1)=y+2y^2z^2+3y^3z^4$ ； $\alpha_{0,1}=0$、$\alpha_{0,2}=0$ ； $\alpha_{k,1}=z\alpha_{k-1,2}$、$\alpha_{k,2}=y(1+z\alpha_{k-1,1})$ $[k=1,2,\cdots,5-D_f(c_n)]$ ； $f^*_{c_{n-1},\text{odd}}=F_o(G_{n-1};c_{n-1})$、$f^*_{c_{n-1},\text{even}}=F_e(G_{n-1};c_{n-1})$.

同时

$$\beta_{k,1},\beta_{k,2}=\begin{cases}\beta_{0,1}=f^*_{c_{n-1},\text{odd}}(1+z\alpha_{5-D_f(c_n),2})+z\alpha_{5-D_f(c_n),2} & k=0\\ \beta_{0,2}=f^*_{c_{n-1},\text{even}}(1+z\alpha_{5-D_f(c_n),1}) & \\ \beta_{k,1}=z\beta_{k-1,2},\beta_{k,2}=y(1+z\beta_{k-1,1}) & k=1,2,\cdots,D_f(c_n)-1\end{cases}$$

$$\gamma_{k,1},\gamma_{k,2}=\begin{cases}\gamma_{0,1}=f^*_{c_{n-1},\text{odd}}(1+z\alpha_{D_f(c_n)-1,2})+z\alpha_{D_f(c_n)-1,2} & k=0\\ \gamma_{0,2}=f^*_{c_{n-1},\text{even}}(1+z\alpha_{D_f(c_n)-1,1}) & \\ \gamma_{k,1}=z\gamma_{k-1,2},\gamma_{k,2}=y(1+z\gamma_{k-1,1}) & k=1,2,\cdots,5-D_f(c_n)\end{cases}$$

$$\xi_{k,1},\xi_{k,2}=\begin{cases}\xi_{0,1}=f^*_{c_{n-1},\text{odd}}(1+z\alpha_{4-D_f(c_n),2})+z\alpha_{4-D_f(c_n),2} & k=0\\ \xi_{0,2}=f^*_{c_{n-1},\text{even}}(1+z\alpha_{4-D_f(c_n),1}) & \\ \xi_{k,1}=z\xi_{k-1,2},\xi_{k,2}=y(1+z\xi_{k-1,1}) & k=1,2,\cdots,D_f(c_n)-1\end{cases}$$

$$\theta_{k,1},\theta_{k,2}=\begin{cases}\theta_{0,1}=f^*_{c_{n-1},\text{odd}}(1+z\alpha_{3-D_f(c_n),2})+z\alpha_{3-D_f(c_n),2} & k=0\\ \theta_{0,2}=f^*_{c_{n-1},\text{even}}(1+z\alpha_{3-D_f(c_n),1}) & \\ \theta_{k,1}=z\theta_{k-1,2},\theta_{k,2}=y(1+z\theta_{k-1,1}) & k=1,2,\cdots,D_f(c_n)-1\end{cases}$$

且

$$\begin{cases}\delta_{0,1}=f^*_{c_{n-1},\text{odd}}(1+z\alpha_{\mathbb{I}[D_f(c_n)=1],2})+z\alpha_{\mathbb{I}[D_f(c_n)=1],2}\\ \delta_{0,2}=f^*_{c_{n-1},\text{even}}(1+z\alpha_{\mathbb{I}[D_f(c_n)=1],1})\\ \delta_{1,1}=z\delta_{0,2}\\ \delta_{1,2}=y(1+z\delta_{0,1})\end{cases}$$

这里真值函数 $\mathbb{I}[D_f(c_n)=1]$ 代表 $\dfrac{[3-D_f(c_n)][1-(-1)^{D_f(c_n)}]}{4}$.

证明　这里仅考虑 $S(G_n;c_n)$ 的奇生成函数，它的偶生成函数类似可证.

当 $n=1$ 时，由定理 2.2 可得

$$\begin{cases}F_o(G_1;c_1)=2yz+y^2z^2+2y^2z^3+2y^3z^4+2y^3z^5\\ F_e(G_1;c_1)=y+2y^2z^2+3y^3z^4\end{cases} \tag{4.58}$$

当 $n\geqslant 2$ 时，将 $S(G_n;c_n)$ 分为以下四类：

$$S(G_n;c_n)=\mathcal{T}_1\cup\mathcal{T}_2\cup\mathcal{T}_3\cup\mathcal{T}_4$$

式中，$\mathcal{T}_1$ 为 $S(G_n;c_n)$ 的既不含 e_1 也不含 e_2 的子树集合；$\mathcal{T}_2$ 为 $S(G_n;c_n)$ 的含 e_1 但不含 e_2 的子树集合；$\mathcal{T}_3$ 为 $S(G_n;c_n)$ 的含 e_2 但不含 e_1 的子树集合；$\mathcal{T}_4$ 为 $S(G_n;c_n)$ 的既含 e_1 也含 e_2 的子树集合.

因为 $\mathcal{T}_1$ 仅含唯一的一个顶点 $r_1(c_n)$，所以它的奇生成函数为

$$0 \tag{4.59}$$

由定义 4.6 可知，$\mathcal{T}_2$ 的奇生成函数为

$$F_{\mathrm{e}}^c(T';r_2)g^c(e_1) \tag{4.60}$$

$\mathcal{T}_3$ 的奇生成函数为

$$F_{\mathrm{e}}^c(T';r_6)g^c(e_2) \tag{4.61}$$

子树集合 $\mathcal{T}_4$ 可以被进一步分为两类：

（i）$S(G_n;c_n)$ 的含 e_1、e_2 但不含 (r_6,r_5) 的子树集合；

（ii）$S(G_n;c_n)$ 的含 e_1、e_2 及 $\bigcup_{j=1}^{i-1}(r_{7-j},r_{7-j-1})$ 但不含 (r_{7-i},r_{7-i-1}) $(i=2,3,4)$ 的子树集合.

这样类（i）的奇生成函数为

$$F_{\mathrm{e}}^c(T_1';r_6)F_{\mathrm{e}}^c(T_1'';r_2)g^c(e_1)g^c(e_2)=z^2F_{\mathrm{e}}^c(T_1';r_6)F_{\mathrm{e}}^c(T_1'';r_2) \tag{4.62}$$

对于 $i=2,3,4$，类（ii）的奇生成函数为

$$[F_{\mathrm{e}}^c(T_i';r_6)-F_{\mathrm{e}}^c(T_{i-1}';r_6)]F_{\mathrm{e}}^c(T_i'';r_2)g^c(e_1)g^c(e_2) \tag{4.63}$$

即

$$z^2[F_{\mathrm{e}}^c(T_i';r_6)-F_{\mathrm{e}}^c(T_{i-1}';r_6)]F_{\mathrm{e}}^c(T_i'';r_2) \tag{4.64}$$

因为顶点 $r_1(c_n)$ 和 $r_{[D_f(c_n)+1]}(c_{n-1})$ 的距离为 $D_f(c_n)$，由定理 2.2 可得

$$F_{\mathrm{e}}^c(T';r_2)g^c(e_1)=z\beta_{[D_f(c_n)-1],2} \tag{4.65}$$

其中，$\alpha_{0,1}=0$、$\alpha_{0,2}=0$；$\alpha_{k,1}=z\alpha_{k-1,2}$、$\alpha_{k,2}=y(1+z\alpha_{k-1,1})$ $[k=1,2,\cdots,5-D_f(c_n)]$；$\beta_{0,1}=F_{\mathrm{o}}(G_{n-1};c_{n-1})(1+z\alpha_{5-D_f(c_n),2})+z\alpha_{5-D_f(c_n),2}$、$\beta_{0,2}=F_{\mathrm{e}}(G_{n-1};c_{n-1})(1+z\alpha_{5-D_f(c_n),1})$；$\beta_{k,1}=z\beta_{k-1,2}$，$\beta_{k,2}=y(1+z\beta_{k-1,1})[k=1,2,\cdots,D_f(c_n)-1]$.

同样可得

$$F_{\mathrm{e}}^c(T';r_6)g^c(e_2)=z\gamma_{[5-D_f(c_n)],2} \tag{4.66}$$

其中，$\gamma_{0,1}=F_{\mathrm{o}}(G_{n-1};c_{n-1})(1+z\alpha_{D_f(c_n)-1,2})+z\alpha_{D_f(c_n)-1,2}$、$\gamma_{0,2}=F_{\mathrm{e}}(G_{n-1};c_{n-1})(1+z\alpha_{D_f(c_n)-1,1})$；$\gamma_{k,1}=z\gamma_{k-1,2}$、$\gamma_{k,2}=y(1+z\gamma_{k-1,1})[k=1,2,\cdots,5-D_f(c_n)]$.

式（4.62）即

$$yz^2\xi_{D_f(c_n)-1,2} \tag{4.67}$$

其中，$\xi_{0,1}=F_{\mathrm{o}}(G_{n-1};c_{n-1})(1+z\alpha_{4-D_f(c_n),2})+z\alpha_{4-D_f(c_n),2}$、$\xi_{0,2}=F_{\mathrm{e}}(G_{n-1};c_{n-1})(1+z\alpha_{4-D_f(c_n),1})$；$\xi_{k,1}=z\xi_{k-1,2}$、$\xi_{k,2}=y(1+z\xi_{k-1,1})[k=1,2,\cdots,D_f(c_n)-1]$.

于是有

$$z^2[F_e^c(T_i';r_6)-F_e^c(T_{i-1}';r_6)]F_e^c(T_i'';r_2)=\begin{cases}0 & i=2\\ y^2z^4\delta_{\frac{1+(-1)^{D_f(c_n)}}{2},2} & i=3\\ y^3z^5F_o(G_{n-1};c_{n-1})[-D_f(c_n)^2+4D_f(c_n)-3] & i=4\end{cases} \tag{4.68}$$

其中，$\delta_{0,1}$、$\delta_{0,2}$、$\delta_{1,1}$和$\delta_{1,2}$见引理 4.4 定义.

由式（4.59）、式（4.65）～式（4.68），$S(G_n;c_n)$的奇生成函数即式（4.56），引理得证.

定理 4.12 令$G_n=[V(G_n),E(G_n);f,g]$为长度是n的加权六元素环螺链图，c_{n-1}为H_{n-1}的割点，顶点和边权重函数分别为$f(v)=(0,y)$ $(v\in V(G_n))$和$g(e)=z$ $[e\in E(G_n)]$. 记$c_{n-1}=v_6$和$v_{i+6}=v_i$，则

$$\begin{aligned}F_{BC}(G_n;f,g)=&(4n+2)y^2z^2+(3n+3)y^3z^4\\&+(2yz+y^2z^2+2y^2z^3+2y^3z^4+2y^3z^5)\sum_{j=1}^{n-1}F_o(G_j;c_j)\\&+(2yz^2+3y^2z^4)\sum_{j=1}^{n-1}F_e(G_j;c_j)\end{aligned} \tag{4.69}$$

式中，$F_o(G_j;c_j)$和$F_e(G_j;c_j)$如式（4.56）和式（4.57）所示.

证明 当$n=1$时，易知$F_{BC}(G_1;f,g)=6(y^2z^2+y^3z^4)$. 当$n\geqslant 2$时，将$G_n$的 BC 子树分为三类:

（i）不含H_{n-1}的任何顶点和任何边;

（ii）仅含H_{n-1}的一个顶点但不含它的任何边;

（iii）仅含H_{n-1}的$i+1$个顶点和$i(i=1,2,\cdots,5)$条边.

类（i）和类（ii）也即集合$S_{BC}(G_{n-1})$，对应的 BC 子树生成函数为$F_{BC}(G_{n-1};f,g)$.

对H_{n-1}的顶点进行标记[图 4.2（a）]，记$G_{n-1,i}^*$为$G_n\setminus\bigcup_{i=1}^{6}(v_i,v_{i+1})$的含$v_i$ $(i=1,2,\cdots,6)$的加权图，则可知$G_{n-1,i}^*$为一个单顶点树v_i ($i=1,2,\cdots,5$) 且$G_{n-1,6}^*$即为G_{n-1}. 由以上定义可知类(iii)是图$\bigcup_{k=j}^{j+i}G_{n-1,k}^*\bigcup_{k=j}^{j+i-1}(v_k,v_{k+1})(j=1,2,\cdots,6;i=1,2,\cdots,5)$的 BC 子树的集合，其中每一棵 BC 子树都包含顶点$v_j,v_{j+1},\cdots,v_{j+i}$. 此外，$F_o(G_{n-1,i}^*;v_i)=0$且$F_e(G_{n-1,i}^*;v_i)=y(i=1,2,\cdots,5)$，把$G_{n-1,6}^*$看作权重为$[F_o(G_{n-1};c_{n-1}),F_e(G_{n-1};c_{n-1})]$的一个顶点$v_6$（或$c_{n-1}$），由引理 3.2 可得类（iii）的 BC 子树生成函数为

$$\begin{aligned}&4y^2z^2+3y^3z^4+(2yz+y^2z^2+2y^2z^3+2y^3z^4+2y^3z^5)F_o(G_{n-1};c_{n-1})\\&+(2yz^2+3y^2z^4)F_e(G_{n-1};c_{n-1})\end{aligned} \tag{4.70}$$

对于六元素环螺链图G_{n-j} $(j=1,2,\cdots,n-2)$，通过类似的论证方法，可得G_n的 BC 子树生成函数为

$$\begin{aligned}&(n-1)(4y^2z^2+3y^3z^4)+(2yz+y^2z^2+2y^2z^3+2y^3z^4+2y^3z^5)\sum_{j=1}^{n-1}F_o(G_j;c_j)\\&+(2yz^2+3y^2z^4)\sum_{j=1}^{n-1}F_e(G_j;c_j)+F_{BC}(G_1;f,g)\end{aligned} \tag{4.71}$$

因为 $G_1 = O_1 = M_1 = P_1$，可知

$$F_{\mathrm{BC}}(G_1; f, g) = 6(y^2z^2 + y^3z^4) \tag{4.72}$$

结合式（4.71）、式（4.72）和引理 4.4，定理成立.

说明 4.2　由以上理论，容易设计一个计算加权六元素环螺链 $G_n = [V(G_n), E(G_n); f, g](n \geqslant 1)$ 的 BC 子树生成函数 $F_{\mathrm{BC}}(G_n; f, g)$ 的算法，在此略去.

将 $y=1$ 和 $z=1$ 代入式（4.56）和式（4.57），则有

$$\begin{cases} \eta(G_n; c_n, \mathrm{odd}) = F[G_n; (0,1), 1; c_n, \mathrm{odd}] = \dfrac{13D_f(c_n)^2 - 53D_f(c_n) + 54}{2}\eta(G_{n-1}; c_{n-1}, \mathrm{even}) \\ \qquad + [-9D_f(c_n)^2 + 36D_f(c_n) - 27]\eta(G_{n-1}; c_{n-1}, \mathrm{odd}) \\ \qquad + \dfrac{-13D_f(c_n)^2 + 53D_f(c_n) - 36}{2} \\ \eta(G_n; c_n, \mathrm{even}) = F(G_n; (0,1), 1; c_n, \mathrm{even}) = \dfrac{[D_f(c_n) - 2][13D_f(c_n) - 27]}{2}\eta(G_{n-1}; c_{n-1}, \mathrm{odd}) \\ \qquad + 4[D_f(c_n) - 1][3 - D_f(c_n)]\eta(G_{n-1}; c_{n-1}, \mathrm{even}) + 4[D_f(c_n) - 2]^2 + 2 \end{cases} \tag{4.73}$$

且 $\eta(G_1; c_1; \mathrm{odd}) = 9$、$\eta(G_1; c_1; \mathrm{even}) = 6$. 将 $y=1$ 和 $z=1$ 代入式（4.69），可得如下推论.

推论 4.5　六元素环螺链图 G_n 的 BC 子树数为

$$\eta_{\mathrm{BC}}(G_n) = F_{\mathrm{BC}}[G_n; (0,1), 1] = 9\sum_{j=1}^{n-1}\eta(G_j; c_j, \mathrm{odd}) + 5\sum_{j=1}^{n-1}\eta(G_j; c_j, \mathrm{even}) + 7n + 5 \tag{4.74}$$

式中，$\eta(G_j; c_j, \mathrm{odd})$、$\eta(G_j; c_j, \mathrm{even})$ 如式（4.73）所述.

邻位、间位和对位六元素环螺链图 O_n、M_n 和 P_n 的 c_k 分别为 o_{k-1}、m_{k-1} 和 p_{k-1}，由式（4.55）和式（4.73），可得

$$\begin{cases} \eta(O_n; c_n, \mathrm{odd}) = 7\eta(O_{n-1}; c_{n-1}, \mathrm{even}) + 2, \eta(O_n; c_n, \mathrm{even}) = 7\eta(O_{n-1}; c_{n-1}, \mathrm{odd}) + 6 \\ \eta(M_n; c_n, \mathrm{odd}) = 9\eta(M_{n-1}; c_{n-1}, \mathrm{odd}) + 9, \eta(M_n; c_n, \mathrm{even}) = 4\eta(M_{n-1}; c_{n-1}, \mathrm{even}) + 2 \\ \eta(P_n; c_n, \mathrm{odd}) = 6\eta(P_{n-1}; c_{n-1}, \mathrm{even}) + 3, \eta(P_n; c_n, \mathrm{even}) = 6\eta(P_{n-1}; c_{n-1}, \mathrm{odd}) + 6 \end{cases} \tag{4.75}$$

简单计算，可得

$$\eta(O_n; c_n, \mathrm{odd}) = \begin{cases} 49^{\frac{n-1}{2}}\dfrac{119}{12} - \dfrac{11}{12} & n\text{是奇数} \\ 49^{\frac{n}{2}}\dfrac{11}{12} - \dfrac{11}{12} & n\text{是偶数} \end{cases} \tag{4.76}$$

$$\eta(O_n; c_n, \mathrm{even}) = \begin{cases} 49^{\frac{n-1}{2}}\dfrac{77}{12} - \dfrac{5}{12} & n\text{是奇数} \\ 49^{\frac{n-2}{2}}\dfrac{833}{12} - \dfrac{5}{12} & n\text{是偶数} \end{cases} \tag{4.77}$$

$$\eta(M_n; c_n, \mathrm{odd}) = \frac{9}{8}(9^n - 1), \eta(M_n; c_n, \mathrm{even}) = \frac{5}{3}4^n - \frac{2}{3} \tag{4.78}$$

$$\eta(P_n;c_n,\text{odd})=\begin{cases}36^{\frac{n-1}{2}}\dfrac{354}{35}-\dfrac{39}{35} & n\text{是奇数}\\ 36^{\frac{n}{2}}\dfrac{39}{35}-\dfrac{39}{35} & n\text{是偶数}\end{cases} \tag{4.79}$$

$$\eta(P_n;c_n,\text{even})=\begin{cases}36^{\frac{n-1}{2}}\dfrac{234}{35}-\dfrac{24}{35} & n\text{是奇数}\\ 36^{\frac{n-2}{2}}\dfrac{2124}{35}-\dfrac{24}{35} & n\text{是偶数}\end{cases} \tag{4.80}$$

结合式（4.74）、式（4.76）～式（4.80），可得如下推论.

推论 4.6 邻位、间位和对位六元素环螺链图 O_n、M_n 和 P_n 的 BC 子树数分别为

$$\begin{cases}\eta_{\text{BC}}(O_n)=F_{\text{BC}}[O_n;(0,1),1]=\begin{cases}\dfrac{1309}{72}49^{\frac{n-1}{2}}-\dfrac{10n}{3}-\dfrac{205}{72} & n\text{是奇数}\\ \dfrac{91}{36}49^{\frac{n}{2}}+\dfrac{1127}{72}49^{\frac{n-2}{2}}-\dfrac{10n}{3}-\dfrac{205}{72} & n\text{是偶数}\end{cases}\\ \eta_{\text{BC}}(M_n)=F_{\text{BC}}[M_n;(0,1),1]=\dfrac{81}{64}9^n+\dfrac{25}{9}4^n-\dfrac{155n}{24}-\dfrac{2329}{576}\\ \eta_{\text{BC}}(P_n)=F_{\text{BC}}[P_n;(0,1),1]=\begin{cases}\dfrac{27612}{1225}36^{\frac{n-1}{2}}-\dfrac{226n}{35}-\dfrac{5002}{1225} & n\text{是奇数}\\ \dfrac{4356}{1225}36^{\frac{n}{2}}+\dfrac{23256}{1225}36^{\frac{n-2}{2}}-\dfrac{226n}{35}-\dfrac{5002}{1225} & n\text{是偶数}\end{cases}\end{cases} \tag{4.81}$$

由式（4.81）可知，$\eta_{\text{BC}}(M_n)>\eta_{\text{BC}}(O_n)>\eta_{\text{BC}}(P_n)$（$n>2$）. 下面考虑长度为 n 的有最大 BC 子树数的六元素环螺链图的极图结构. 令 $G_n=H_0H_1\cdots H_{n-1}$ 是长度为 $n\geqslant 4$ 的六元素环螺链图，记 c_k 为 H_{k-1} 和 H_k（$1\leqslant k\leqslant n-1$）的公共割点.

定理 4.13 长度为 $n(n\geqslant 4)$ 的六元素环螺链图中，M_n 是唯一的具有最大 BC 子树数的六元素环螺链图.

证明 记 $A_j=\eta(G_j;c_j,\text{odd})$、$B_j=\eta(G_j;c_j,\text{even})$、$C_j=9A_j+5B_j$（$j=1,2,\cdots,n-1$），由式（4.74）可得 $\eta_{\text{BC}}(G_n)=\sum_{j=1}^{n-1}C_j+7n+5$、$A_1=9$、$B_1=6$. 进一步由式（4.75）可推得

$$A_{j+1},B_{j+1}=\begin{cases}A_{j+1}=7B_j+2,B_{j+1}=7A_j+6 & c_{j+1}\text{是}o_j\\ A_{j+1}=9A_j+9,B_{j+1}=4B_j+2 & c_{j+1}\text{是}m_j\\ A_{j+1}=6B_j+3,B_{j+1}=6A_j+6 & c_{j+1}\text{是}p_j\end{cases} \tag{4.82}$$

记 $A_j^{\hat{m}^j}$（$B_j^{\hat{m}^j}$）为割点序列是 $(c_2,c_3,\cdots,c_j)=(m_1,m_2,\cdots,m_{j-1})$ 所对应的 $A_j(B_j)$，同时记 $a_j^{\hat{m}^j}(b_j^{\hat{m}^j})$ 为任意一个割点序列 $(c_2,c_3,\cdots,c_j)\neq(m_1,m_2,\cdots,m_{j-1})$ 所对应的 $A_j(B_j)$. 首先证明，当 $j=2,3,\cdots,n-1$ 时，有

$$A_j^{\hat{m}^j}>a_j^{\hat{m}^j}>B_j^{\hat{m}^j} \tag{4.83}$$

和

$$A_j^{\hat{m}^j} > b_j^{\hat{m}^j} > B_j^{\hat{m}^j} \tag{4.84}$$

成立.

由于 $A_2^{\hat{m}^2}=90$、$B_2^{\hat{m}^2}=26$ ($A_3^{\hat{m}^3}=819$、$B_3^{\hat{m}^3}=106$)，且 $a_2^{\hat{m}^2}$ 和 $b_2^{\hat{m}^2}$ ($a_3^{\hat{m}^3}$ 和 $b_3^{\hat{m}^3}$) 有两（八）种情况，满足割点序列 $(c_2)\neq(m_1)$ [$(c_2,c_3)\neq(m_1,m_2)$]，当 $j=2,3$ 时，容易验证式（4.83）和式（4.84）成立.

假设 $j=k$ $(k\geqslant 3)$ 时，式（4.83）和式（4.84）成立，即

$$A_k^{\hat{m}^k} > a_k^{\hat{m}^k} > B_k^{\hat{m}^k} \tag{4.85}$$

和

$$A_k^{\hat{m}^k} > b_k^{\hat{m}^k} > B_k^{\hat{m}^k} \tag{4.86}$$

下面证明当 $j=k+1$ 时，式（4.83）和式（4.84）也成立.

当 $j=k+1$ 时，2-元组($A_k^{\hat{m}^k},B_k^{\hat{m}^k}$)对应的(A_{k+1},B_{k+1})有三种情况：

$$\{(7B_k^{\hat{m}^k}+2,7A_k^{\hat{m}^k}+6);(9A_k^{\hat{m}^k}+9,4B_k^{\hat{m}^k}+2);(6B_k^{\hat{m}^k}+3,6A_k^{\hat{m}^k}+6)\} \tag{4.87}$$

同样地，当 $j=k+1$ 时，任意一个不是($A_k^{\hat{m}^k},B_k^{\hat{m}^k}$)的 2-元组($a_k^{\hat{m}^k},b_k^{\hat{m}^k}$)对应的(A_{k+1},B_{k+1})也有三种情况：

$$\{(7b_k^{\hat{m}^k}+2,7a_k^{\hat{m}^k}+6);(9a_k^{\hat{m}^k}+9,4b_k^{\hat{m}^k}+2);(6b_k^{\hat{m}^k}+3,6a_k^{\hat{m}^k}+6)\} \tag{4.88}$$

因为 $7B_k^{\hat{m}^k}+2>6B_k^{\hat{m}^k}+3$、$7A_k^{\hat{m}^k}+6>6A_k^{\hat{m}^k}+6$、$7bB_k^{\hat{m}^k}+2>6b_k^{\hat{m}^k}+3$、$7a_k^{\hat{m}^k}+6>6a_k^{\hat{m}^k}+6$ 且

$$9A_k^{\hat{m}^k}+9-(7B_k^{\hat{m}^k}+2)=2A_k^{\hat{m}^k}+7(A_k^{\hat{m}^k}-B_k^{\hat{m}^k})+7 \tag{4.89}$$

$$9A_k^{\hat{m}^k}+9-(7A_k^{\hat{m}^k}+6)=2A_k^{\hat{m}^k}+3 \tag{4.90}$$

$$9A_k^{\hat{m}^k}+9-(4B_k^{\hat{m}^k}+2)=5A_k^{\hat{m}^k}+4(A_k^{\hat{m}^k}-B_k^{\hat{m}^k})+7 \tag{4.91}$$

$$9A_k^{\hat{m}^k}+9-(7b_k^{\hat{m}^k}+2)=2A_k^{\hat{m}^k}+7(A_k^{\hat{m}^k}-b_k^{\hat{m}^k})+7 \tag{4.92}$$

$$9A_k^{\hat{m}^k}+9-(7a_k^{\hat{m}^k}+6)=2A_k^{\hat{m}^k}+7(A_k^{\hat{m}^k}-a_k^{\hat{m}^k})+3 \tag{4.93}$$

$$9A_k^{\hat{m}^k}+9-(4b_k^{\hat{m}^k}+2)=5A_k^{\hat{m}^k}+4(A_k^{\hat{m}^k}-b_k^{\hat{m}^k})+7 \tag{4.94}$$

式（4.89）～式（4.94）由式（4.85）和式（4.86）推导得出，所以当 $j=k+1$ 时，式（4.83）和式（4.84）的第一个不等式成立. 类似地，当 $j=k+1$ 时，式（4.83）和式（4.84）的第二个不等式也成立.

接下来证明，对于所有的 $j=2,3,\cdots,n-1$，当 2-元组为（ $A_j^{\hat{m}^j},B_j^{\hat{m}^j}$ ）时，C_j 取得最大值，即

$$9A_j^{\hat{m}^j}+5B_j^{\hat{m}^j}>9a_j^{\hat{m}^j}+5b_j^{\hat{m}^j} \tag{4.95}$$

当 $j=2,3$ 时，易证式（4.95）成立. 假设式（4.95）在 $j=k$ $(k\geqslant 3)$ 时成立，即

$$9A_k^{\hat{m}^k}+5B_k^{\hat{m}^k}>9a_k^{\hat{m}^k}+5b_k^{\hat{m}^k} \tag{4.96}$$

当 $j=k+1$ 时，对于式（4.87）的三种情况，易知

$$9(7B_k^{\hat{m}^k}+2)+5(7A_k^{\hat{m}^k}+6)>9(6B_k^{\hat{m}^k}+3)+5(6A_k^{\hat{m}^k}+6)$$

和

$$
\begin{aligned}
&9(9A_k^{\hat{m}^k}+9)+5(4B_k^{\hat{m}^k}+2)-9(7B_k^{\hat{m}^k}+2)-5(7A_k^{\hat{m}^k}+6)\\
&=46A_k^{\hat{m}^k}-43B_k^{\hat{m}^k}+43>0
\end{aligned}
\tag{4.97}
$$

当 $j=k+1$ 时，对于式（4.88）的三种情况，易知

$$
9(7b_k^{\hat{m}^k}+2)+5(7a_k^{\hat{m}^k}+6)>9(6b_k^{\hat{m}^k}+3)+5(6a_k^{\hat{m}^k}+6)
$$

结合式（4.96）可得

$$
\begin{aligned}
&9(9A_k^{\hat{m}^k}+9)+5(4B_k^{\hat{m}^k}+2)-9(7b_k^{\hat{m}^k}+2)-5(7a_k^{\hat{m}^k}+6)\\
&=81A_k^{\hat{m}^k}-35a_k^{\hat{m}^k}+20B_k^{\hat{m}^k}-63b_k^{\hat{m}^k}+43\\
&>81A_k^{\hat{m}^k}-35a_k^{\hat{m}^k}+(20b_k^{\hat{m}^k}+36a_k^{\hat{m}^k}-36A_k^{\hat{m}^k})-63b_k^{\hat{m}^k}+43\\
&=2A_k^{\hat{m}^k}+a_k^{\hat{m}^k}+43(A_k^{\hat{m}^k}-b_k^{\hat{m}^k})+43>0
\end{aligned}
\tag{4.98}
$$

和

$$
\begin{aligned}
&9(9A_k^{\hat{m}^k}+9)+5(4B_k^{\hat{m}^k}+2)-9(9a_k^{\hat{m}^k}+9)-5(4b_k^{\hat{m}^k}+2)\\
&=81A_k^{\hat{m}^k}-81a_k^{\hat{m}^k}+20B_k^{\hat{m}^k}-20b_k^{\hat{m}^k}\\
&>81A_k^{\hat{m}^k}-81a_k^{\hat{m}^k}+(20b_k^{\hat{m}^k}+36a_k^{\hat{m}^k}-36A_k^{\hat{m}^k})-20b_k^{\hat{m}^k}\\
&=45(A_k^{\hat{m}^k}-a_k^{\hat{m}^k})>0
\end{aligned}
\tag{4.99}
$$

因此，当 $j=k+1$ 时，式（4.95）成立，定理得证.

求长度为 n 的具有最小 BC 子树数指标的六元素环螺链图的极值问题将会更加复杂. 通过式（4.74）和式（4.75）可得长度 $n(n\leqslant 14)$ 的六元素环螺链图的具有最小 BC 子树数指标的割点序列情况，见表 4.2. 通过观察分析，有如下推测。

表 4.2　具有最小 BC 子树数的六元素环螺链图

n	割点序列 $(c_2,c_3,\cdots,c_{n-1})$
3	p_1
4	$(m_1,p_2),(p_1,m_2)$
5	(m_1,p_2,m_3)
6	(p_1,m_2,m_3,p_4)
7	(m_1,m_2,p_3,m_4,m_5)
8	$(m_1,p_2,m_3,m_4,m_5,p_6),(p_1,m_2,m_3,m_4,p_5,m_6)$
9	$(m_1,m_2,m_3,p_4,m_5,m_6,m_7)$
10	$(m_1,p_2,m_3,m_4,m_5,m_6,p_7,m_8)$
11	$(m_1,m_2,m_3,m_4,p_5,m_6,m_7,m_8,m_9)$
12	$(m_1,m_2,p_3,m_4,m_5,m_6,m_7,m_8,p_9,m_{10}),(m_1,p_2,m_3,m_4,m_5,m_6,m_7,p_8,m_9,m_{10})$
13	$(m_1,m_2,m_3,m_4,m_5,p_6,m_7,m_8,m_9,m_{10},m_{11})$
14	$(m_1,m_2,p_3,m_4,m_5,m_6,m_7,m_8,m_9,p_{10},m_{11},m_{12})$

问题 4.1　长度为 $n(n\geqslant 5)$ 的六元素环螺链图中具有最小的 BC 子树数指标的六元素环螺链图的割点序列是否为 $(c_2,c_3,\cdots,c_{n-1})$？

$$(c_2,c_3,\cdots,c_{n-1})=\begin{cases} m_1,m_2,\cdots,m_{\frac{n-3}{2}},p_{\frac{n-1}{2}},m_{\frac{n+1}{2}},\cdots,m_{n-2} & n\text{是奇数} \\ m_1,\cdots,m_{l-1},p_l,m_{l+1},\cdots,m_{l+\frac{n}{2}-1},p_{l+\frac{n}{2}},m_{l+\frac{n}{2}+1},\cdots,m_{n-2} & n\text{是偶数} \end{cases} \quad (4.100)$$

式中，$l\in\left\{\left\lfloor\frac{n-2}{4}\right\rfloor,\left\lceil\frac{n-2}{4}\right\rceil\right\}$.

4.3.2　聚苯六角链图的 BC 子树

在研究聚苯六角链图的块割点子树（BC 子树）之前，先给出一些符号定义.

定义 4.7　令 $\bar{G}_n=\bar{H}_0\bar{H}_1\cdots\bar{H}_{n-1}$ 是一个长度为 n 的聚苯六角链图，顶点权重函数为 f，边权重函数为 g. 记 $\bar{G}_{n-1}=\bar{H}_0\bar{H}_1\cdots\bar{H}_{n-2}$ 且 t_{n-1}、o_{n-1}、m_{n-1}和p_{n-1} 分别为 $\bar{H}_{n-1}$ 的尾接点、邻位、间位和对位接点.

（i）令 $\bar{G}_n^c=[(V(\bar{G}_n^c),E(\bar{G}_n^c);f^c,g^c]$ 为一个加权图，$V(\bar{G}_n^c)=V(\bar{H}_{n-1})$、$E(\bar{G}_n^c)=E(\bar{H}_{n-1})$

$$f^c(v)=\begin{cases}[\tilde{f}(c_{n-1})_{\text{o}},\tilde{f}(c_{n-1})_{\text{e}}] & v=c_{n-1} \\ f(v) & \text{其他}\end{cases} \quad (4.101)$$

式中，$\tilde{f}(c_{n-1})_{\text{o}}=f(c_{n-1})_{\text{o}}[1+zF_{\text{e}}(\bar{G}_{n-1};t_{n-1})]+zF_{\text{e}}(\bar{G}_{n-1};t_{n-1})$ 且 $\tilde{f}(c_{n-1})_{\text{e}}=f(c_{n-1})_{\text{e}}[1+zF_{\text{o}}(\bar{G}_{n-1};t_{n-1})]$，$g^c(e)=g(e)\ [e\in E(\bar{G}_n^c)]$.

（ii）定义

$$\bar{D}_f(t_n)=\begin{cases}1 & t_n\text{是}o_{n-1} \\ 2 & t_n\text{是}m_{n-1} \\ 3 & t_n\text{是}p_{n-1}\end{cases} \quad (4.102)$$

标记 $\bar{H}_{n-1}$ 的顶点为 $r_1(t_n)r_2\cdots r_{[\bar{D}_f(t_n)+1]}(c_{n-1})r_{[\bar{D}_f(t_n)+2]}\cdots r_6$ 且令 $e_1=(r_1,r_2)$、$e_2=(r_1,r_6)$.

（iii）记 $\bar{T}'=[(V(\bar{T}'),E(\bar{T}');f^c,g^c]$ 为 $\bar{G}_n^c\setminus(e_1\cup e_2)$ 的含顶点 r_2 和 r_6 的加权图. 此外，记 $\bar{T}_i'$（$\bar{T}_i''$）为 $\bar{T}'\setminus(r_{7-i},r_{7-i-1})$ 的含顶点 r_{7-i}（r_{7-i-1}）$(i=1,2,3,4)$ 的加权图.

同上一节的分析，在计算聚苯六角链图的 BC 子树的生成函数前，先给出 $\bar{G}_j$ 的含尾接点 t_j，且所有的叶子到 t_j 的距离分别是奇（偶）数的子树的奇（偶）生成函数.

引理 4.5　令 $\bar{G}_n=[V(\bar{G}_n),E(\bar{G}_n);f,g]$ 如定义 4.2 所述的长度为 n 的聚苯六角链图，t_{n-1} 为 $\bar{H}_{n-1}$ 的尾接点，顶点权重函数为 $f(v)=(0,y)\ [v\in V(\bar{G}_n)]$，边权重函数为 $g(e)=z\ [e\in E(\bar{G}_n)]$，那么

$$\begin{aligned}F_{\text{o}}(\bar{G}_n;t_n)=&z(\bar{\beta}_{[\bar{D}_f(t_n)-1],2}+\bar{\gamma}_{[5-\bar{D}_f(t_n)],2})+yz^2\bar{\xi}_{\bar{D}_f(t_n)-1,2}+y^2z^4\bar{\delta}_{\frac{1+(-1)^{\bar{D}_f(t_n)}}{2},2} \\ &+y^3z^6F_{\text{e}}(\bar{G}_{n-1};t_{n-1})[-\bar{D}_f(t_n)^2+4\bar{D}_f(t_n)-3]\end{aligned} \quad (4.103)$$

$$\begin{aligned}F_{\text{e}}(\bar{G}_n;t_n)=&y+yz(\bar{\beta}_{[\bar{D}_f(t_n)-1],1}+\bar{\gamma}_{[5-\bar{D}_f(t_n)],1})+y^2z^3\bar{\theta}_{[\bar{D}_f(t_n)-1],1} \\ &+y^3z^6F_{\text{e}}(\bar{G}_{n-1};t_{n-1})[\bar{D}_f(t_n)^2-4\bar{D}_f(t_n)+4]\end{aligned} \quad (4.104)$$

其中，$F_{\text{o}}(\bar{G}_1;t_1)=2yz+y^2z^2+2y^2z^3+2y^3z^4+2y^3z^5$、$F_{\text{e}}(\bar{G}_1;t_1)=y+2y^2z^2+3y^3z^4$；$\alpha_{0,1}=0$、$\alpha_{0,2}=0$；$\alpha_{k,1}=z\alpha_{k-1,2}$、$\alpha_{k,2}=y(1+z\alpha_{k-1,1})[k=1,2,\cdots,5-\bar{D}_f(t_n)]$；$\bar{f}_{t_{n-1},\text{odd}}=zF_{\text{e}}(\bar{G}_{n-1};t_{n-1})$、

$\overline{f}_{t_{n-1},\text{even}} = y[1+zF_{\text{o}}(\overline{G}_{n-1};t_{n-1})]$.

同时

$$\overline{\beta}_{k,1},\overline{\beta}_{k,2}=\begin{cases}\overline{\beta}_{0,1}=\overline{f}_{t_{n-1},\text{odd}}(1+z\alpha_{5-\overline{D}_f(t_n),2})+z\alpha_{5-\overline{D}_f(t_n),2} & k=0\\ \overline{\beta}_{0,2}=\overline{f}_{t_{n-1},\text{even}}(1+z\alpha_{5-\overline{D}_f(t_n),1}) & \\ \overline{\beta}_{k,1}=z\overline{\beta}_{k-1,2},\ \overline{\beta}_{k,2}=y(1+z\overline{\beta}_{k-1,1}) & k=1,2,\cdots,\overline{D}_{f(t_n)-1}\end{cases}$$

$$\overline{\gamma}_{k,1},\overline{\gamma}_{k,2}=\begin{cases}\overline{\gamma}_{0,1}=\overline{f}_{t_{n-1},\text{odd}}(1+z\alpha_{\overline{D}_f(t_n)-1,2})+z\alpha_{\overline{D}_f(t_n)-1,2} & k=0\\ \overline{\gamma}_{0,2}=\overline{f}_{t_{n-1},\text{even}}(1+z\alpha_{\overline{D}_f(t_n)-1,1}) & \\ \overline{\gamma}_{k,1}=z\overline{\gamma}_{k-1,2},\ \overline{\gamma}_{k,2}=y(1+z\overline{\gamma}_{k-1,1}) & k=1,2,\cdots,5-\overline{D}_f(t_n)\end{cases}$$

$$\overline{\xi}_{k,1},\overline{\xi}_{k,2}=\begin{cases}\overline{\xi}_{0,1}=\overline{f}_{t_{n-1},\text{odd}}(1+z\alpha_{4-\overline{D}_f(t_n),2})+z\alpha_{4-\overline{D}_f(t_n),2} & k=0\\ \overline{\xi}_{0,2}=\overline{f}_{t_{n-1},\text{even}}(1+z\alpha_{4-\overline{D}_f(t_n),1}) & \\ \overline{\xi}_{k,1}=z\overline{\xi}_{k-1,2},\ \overline{\xi}_{k,2}=y(1+z\overline{\xi}_{k-1,1}) & k=1,2,\cdots,\overline{D}_f(t_n)-1\end{cases}$$

$$\overline{\theta}_{k,1},\overline{\theta}_{k,2}=\begin{cases}\overline{\theta}_{0,1}=\overline{f}_{t_{n-1},\text{odd}}(1+z\alpha_{3-\overline{D}_f(t_n),2})+z\alpha_{3-\overline{D}_f(t_n),2} & k=0\\ \overline{\theta}_{0,2}=\overline{f}_{t_{n-1},\text{even}}(1+z\alpha_{3-\overline{D}_f(t_n),1}) & \\ \overline{\theta}_{k,1}=z\overline{\theta}_{k-1,2},\ \overline{\theta}_{k,2}=y(1+z\overline{\theta}_{k-1,1}) & k=1,2,\cdots,\overline{D}_f(t_n)-1\end{cases}$$

且

$$\begin{cases}\overline{\delta}_{0,1}=\overline{f}_{t_{n-1},\text{odd}}(1+z\alpha_{\mathbb{I}[\overline{D}_f(t_n)=1],2})+z\alpha_{\mathbb{I}[\overline{D}_f(t_n)=1],2}\\ \overline{\delta}_{0,2}=\overline{f}_{t_{n-1},\text{even}}(1+z\alpha_{\mathbb{I}[\overline{D}_f(t_n)=1],1})\\ \overline{\delta}_{1,1}=z\overline{\delta}_{0,2},\overline{\delta}_{1,2}=y(1+z\overline{\delta}_{0,1})\end{cases}$$

这里真值函数 $\mathbb{I}[\overline{D}_f(t_n)=1]$ 代表 $\dfrac{[3-\overline{D}_f(t_n)][1-(-1)^{\overline{D}_f(t_n)}]}{4}$.

证明　同样这里也仅考虑 $S(\overline{G}_n;t_n)$ 的奇生成函数，它的偶生成函数类似可证. 当 $n=1$ 时，类似于($n\geqslant 2$)的情况分析，由定理 2.2 可知

$$\begin{cases}F_{\text{o}}(\overline{G}_1;t_1)=2yz+y^2z^2+2y^2z^3+2y^3z^4+2y^3z^5\\ F_{\text{e}}(\overline{G}_1;t_1)=y+2y^2z^2+3y^3z^4\end{cases}\tag{4.105}$$

当 $n\geqslant 2$ 时，将 $S(\overline{G}_n;t_n)$ 分为以下四类：

$$S(\overline{G}_n;t_n)=\overline{\mathcal{T}}_1\cup\overline{\mathcal{T}}_2\cup\overline{\mathcal{T}}_3\cup\overline{\mathcal{T}}_4$$

式中，$\overline{\mathcal{T}}_1$ 为 $S(\overline{G}_n;t_n)$ 的既不含 e_1 也不含 e_2 的子树集合；$\overline{\mathcal{T}}_2$ 为 $S(\overline{G}_n;t_n)$ 的含 e_1 但不含 e_2 的子树集合；$\overline{\mathcal{T}}_3$ 为 $S(\overline{G}_n;t_n)$ 的含 e_2 但不含 e_1 的子树集合；$\overline{\mathcal{T}}_4$ 为 $S(\overline{G}_n;t_n)$ 的既含 e_1 也含 e_2 的子树集合.

类似引理 4.4 的分析，可得 $\overline{\mathcal{T}}_1$、$\overline{\mathcal{T}}_2$、$\overline{\mathcal{T}}_3$ 的奇生成函数为

$$0\tag{4.106}$$

$$z\overline{\beta}_{[\overline{D}_f(t_n)-1],2}\tag{4.107}$$

其中，$\alpha_{0,1}=0$、$\alpha_{0,2}=0$；$\alpha_{k,1}=z\alpha_{k-1,2}$、$\alpha_{k,2}=y(1+z\alpha_{k-1,1})[k=1,2,\cdots,5-\bar{D}_f(t_n)]$；$\bar{\beta}_{0,1}=zF_e(\bar{G}_{n-1};t_{n-1})(1+z\alpha_{5-\bar{D}_f(t_n),2})+z\alpha_{5-\bar{D}_f(t_n),2}$、$\bar{\beta}_{0,2}=y[1+zF_o(\bar{G}_{n-1};t_{n-1})](1+z\alpha_{5-\bar{D}_f(t_n),1})$；$\bar{\beta}_{k,1}=z\bar{\beta}_{k-1,2}$、$\bar{\beta}_{k,2}=y(1+z\bar{\beta}_{k-1,1})$ $[k=1,2,\cdots,\bar{D}_f(t_n)-1(>0)]$ 和

$$z\bar{\gamma}_{[5-\bar{D}_f(t_n)],2} \tag{4.108}$$

其中，$\alpha_{0,1}=0$、$\alpha_{0,2}=0$；$\alpha_{k,1}=z\alpha_{k-1,2}$、$\alpha_{k,2}=y(1+z\alpha_{k-1,1})[k=1,2,\cdots,\bar{D}_f(t_n)-1]$；$\bar{\gamma}_{0,1}=zF_e(\bar{G}_{n-1};t_{n-1})(1+z\alpha_{\bar{D}_f(t_n)-1,2})+z\alpha_{\bar{D}_f(t_n)-1,2}$、$\bar{\gamma}_{0,2}=y[1+zF_o(\bar{G}_{n-1};t_{n-1})](1+z\alpha_{\bar{D}_f(t_n)-1,1})$；$\bar{\gamma}_{k,1}=z\bar{\gamma}_{k-1,2}$、$\bar{\gamma}_{k,2}=y(1+z\bar{\gamma}_{k-1,1})$ $[k=1,2,\cdots,5-\bar{D}_f(t_n)]$.

$\bar{\mathcal{T}}_4$ 由以下两类子树构成：

$$\bar{\mathcal{T}}_4=\bar{\mathcal{T}}_{4,1}\cup\bar{\mathcal{T}}_{4,2}$$

式中，$\bar{\mathcal{T}}_{4,1}$ 为 $S(\bar{G}_n;t_n)$ 的含 e_1、e_2 但不含 (r_6,r_5) 的子树；$\bar{\mathcal{T}}_{4,2}$ 为 $S(\bar{G}_n;t_n)$ 的含 e_1、e_2 及 $\bigcup_{j=1}^{i-1}(r_{7-j},r_{7-j-1})$ 但不含 (r_{7-i},r_{7-i-1})（$i=2,3,4$）的子树.

类似引理 4.4 的分析，可得 $\bar{\mathcal{T}}_{4,1}$ 的奇生成函数为

$$yz^2\bar{\xi}_{\bar{D}_f(t_n)-1,2} \tag{4.109}$$

其中，$\alpha_{0,1}=0$、$\alpha_{0,2}=0$；$\alpha_{k,1}=z\alpha_{k-1,2}$、$\alpha_{k,2}=y(1+z\alpha_{k-1,1})[k=1,2,\cdots,4-\bar{D}_f(t_n)]$；$\bar{\xi}_{0,1}=zF_e(\bar{G}_{n-1};t_{n-1})(1+z\alpha_{4-\bar{D}_f(t_n),2})+z\alpha_{4-\bar{D}_f(t_n),2}$、$\bar{\xi}_{0,2}=y[1+zF_o(\bar{G}_{n-1};t_{n-1})](1+z\alpha_{4-\bar{D}_f(t_n),1})$；$\bar{\xi}_{k,1}=z\bar{\xi}_{k-1,2}$、$\bar{\xi}_{k,2}=y(1+z\bar{\xi}_{k-1,1})$ $[k=1,2,\cdots,\bar{D}_f(t_n)-1(>0)]$.

当 $i=2,3,4$ 时，$\bar{\mathcal{T}}_{4,2}$ 的奇生成函数为（借用一个不太正式的符号表示）

$$F_{\mathrm{o}}(\bar{\mathcal{T}}_{4,2};t_n)=\begin{cases}0 & i=2\\ y^2z^4\bar{\delta}_{\frac{1+(-1)^{\bar{D}_f(t_n)}}{2},2} & i=3\\ y^3z^6F_e(\bar{G}_{n-1};t_{n-1})[-\bar{D}_f(t_n)^2+4\bar{D}_f(t_n)-3] & i=4\end{cases} \tag{4.110}$$

其中，$\bar{\delta}_{0,1}$、$\bar{\delta}_{0,2}$、$\bar{\delta}_{1,1}$和$\bar{\delta}_{1,2}$ 见引理 4.5 的描述.

结合式（4.106）～式（4.110），$S(\bar{G}_n;t_n)$ 的奇生成函数即式（4.103）.

定理 4.14　令 $\bar{G}_n=[V(\bar{G}_n),E(\bar{G}_n);f,g]$ 为定义 4.2 所述的长度为 n 的加权聚苯六角链图，这里 t_{n-1} 为 $\bar{H}_{n-1}$ 的尾接点，顶点和边权重函数分别为 $f(v)=(0,y)$ $[v\in V(\bar{G}_n)]$ 和 $g(e)=z$ $[e\in E(\bar{G}_n)]$，则

$$\begin{aligned}F_{\mathrm{BC}}(\bar{G}_n;f,g)&=6n\sum_{i=2}^{3}y^iz^{2i-2}+\sum_{i=1}^{3}iy^iz^{2i-1}\sum_{j=1}^{n-1}F_{\mathrm{o}}(\bar{G}_j;t_j)\\&\quad+(y^2z^3+2\sum_{i=1}^{2}y^iz^{2i}+2y^3\sum_{i=5}^{6}z^i)\sum_{j=1}^{n-1}F_{\mathrm{e}}(\bar{G}_j;t_j)\end{aligned} \tag{4.111}$$

式中，$F_{\mathrm{o}}(\bar{G}_j;t_j)$ 和 $F_{\mathrm{e}}(\bar{G}_j;t_j)$ 分别见式（4.103）和式（4.104）.

证明　当 $n=1$ 时，

$$F_{\mathrm{BC}}(\bar{G}_1;f,g)=6(y^2z^2+y^3z^4) \tag{4.112}$$

当$n \geqslant 2$时，将$\overline{G}_n$的 BC 子树分为两类：

（i）不含边(t_{n-1}, c_{n-1})的 BC 子树；

（ii）含边(t_{n-1}, c_{n-1})的 BC 子树.

类（i）即

$$S_{\mathrm{BC}}(\overline{H}_{n-1}) \cup S_{\mathrm{BC}}(\overline{G}_{n-1}) \tag{4.113}$$

按照定义，式（4.113）的 BC 子树的生成函数为

$$6(y^2z^2 + y^3z^4) + F_{\mathrm{BC}}(\overline{G}_{n-1}; f, g) \tag{4.114}$$

由式（4.58）可得

$$\begin{cases} F_{\mathrm{o}}(\overline{H}_{n-1}; c_{n-1}) = 2yz + y^2z^2 + 2y^2z^3 + 2y^3z^4 + 2y^3z^5 \\ F_{\mathrm{e}}(\overline{H}_{n-1}; c_{n-1}) = y + 2y^2z^2 + 3y^3z^4 \end{cases}$$

类（ii）的 BC 子树的生成函数为

$$F_{\mathrm{o}}(\overline{G}_{n-1}; t_{n-1}) F_{\mathrm{e}}(\overline{H}_{n-1}; c_{n-1}) z + F_{\mathrm{e}}(\overline{G}_{n-1}; t_{n-1}) F_{\mathrm{o}}(\overline{H}_{n-1}; c_{n-1}) z \tag{4.115}$$

即

$$F_{\mathrm{o}}(\overline{G}_{n-1}; t_{n-1}) \sum_{i=1}^{3} i y^i z^{2i-1} + F_{\mathrm{e}}(\overline{G}_{n-1}; t_{n-1})(2yz^2 + y^2z^3 + 2y^2z^4 + 2y^3z^5 + 2y^3z^6) \tag{4.116}$$

结合式（4.114）和式（4.116）可得$\overline{G}_n$的 BC 子树的生成函数为

$$6(y^2z^2 + y^3z^4) + F_{\mathrm{o}}(\overline{G}_{n-1}; t_{n-1}) \sum_{i=1}^{3} i y^i z^{2i-1} + F_{\mathrm{e}}(\overline{G}_{n-1}; t_{n-1}) \left(y^2z^3 + 2\sum_{i=1}^{2} y^i z^{2i} + 2y^3 \sum_{i=5}^{6} z^i \right) + F_{\mathrm{BC}}(\overline{G}_{n-1}; f, g) \tag{4.117}$$

对于聚苯六角链图$\overline{G}_{n-j}$ $(j = 1, 2, \cdots, n-2)$，用递归方法分析可得$\overline{G}_n$的 BC 子树的生成函数为

$$\begin{aligned} & 6(n-1)\sum_{i=2}^{3} y^i z^{2i-2} + \sum_{i=1}^{3} i y^i z^{2i-1} \sum_{j=1}^{n-1} F_o(\overline{G}_j; t_j) \\ & + \left(y^2z^3 + 2\sum_{i=1}^{2} y^i z^{2i} + 2y^3 \sum_{i=5}^{6} z^i \right) \sum_{j=1}^{n-1} F_e(\overline{G}_j; t_j) + F_{\mathrm{BC}}(\overline{G}_1; f, g) \end{aligned} \tag{4.118}$$

由式（4.112）、式（4.118）和引理 4.5 可得定理成立.

说明 4.3　同样，由定理 4.14，可得计算$\overline{G}_n = (V(\overline{G}_n), E(\overline{G}_n); f, g)(n \geqslant 1)$的 BC 子树的生成函数$F_{\mathrm{BC}}(\overline{G}_n; f, g)$的算法，在此略去.

将$y=1$和$z=1$代入式（4.103）和式（4.104），可得

$$\begin{cases} \eta(\overline{G}_n; t_n, \mathrm{odd}) = F[\overline{G}_n; (0,1), 1; t_n, \mathrm{odd}] = \dfrac{13\overline{D}_f(t_n)^2 - 53\overline{D}_f(t_n) + 54}{2} \eta(\overline{G}_{n-1}; t_{n-1}, \mathrm{odd}) \\ \qquad + (-9\overline{D}_f(t_n)^2 + 36\overline{D}_f(t_n) - 27)\eta(\overline{G}_{n-1}; t_{n-1}, \mathrm{even}) + 9 \\ \eta(\overline{G}_n; t_n, \mathrm{even}) = F[\overline{G}_n; (0,1), 1; t_n, \mathrm{even}] = [-4\overline{D}_f(t_n)^2 + 16\overline{D}_f(t_n) - 12]\eta(\overline{G}_{n-1}; t_{n-1}, \mathrm{odd}) \\ \qquad + \dfrac{13\overline{D}_f(t_n)^2 - 53\overline{D}_f(t_n) + 54}{2} \eta(\overline{G}_{n-1}; t_{n-1}, \mathrm{even}) + 6 \end{cases} \tag{4.119}$$

其中，$\eta(\bar{G}_1;t_1;\text{odd})=9$；$\eta(\bar{G}_1;t_1;\text{even})=6$.

将 $y=1$ 和 $z=1$ 代入式（4.111）可得下面的推论.

推论 4.7　聚苯六角链图 $\bar{G}_n$ 的 BC 子树数为

$$\eta_{\mathrm{BC}}(\bar{G}_n)=F_{\mathrm{BC}}[\bar{G}_n;(0,1),1]=6\sum_{j=1}^{n-1}\eta(\bar{G}_j;t_j,\text{odd})+9\sum_{j=1}^{n-1}\eta(\bar{G}_j;t_j,\text{even})+12n \tag{4.120}$$

其中，$\eta(\bar{G}_j;t_j,\text{odd})$、$\eta(\bar{G}_j;t_j,\text{even})$ 见式（4.119），并且 $\eta(\bar{G}_1;t_1;\text{odd})=9$、$\eta(\bar{G}_1;t_1;\text{even})=6$.

邻位、间位和对位聚苯六角链图 $\bar{O}_n$、$\bar{M}_n$ 和 $\bar{P}_n$ 的 t_k 分别为 o_{k-1}、m_{k-1} 和 p_{k-1}. 由式（4.102）和式（4.119），可得

$$\begin{cases}\eta(\bar{O}_n;t_n,\text{odd})=7\eta(\bar{O}_{n-1};t_{n-1},\text{odd})+9,\eta(\bar{O}_n;t_n,\text{even})=7\eta(\bar{O}_{n-1};t_{n-1},\text{even})+6\\ \eta(\bar{M}_n;t_n,\text{odd})=9\eta(\bar{M}_{n-1};t_{n-1},\text{even})+9,\eta(\bar{M}_n;t_n,\text{even})=4\eta(\bar{M}_{n-1};t_{n-1},\text{odd})+6\\ \eta(\bar{P}_n;t_n,\text{odd})=6\eta(\bar{P}_{n-1};t_{n-1},\text{odd})+9,\eta(\bar{P}_n;t_n,\text{even})=6\eta(\bar{P}_{n-1};t_{n-1},\text{even})+6\end{cases} \tag{4.121}$$

通过简单的计算，可得

$$\eta(\bar{O}_n;t_n,\text{odd})=\frac{3}{2}(7^n-1),\ \eta(\bar{O}_n;t_n,\text{even})=7^n-1 \tag{4.122}$$

$$\eta(\bar{M}_n;t_n,\text{odd})=\begin{cases}36^{\frac{n-1}{2}}\dfrac{54}{5}-\dfrac{9}{5} & n\text{是奇数}\\ 36^{\frac{n}{2}}\dfrac{9}{5}-\dfrac{9}{5} & n\text{是偶数}\end{cases} \tag{4.123}$$

$$\eta(\bar{M}_n;t_n,\text{even})=\begin{cases}36^{\frac{n-1}{2}}\dfrac{36}{5}-\dfrac{6}{5} & n\text{ 是奇数}\\ 36^{\frac{n}{2}}\dfrac{6}{5}-\dfrac{6}{5} & n\text{ 是偶数}\end{cases} \tag{4.124}$$

$$\eta(\bar{P}_n;t_n,\text{odd})=\frac{9}{5}(6^n-1),\eta(\bar{P}_n;t_n,\text{even})=\frac{6}{5}(6^n-1) \tag{4.125}$$

结合式（4.120）及式（4.122）～式（4.125），可得下面的推论.

推论 4.8　邻位、间位和对位聚苯六角链图 $\bar{O}_n$、$\bar{M}_n$ 和 $\bar{P}_n$ 的 BC 子树数分别为

$$\begin{cases}\eta_{\mathrm{BC}}(\bar{O}_n)=F_{\mathrm{BC}}[\bar{O}_n;(0,1),1]=3(7^n-2n-1)\\ \eta_{\mathrm{BC}}(\bar{M}_n)=F_{\mathrm{BC}}[\bar{M}_n;(0,1),1]=\dfrac{648}{25}6^{n-1}-\dfrac{48n}{5}-\dfrac{108}{25}\\ \eta_{\mathrm{BC}}(\bar{P}_n)=F_{\mathrm{BC}}[\bar{P}_n;(0,1),1]=\dfrac{648}{25}6^{n-1}-\dfrac{48n}{5}-\dfrac{108}{25}\end{cases} \tag{4.126}$$

由式（4.126）可知 $\eta_{\mathrm{BC}}(\bar{O}_n)>\eta_{\mathrm{BC}}(\bar{M}_n)=\eta_{\mathrm{BC}}(\bar{P}_n)$（$n>2$）.

下面考虑长度为 n 的具有最大 BC 子树数指标的聚苯六角链图. 令 $\bar{G}_n=\bar{H}_0\bar{H}_1\cdots\bar{H}_{n-1}$ 为定义 4.2 所述的加权聚苯六角链图，这里 t_{n-1} 为 $\bar{H}_{n-1}$ 的尾接点，可得下面定理成立.

定理 4.15　长度为 $n(n\geqslant 4)$ 的聚苯六角链图中，$\bar{O}_n$ 是唯一的具有最大 BC 子树数指标的聚苯六角链图.

证明　令 $\bar{A}_j=\eta(\bar{G}_j;t_j,\text{odd})$、$\bar{B}_j=\eta(\bar{G}_j;t_j,\text{even})$、$\bar{C}_j=6\bar{A}_j+9\bar{B}_j$（$j=1,2,\cdots,n-1$），

那么 $\eta_{\mathrm{BC}}(\overline{G}_n)=\sum_{j=1}^{n-1}\overline{C}_j+12n$、$\overline{A}_1=9$、$\overline{B}_1=6$，由式（4.121）可得

$$\overline{A}_{j+1},\overline{B}_{j+1}=\begin{cases}\overline{A}_{j+1}=7\overline{A}_j+9,\overline{B}_{j+1}=7\overline{B}_j+6 & t_{j+1}是o_j\\ \overline{A}_{j+1}=9\overline{B}_j+9,\overline{B}_{j+1}=4\overline{A}_j+6 & t_{j+1}是m_j\\ \overline{A}_{j+1}=6\overline{A}_j+9,\overline{B}_{j+1}=6\overline{B}_j+6 & t_{j+1}是p_j\end{cases} \tag{4.127}$$

记 $\overline{A}_j^{\hat{m}^j}(\overline{B}_j^{\hat{m}^j})$ 是尾接点序列为 $(t_2,t_3,\cdots,t_j)=(o_1,o_2,\cdots,o_{j-1})$ 对应的 $\overline{A}_j(\overline{B}_j)$；同时记 $\overline{a}_j^{\hat{m}^j}(\overline{b}_j^{\hat{m}^j})$ 是尾接点序列为 $(t_2,t_3,\cdots,t_j)\neq(o_1,o_2,\cdots,o_{j-1})$ 对应的 $\overline{A}_j(\overline{B}_j)$. 接下来需证明，对于所有的 $j=2,3,\cdots,n-1$，$\overline{C}_j$ 在2-元组($\overline{A}_j^{\hat{m}^j},\overline{B}_j^{\hat{m}^j}$)处取得最大值，即

$$6\overline{A}_j^{\hat{m}^j}+9\overline{B}_j^{\hat{m}^j}>6\overline{a}_j^{\hat{m}^j}+9\overline{b}_j^{\hat{m}^j} \tag{4.128}$$

当 $j=2,3$ 时，易证式（4.128）成立. 假设式（4.128）在 $j=k\ (k\geqslant 3)$ 时成立，即

$$6\overline{A}_k^{\hat{m}^k}+9\overline{B}_k^{\hat{m}^k}>6\overline{a}_k^{\hat{m}^k}+9\overline{b}_k^{\hat{m}^k} \tag{4.129}$$

当 $j=k+1$ 时，2-元组 $(\overline{A}_k^{\hat{m}^k},\overline{B}_k^{\hat{m}^k})$ 对应的 $(\overline{A}_{k+1},\overline{B}_{k+1})$ 有三种情况：

$$\{(7\overline{A}_k^{\hat{m}^k}+9,7\overline{B}_k^{\hat{m}^k}+6);(9\overline{B}_k^{\hat{m}^k}+9,4\overline{A}_k^{\hat{m}^k}+6);(6\overline{A}_k^{\hat{m}^k}+9,6\overline{B}_k^{\hat{m}^k}+6)\} \tag{4.130}$$

同样地，当 $j=k+1$ 时，任意一个不是 $(\overline{A}_k^{\hat{m}^k},\overline{B}_k^{\hat{m}^k})$ 的2-元组 $(\overline{a}_k^{\hat{m}^k},\overline{b}_k^{\hat{m}^k})$ 对应的 $(\overline{A}_{k+1},\overline{B}_{k+1})$ 也有三种情况：

$$\{(7\overline{a}_k^{\hat{m}^k}+9,7\overline{b}_k^{\hat{m}^k}+6);(9\overline{b}_k^{\hat{m}^k}+9,4\overline{a}_k^{\hat{m}^k}+6);(6\overline{a}_k^{\hat{m}^k}+9,6\overline{b}_k^{\hat{m}^k}+6)\} \tag{4.131}$$

对于式（4.130）的三种情况，易知

$$6(7\overline{A}_k^{\hat{m}^k}+9)+9(7\overline{B}_k^{\hat{m}^k}+6)>6(6\overline{A}_k^{\hat{m}^k}+9)+9(6\overline{B}_k^{\hat{m}^k}+6)$$

和

$$6(7\overline{A}_k^{\hat{m}^k}+9)+9(7\overline{B}_k^{\hat{m}^k}+6)-6(9\overline{B}_k^{\hat{m}^k}+9)-9(4\overline{A}_k^{\hat{m}^k}+6)=6\overline{A}_k^{\hat{m}^k}+9\overline{B}_k^{\hat{m}^k}>0 \tag{4.132}$$

对于式（4.131）的三种情况，易知

$$6(7\overline{a}_k^{\hat{m}^k}+9)+9(7\overline{b}_k^{\hat{m}^k}+6)>6(6\overline{a}_k^{\hat{m}^k}+9)+9(6\overline{b}_k^{\hat{m}^k}+6)$$

结合式（4.129）可得

$$\begin{aligned}&6(7\overline{A}_k^{\hat{m}^k}+9)+9(7\overline{B}_k^{\hat{m}^k}+6)-6(7a_k^{\hat{m}^k}+9)-9(7b_k^{\hat{m}^k}+6)\\&=42\overline{A}_k^{\hat{m}^k}-42\overline{a}_k^{\hat{m}^k}+63\overline{B}_k^{\hat{m}^k}-63\overline{b}_k^{\hat{m}^k}\\&>42\overline{A}_k^{\hat{m}^k}-42\overline{a}_k^{\hat{m}^k}+(63\overline{b}_k^{\hat{m}^k}+42\overline{a}_k^{\hat{m}^k}-42\overline{A}_k^{\hat{m}^k})-63\overline{b}_k^{\hat{m}^k}=0\end{aligned}$$

和

$$\begin{aligned}&6(7\overline{A}_k^{\hat{m}^k}+9)+9(7\overline{B}_k^{\hat{m}^k}+6)-6(9\overline{b}_k^{\hat{m}^k}+9)-9(4\overline{a}_k^{\hat{m}^k}+6)\\&=42\overline{A}_k^{\hat{m}^k}-36\overline{a}_k^{\hat{m}^k}+63\overline{B}_k^{\hat{m}^k}-54\overline{b}_k^{\hat{m}^k}\\&>42\overline{A}_k^{\hat{m}^k}-36\overline{a}_k^{\hat{m}^k}+(63\overline{b}_k^{\hat{m}^k}+42\overline{a}_k^{\hat{m}^k}-42\overline{A}_k^{\hat{m}^k})-54\overline{b}_k^{\hat{m}^k}\\&=6\overline{a}_k^{\hat{m}^k}+9\overline{b}_k^{\hat{m}^k}>0\end{aligned}$$

因此，当 $j=k+1$ 时，式（4.128）成立，定理得证.

求长度为 n 的具有最小 BC 子树数指标的聚苯六角链图同样十分复杂. 由式(4.120)

和式（4.121）很自然想到如下问题.

问题 4.2　长度为 $n(n\geqslant 3)$ 的聚苯六角链图中具有最小的 BC 子树数指标的聚苯六角链图的尾点序列是否为 $(t_2,t_3,\cdots,t_{n-3},t_{n-2},t_{n-1})$？其中，$t_j$ 是 m_{j-1} 或 p_{j-1} $(2\leqslant j\leqslant n-1)$ 并且有 2^{n-2} 个序列能达到这个最小值？

接下来借助 BC 子树的边生成函数，讨论六元素环螺链图 G_n 和聚苯六角链图 $\overline{G}_n$ 的 BC 子树密度的渐近特性.

4.3.3　BC 子树数指标间的关系

由式（4.74）和式（4.120）可得

$$\frac{\eta_{\mathrm{BC}}(\overline{G}_n)-12n}{6}-\frac{\eta_{\mathrm{BC}}(G_n)-7n-5}{9}=\sum_{j=1}^{n-1}[\eta(\overline{G}_j;t_j,\mathrm{odd})-\eta(G_j;c_j,\mathrm{odd})]+\sum_{j=1}^{n-1}\left[\frac{3}{2}\eta(\overline{G}_j;t_j,\mathrm{even})-\frac{5}{9}\eta(G_j;c_j,\mathrm{even})\right] \quad (4.133)$$

即

$$3\eta_{\mathrm{BC}}(\overline{G}_n)=2\eta_{\mathrm{BC}}(G_n)+22n-10+18\sum_{j=1}^{n-1}[\eta(\overline{G}_j;t_j,\mathrm{odd})-\eta(G_j;c_j,\mathrm{odd})]+\sum_{j=1}^{n-1}[27\eta(\overline{G}_j;t_j,\mathrm{even})-10\eta(G_j;c_j,\mathrm{even})] \quad (4.134)$$

进而可得下面定理成立.

定理 4.16　令 $\overline{G}_n=\overline{H}_0\overline{H}_1\cdots\overline{H}_{n-1}$ 是长度为 n 的聚苯六角链图，$G_n=H_0H_1\cdots H_{n-1}$ 为其“六角形挤压”，t_j 和 c_j 分别是 $\overline{G}_j$ 和 G_j 的尾接点和割点，则

$$3\eta_{\mathrm{BC}}(\overline{G}_n)=2\eta_{\mathrm{BC}}(G_n)+22n-10+18\sum_{j=1}^{n-1}[\eta(\overline{G}_j;t_j,\mathrm{odd})-\eta(G_j;c_j,\mathrm{odd})]+\sum_{j=1}^{n-1}[27\eta(\overline{G}_j;t_j,\mathrm{even})-10\eta(G_j;c_j,\mathrm{even})] \quad (4.135)$$

式中，$\eta(G_j;c_j,\mathrm{odd})$、$\eta(G_j;c_j,\mathrm{even})$ 和 $\eta(\overline{G}_j;t_j,\mathrm{odd})$、$\eta(\overline{G}_j;t_j,\mathrm{even})$ 见式（4.73）和式（4.119），$\eta(\overline{G}_1;t_1,\mathrm{odd})=\eta(G_1;c_1,\mathrm{odd})=9$、$\eta(\overline{G}_1;t_1,\mathrm{even})=\eta(G_1;c_1,\mathrm{even})=6$. 函数 D_f 和 $\overline{D}_f$ 的定义分别见式（4.55）和式（4.102）.

4.3.4　BC 子树密度特征

BC 子树密度见定义 2.2，给每个顶点和边分别赋权重 $(0,1)$ 和 z，由引理 4.4 和定理 4.12（引理 4.5 和定理 4.14）可得 G_n（$\overline{G}_n$）的 BC 子树的边生成函数，即 $F_{\mathrm{BC}}[G_n;(0,1),z]$ $\{F_{\mathrm{BC}}[\overline{G}_n;(0,1),z]\}$.

显然 G_n 的 $\overline{G}_n$ 顶点数分别为

$$n(G_n)=5n+1 \quad (4.136)$$

和

$$n(\overline{G}_n)=6n \quad (4.137)$$

由 BC 子树密度的定义、式（4.136）和式（4.137）可知，G^*(G_n 或 $\overline{G}_n$)的 BC 子树密度为

$$D_{\mathrm{BC}}(G^*)=\frac{\left.\dfrac{\partial\{F_{\mathrm{BC}}[G^*;(0,1),z]\times z\}}{\partial z}\right|_{z=1}}{F_{\mathrm{BC}}[G^*;(0,1),1]\times n(G^*)} \tag{4.138}$$

下面对邻位、间位和对位的六元素环螺链图和聚苯六角链图的 BC 子树密度进行分析.由引理 4.4 和定理 4.12，可得

$$\begin{cases}F[O_n;(0,1),z;c_n,\mathrm{odd}]=z+z^3+\left(\sum\limits_{i=1}^{3}z^i+2\sum\limits_{i=4}^{5}z^i\right)F[O_{n-1};(0,1),z;c_{n-1},\mathrm{even}]\\ F[O_n;(0,1),z;c_n,\mathrm{even}]=\sum\limits_{i=1}^{3}iz^{2i-2}+\left(\sum\limits_{i=1}^{3}z^i+2\sum\limits_{i=4}^{5}z^i\right)F[O_{n-1};(0,1),z;c_{n-1},\mathrm{odd}]\\ F[M_n;(0,1),z;c_n,\mathrm{odd}]=2\sum\limits_{i=1}^{5}z^i-z^2+\left(z^2+2\sum\limits_{i=3}^{4}z^i+4z^5\right)F[M_{n-1};(0,1),z;c_n,\mathrm{odd}]\\ F[M_n;(0,1),z;c_n,\mathrm{even}]=1+z^2+(z^2+3z^4)F[M_{n-1};(0,1),z;c_n,\mathrm{even}]\\ F[P_n;(0,1),z;c_n,\mathrm{odd}]=2z+z^2+\left(2\sum\limits_{i=3}^{5}z^i\right)F[P_{n-1};(0,1),z;c_n,\mathrm{even}]\\ F[P_n;(0,1),z;c_n,\mathrm{even}]=\sum\limits_{i=1}^{3}iz^{2i-2}+\left(2\sum\limits_{i=3}^{5}z^i\right)F[P_{n-1};(0,1),z;c_n,\mathrm{odd}]\end{cases} \tag{4.139}$$

因此

$$\left.\frac{\partial[F_{\mathrm{BC}}(O_n;(0,1),z)\times z]}{\partial z}\right|_{z=1}=\begin{cases}49^{\frac{n-3}{2}}\dfrac{18326(n-1)}{6}+49^{\frac{n-1}{2}}\dfrac{3445}{72}-\dfrac{5n}{3}+\dfrac{131}{72} & n\text{是奇数}\\ 49^{\frac{n-4}{2}}\dfrac{140630(n-2)}{6}+49^{\frac{n-2}{2}}\dfrac{62461}{72}-\dfrac{5n}{3}+\dfrac{131}{72} & n\text{是偶数}\end{cases} \tag{4.140}$$

$$\left.\frac{\partial\{F_{\mathrm{BC}}[M_n;(0,1),z]\times z\}}{\partial z}\right|_{z=1}=\frac{470}{27}4^{n-1}+\frac{405}{16}9^{n-1}+\frac{1400(n-1)}{9}4^{n-2}-\frac{337n}{144}+\frac{6561(n-1)}{16}9^{n-2}+\frac{823}{108} \tag{4.141}$$

$$\left.\frac{\partial\{F_{\mathrm{BC}}[P_n;(0,1),z]\times z\}}{\partial z}\right|_{z=1}=\begin{cases}36^{\frac{n-3}{2}}\dfrac{7952256(n-1)}{2450}+36^{\frac{n-1}{2}}\dfrac{1525908}{42875}+\dfrac{4118n}{1225}+\dfrac{387962}{42875} & n\text{是奇数}\\ 36^{\frac{n-4}{2}}\dfrac{51860736(n-2)}{2450}+36^{\frac{n-2}{2}}\dfrac{36453528}{42875}+\dfrac{4118n}{1225}+\dfrac{387962}{42875} & n\text{是偶数}\end{cases} \tag{4.142}$$

由式（4.81）、式（4.136）、式（4.138）和式（4.140）～式（4.142），可得 $D_{\mathrm{BC}}(O_n)$、

$D_{BC}(M_n)$ 和 $D_{BC}(P_n)$ 分别为

$$\lim_{n\to\infty} D_{BC}(O_n) = \frac{\left.\dfrac{\partial\{F_{BC}[O_n;(0,1),z]\times z\}}{\partial z}\right|_{z=1}}{F_{BC}(O_n;(0,1),1)\times(5n+1)} = \frac{24}{35} \tag{4.143}$$

$$\lim_{n\to\infty} D_{BC}(M_n) = \frac{\left.\dfrac{\partial\{F_{BC}[M_n;(0,1),z]\times z\}}{\partial z}\right|_{z=1}}{F_{BC}[M_n;(0,1),1]\times(5n+1)} = \frac{4}{5} \tag{4.144}$$

$$\lim_{n\to\infty} D_{BC}(P_n) = \frac{\left.\dfrac{\partial\{F_{BC}[P_n;(0,1),z]\times z\}}{\partial z}\right|_{z=1}}{F_{BC}[P_n;(0,1),1]\times(5n+1)} = \frac{4}{5} \tag{4.145}$$

定理 4.17　邻位、间位和对位六元素环螺链图 O_n、M_n 和 P_n 的 BC 子树密度极限分别为 $\frac{24}{35}$、$\frac{4}{5}$ 和 $\frac{4}{5}$.

同样地，由引理 4.5 和定理 4.14，可得

$$\begin{cases}
F[\bar{O}_n;(0,1),z;t_n,\mathrm{odd}] = 2\sum_{i=1}^{5} z^i - z^2 + \left(\sum_{i=2}^{4} z^i + 2\sum_{i=5}^{6} z^i\right) F[\bar{O}_{n-1};(0,1),z;t_{n-1},\mathrm{odd}] \\
F[\bar{O}_n;(0,1),z;t_n,\mathrm{even}] = \sum_{i=1}^{3} iz^{2i-2} + \left(\sum_{i=2}^{4} z^i + 2\sum_{i=5}^{6} z^i\right) F[\bar{O}_{n-1};(0,1),z;t_{n-1},\mathrm{even}] \\
F[\bar{M}_n;(0,1),z;t_n,\mathrm{odd}] = 2\sum_{i=1}^{5} z^i - z^2 + \left(z^3 + 2\sum_{i=4}^{5} z^i + 4z^6\right) F[\bar{M}_{n-1};(0,1),z;t_n,\mathrm{even}] \\
F[\bar{M}_n;(0,1),z;t_n,\mathrm{even}] = \sum_{i=1}^{3} iz^{2i-2} + (z^3 + 3z^5) F[\bar{M}_{n-1};(0,1),z;t_n,\mathrm{odd}] \\
F[\bar{P}_n;(0,1),z;t_n,\mathrm{odd}] = 2\sum_{i=1}^{5} z^i - z^2 + \left(2\sum_{i=4}^{6} z^i\right) F[\bar{P}_{n-1};(0,1),z;t_n,\mathrm{odd}] \\
F[\bar{P}_n;(0,1),z;t_n,\mathrm{even}] = \sum_{i=1}^{3} iz^{2i-2} + \left(2\sum_{i=3}^{5} z^i\right) F[\bar{P}_{n-1};(0,1),z;t_n,\mathrm{even}]
\end{cases} \tag{4.146}$$

因此

$$\left.\frac{\partial\{F_{BC}[\bar{O}_n;(0,1),z]\times z\}}{\partial z}\right|_{z=1} = \frac{118}{3}7^{n-1} + 651(n-1)7^{n-2} + n + \frac{23}{3} \tag{4.147}$$

$$\left.\frac{\partial\{F_{BC}[\bar{M}_n;(0,1),z]\times z\}}{\partial z}\right|_{z=1} = \begin{cases} 36^{\frac{n-3}{2}}\dfrac{221616(n-1)}{50} + 36^{\frac{n-1}{2}}\dfrac{3654}{125} + \dfrac{78n}{25} + \dfrac{1956}{125} & n\text{是奇数} \\ 36^{\frac{n-4}{2}}\dfrac{1329696(n-2)}{50} + 36^{\frac{n-2}{2}}\dfrac{114264}{125} + \dfrac{78n}{25} + \dfrac{1956}{125} & n\text{是偶数} \end{cases} \tag{4.148}$$

$$\left.\frac{\partial\{F_{BC}[\bar{P}_n;(0,1),z]\times z\}}{\partial z}\right|_{z=1} = \frac{3888(n-1)}{5}6^{n-2} + \frac{504}{25}6^{n-1} + \frac{48n}{5} + \frac{456}{25} \tag{4.149}$$

由式（4.126）、式（4.137）、式（4.138）和式（4.147）～式（4.149），可得 $D_{BC}(\bar{O}_n)$、

$D_{\mathrm{BC}}(\bar{M}_n)$ 和 $D_{\mathrm{BC}}(\bar{P}_n)$ 分别为

$$\lim_{n\to\infty} D_{\mathrm{BC}}(\bar{O}_n)=\frac{\left.\dfrac{\partial\{F_{\mathrm{BC}}[\bar{O}_n;(0,1),z]\times z\}}{\partial z}\right|_{z=1}}{F_{\mathrm{BC}}[\bar{O}_n;(0,1),1]\times 6n}=\frac{31}{42} \tag{4.150}$$

$$\lim_{n\to\infty} D_{\mathrm{BC}}(\bar{M}_n)=\frac{\left.\dfrac{\partial\{F_{\mathrm{BC}}[\bar{M}_n;(0,1),z]\times z\}}{\partial z}\right|_{z=1}}{F_{\mathrm{BC}}[\bar{M}_n;(0,1),1]\times 6n}=\frac{19}{24} \tag{4.151}$$

$$\lim_{n\to\infty} D_{\mathrm{BC}}(\bar{P}_n)=\frac{\left.\dfrac{\partial\{F_{\mathrm{BC}}[\bar{P}_n;(0,1),z]\times z\}}{\partial z}\right|_{z=1}}{F_{\mathrm{BC}}[\bar{P}_n;(0,1),1]\times 6n}=\frac{5}{6} \tag{4.152}$$

定理 4.18　邻位、间位和对位聚苯六角链图 $\bar{O}_n$、$\bar{M}_n$ 和 $\bar{P}_n$ 的 BC 子树密度极限分别为 $\frac{31}{42}$、$\frac{19}{24}$ 和 $\frac{5}{6}$.

图 4.8 给出了邻位、间位和对位六元素环螺链图 O_n、M_n 和 P_n 的 BC 子树密度，以及邻位、间位和对位聚苯六角链图 $\bar{O}_n$、$\bar{M}_n$ 和 $\bar{P}_n$ 的 BC 子树密度.

说明 4.4　由上述讨论和计算结果可知，间位六元素环螺链图 M_n 的 BC 子树密度要比对位六元素环螺链图 P_n 的稍微大一些，且它们的极限相等. 另外，M_n 和 P_n 的 BC 子树密度总是比 O_n 的要大. 对于聚苯六角链图，对位 $\bar{P}_n$、间位 $\bar{M}_n$、邻位 $\bar{O}_n$ 的 BC 子树密度依次减小.

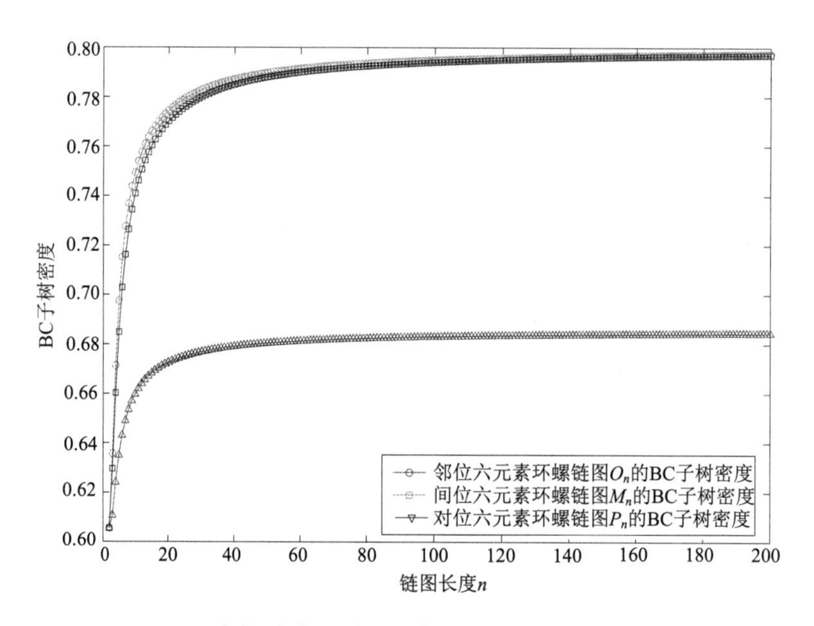

（a）邻位、间位及对位六元素环螺链图的 BC 子树密度

图 4.8　邻位、间位及对位六元素环螺链图和聚苯六角链图的 BC 子树密度

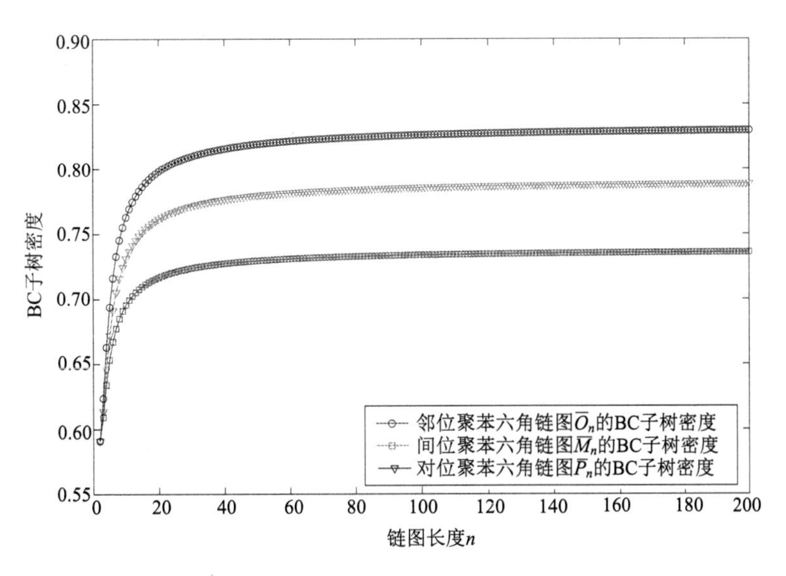

（b）邻位、间位和对位聚苯六角链图的BC子树密度

图4.8（续）

第5章　六角形链图和亚苯基链图的子树

六角形链图能代表无分支的渺位苯环分子（包括螺烯类），该类分子是理论和计算化学中苯型碳氢化合物的一个重要代表[173]. 此外，亚苯基属于非苯芳香性共轭π-电子体系，它由六元素环和四元素环构成，满足每一个四元素环仅与两个六元素环相邻，且六元素环之间不相邻. 若亚苯基的六元素环仅与最多两个四元素环相邻，则称之为亚苯基链图.

关于上述两类链图结构的众多指标在计算机、数学和化学领域已有许多研究. Balaban 和 Harary[174]解决了六角形链图的计数问题. Gutman[175]和 Brunvoll 等[176]证明了所有长度为 h 的六角形链图里，线性六角形链图 L_h 有最小的完美匹配数、最小的 Hosoya 指标（边独立数）、最小的最大图特征值、最大的 Wiener 指标和 Merrifield-Simmons 指标. 文献[177]给出了一个六角系统图的以 L 和 A-序列的形式表达 Clar 数的公式（L 和 A 分别代表以线性和角度方式黏合的六角形）. Dobrynin[178]给出了计算六角形链图的 Wiener 指标的简单公式及某些六角形链图之间 Wiener 指标相等的充要条件.

因为六角形链图的克库勒结构数等于对应的毛虫树的 Z-指标[179]，基于此关系，克库勒结构、连续多项式和路树的匹配（与 Fibonacci 数相关）间的一些不同寻常的关联由 Hosoya 和 Gutman[180]共同给出. Yang 和 Zhang[181]以 Laplace 谱的形式推导出了线性六角形链图 L_n 的 Kirchhoff 指标的显式闭合公式. 通过六角形链图的旋转粘贴操作，文献[182]研究了具有最大特征值的极值六角形链图结构. 关于六角形链图的更多内容参见文献[183]～文献[185]等.

但至今还未见上述两类链图结构的关于子树问题的研究. 本章利用 Tutte 多项式、图论和结构分析的方法首先推导出六角形链图 G_n（聚亚苯基链图 $\bar{G}_n$ 及辅助图 $\bar{M}_{n-1}$）的含相邻两个六元素圈的公共边 (u_n,v_n)［相邻四元素圈和六元素圈的公共边 $(\bar{u}_n,\bar{v}_n)$ 及 $(\bar{p}_{n-1},\bar{q}_{n-1})$］的子树的生成函数的隐式递推公式，然后给出两类链图的子树的生成函数的公式和基于 TCB 的子树的计数算法，并进一步给出长度为 n 的关于子树数指标的六角形链图和亚苯基链图的极值和极值图结构. 为便于理解基于 TCB 的子树计数算法的流程步骤，本章给出了这两类链图的子树的生成函数的计算过程实例分析. 最后，借助生成函数对它们的子树密度特性做了简要的分析.

§5.1　六角形链图和亚苯基链图的定义

因本章研究子树及相关问题，所以默认 $f := f_1$、$g := g_1$. 令 $G=[V(G),E(G);f,g]$ 为含 n 个顶点 m 条边的加权图，为便于叙述，记 $S(G;e_1)$ $[S(G;e_1,e_2)]$ 为 G 的含边 e_1（e_1 和 e_2）的子树的集合[其中 $e_1=(u_1,v_1)$、$e_2=(u_2,v_2)$ 为 G 的两条不同的边]. 同样地，G 的含边 e_1、含边 e_1 和 e_2 的子树的生成函数分别记为 $F(G;f,g;e_1)=\sum_{T_s\in S(G;e_1)}\omega(T_s)$ 和 $F(G;f,g;e_1,e_2)=$

$\sum_{T_s \in S(G;e_1,e_2)} \omega(T_s)$，则

$$\eta(G;e_1)=F(G;1,1;e_1),\quad \eta(G;e_1,e_2)=F(G;1,1;e_1,e_2)$$

定义 5.1　六角形链图由$n(n\geqslant 1)$个六角形$C_1,C_2,\cdots,C_n$组成，且满足如下特性：①不存在同时属于三个六角形的顶点；②不存在一个六角形与两个以上的六角形邻接. 六角形的个数称为它的长度. 显然，长度为n的六角形链图有$4n+2$个顶点和$5n+1$条边.

长度为n的六角形链图的集合记为$\mathcal{G}(n)$. 令$G_n=C_1C_2\cdots C_n\in\mathcal{G}(n)$，这里$C_k$代表$G_n$的第$k$个六角形，同时令$(u_k,v_k)$为$C_{k+1}$和$C_k$ $(k=1,2,\cdots,n-1)$的公共边.

当$n\geqslant 2$时，假定G_{n-1}为长度为$n-1$的六角形链图，(u_{n-1},v_{n-1})是六角形C_n的一条边. 易知该边有以下三种黏结方式:①分别黏结a、b；②分别黏结b、c；③分别黏结c、d，如图 5.1 所示. 将它们分别定义为α-型、β-型和γ-型黏结.

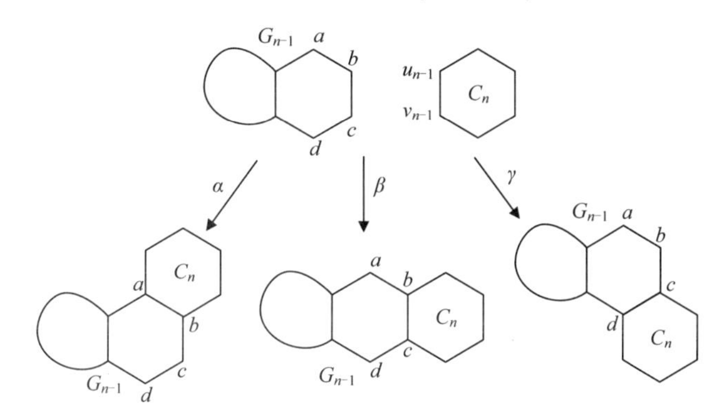

图 5.1　三种构造新的六角形链图的方式

本章也沿用文献[175]的记号，同时记$[O]_k(k\in\{\alpha,\beta,\gamma\})$为通过$k$-型黏结方式黏结一个新的六角形$C$到六角形链图$O$而形成的六角形链图. 这样，任一个$G_n(n\geqslant 2)$可以被表示为$[\cdots[[[L_2]_{k_2}]_{k_3}]\cdots]_{k_{n-1}}(k_i\in\{\alpha,\beta,\gamma\})$，因此$G_n$也可被记为$k_1k_2\cdots k_{n-1}$(当$i=1$、$k_1=\beta$时).

若$k_i=\beta$，那么$G_n=L_n$；如果$k_i=\{\alpha,\gamma\}$且$k_i\neq k_{i+1}$，那么$G_n=Z_n$；如果$k_i=\alpha$(或γ)，那么$G_n=H_n$. 图 5.2 给出了线性六角形链图L_n、Zigzag 链图Z_n和螺烯链图H_n的例图. 显然$\mathcal{G}(1)=\{L_1=Z_1=H_1\}$、$\mathcal{G}(2)=\{L_2=Z_2=H_2\}$、$\mathcal{G}(3)=\{L_3=Z_3=H_3\}$.

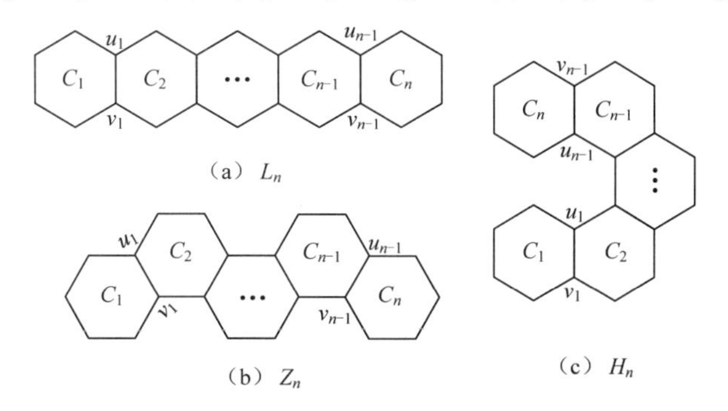

图 5.2　线性六角形链图、Zigzag 链图、螺烯链图的例图

定义 5.2[186]　亚苯基链图$\bar{G}$是由六元素和四元素环组成的图，满足每一个四元素环

邻接于一对非相邻的六元素环，六元素环（六角形）仅与四边形相邻接且每一个六元素环最多同两个四元素环相邻. $\bar{G}$ 中的六元素环个数称为它的长度. 显然长度为 n 的亚苯基链图有 $6n$ 个顶点和 $8n-2$ 条边.

显然，$\bar{G}_1$ 就是六角形 C_1，记 $\bar{G}_n=\bar{C}_1\bar{C}_2\cdots\bar{C}_n$ 为一个长度为 $n(n\geqslant 2)$ 的亚苯基链图，那么 $\bar{G}_n$ 可以看作在亚苯基链图 $\bar{G}_{n-1}$ 的基础上，通过一个四元素环 Q_{n-1} 黏结一个新的六角形 C_n 而成. 也就是说，对任一个 $\bar{G}_n(n\geqslant 2)$，每一对 C_k 和 C_{k+1} 都是通过 Q_k $(k=1,2,\cdots,n-1)$ 链图接到一起的，满足 $C_k\cap Q_k=(\bar{u}_k,\bar{v}_k)$ 且 $C_{k+1}\cap Q_k=(\bar{p}_k,\bar{q}_k)$（顺时针方向）. 同六角形链图一样，当 $n\geqslant 3$ 时，新的六角形可以有三种黏结方式（顺时针方向）：$\bar{u}_k$、$\bar{v}_k$ 分别和 $\bar{a}$、$\bar{b}$ 黏结，$\bar{b}$、$\bar{c}$ 黏结，$\bar{c}$、$\bar{d}$ 黏结（图 5.3）. 分别将它们定义为 $\bar{\alpha}$-型、$\bar{\beta}$-型和 $\bar{\gamma}$-型黏结，为方便起见，统一记为 $\bar{k}$-型黏结. 对应地，线性亚苯基链图 $\bar{L}_n$、Zigzag 链图 $\bar{Z}_n$ 和螺烯链图 $\bar{H}_n$ 是每一个六角形黏结方式分别为 $\bar{k}_i=\bar{\beta}$、$\bar{k}_i=\{\bar{\alpha},\bar{\gamma}\}$ 且 $\bar{k}_i\neq\bar{k}_{i+1}$ 和 $\bar{k}_i=\bar{\alpha}$(或 $\bar{\gamma}$) 的亚苯基链图.

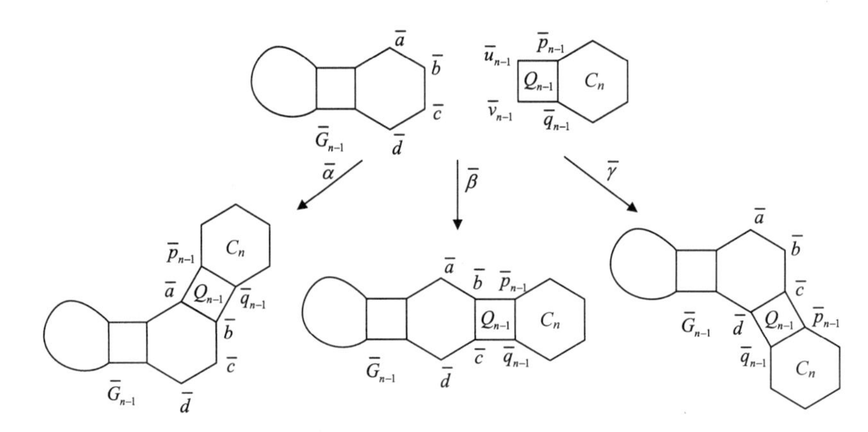

图 5.3　三种构造新的亚苯基链图的方式

§5.2　六角形链图和亚苯基链图的子树

为方便起见，首先证明几个有用的引理.

引理 5.1　令 $G=(V(G),E(G);f,g)$ 是一个加权图，且 $V(G)=V(G_1)\cup V(G_2)$、$E(G)=E(G_1)\cup E(G_2)$、$G_1\cap G_2=(u,v)$，顶点权重和边权重函数分别为 $f(v)=y\ [v\in V(G)]$ 和 $g(e)=z[e\in E(G)]$ [图 5.4（a）]，那么

$$F(G;f,g)=\frac{F[G_1;f,g;(u,v)]F[G_2;f,g;(u,v)]}{y^2z}+F[G\setminus(u,v);f,g] \qquad (5.1)$$

证明　可将 G 的所有子树分为两类：

（i）包含边 (u,v) 的子树；

（ii）不包含边 (u,v) 的子树.

显然，类（ii）的子树的生成函数是 $F[G\setminus(u,v);f,g]$；类（i）的子树是由 G_1 的含边 (u,v) 的子树和 G_2 的含边 (u,v) 的子树组合而成的，对于此类型的子树，边 (u,v) 的权重

y^2z 被计算了两次，因此要除去一次，引理成立.

引理 5.2　令 $U_n=[V(U_n),E(U_n);f,g]$ 为 n 个顶点且围长为 n 的加权单圈图，顶点和边权重函数分别为 $f(v)=y\,[v\in V(U_n)]$ 和 $g(e)=z\,[e\in E(U_n)]$［图 5.4（b）］，对任一条边 (v_{j-1},v_j) $[(u_j,v_j)]$，有

$$F[U_n;f,g;(u_j,v_j)]=F[U_n;f,g;(v_{j-1},v_j)]=\sum_{i=1}^{n-1}iy^{i+1}z^i \tag{5.2}$$

证明　由子树生成函数的定义，显然 $F(U_n;f,g)=n\left(\sum_{i-1}^{n}y^iz^{i-1}\right)$，且 $F[U_n\setminus(u_j,v_j);f,g]=F[U_n\setminus(v_{j-1},v_j);f,g]=\sum_{i=1}^{n}(n+1-i)y^iz^{i-1}$，引理成立.

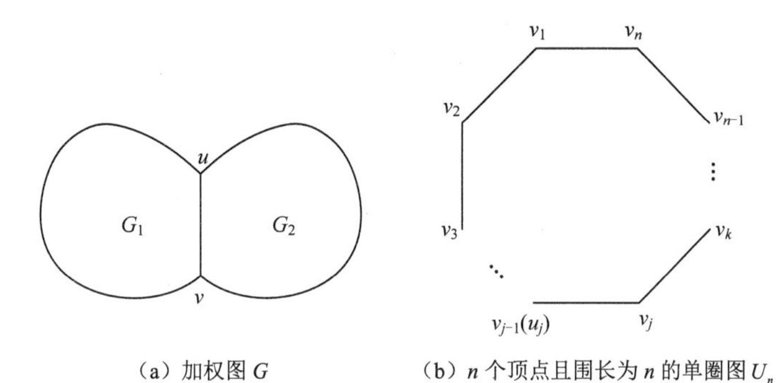

（a）加权图 G　　（b）n 个顶点且围长为 n 的单圈图 U_n

图 5.4　加权图 G 和 n 个顶点围长为 n 的单圈图 U_n

定义 5.3　令 $G_n=C_1C_2\cdots C_n$ 为如上所述长度为 n 的加权六角形链图，(u_k,v_k) 为 C_{k+1} 和 C_k $(k=1,2,\cdots,n-1)$ 的公共边，顶点权重函数为 f，边权重函数为 g.

（i）对 $j=1,2,\cdots,n-1$，令

$$\begin{cases}L_j=\{e\mid e\in C_j\wedge e\text{ 邻接于边}(u_j,v_j)\}\\ R_j=\{e\mid e\in C_{j+1}\wedge e\text{ 邻接于边 }(u_j,v_j)\}\end{cases}$$

分别记 E_j、E_j' 为 $G_n\backslash R_j$、$G_n\backslash\left[L_j\cup\bigcup_{k=j+1}^{n-1}(u_k,v_k)\right]$ 的含 (u_j,v_j) 的部分，约定若 $j+1>n-1$，那么 $\bigcup_{k=j+1}^{n-1}(u_k,v_k)=\varnothing$. 同时，记 $\varPhi_n=G_n\setminus\bigcup_{k=1}^{n-1}(u_k,v_k)$.

（ii）删除 E_i' $(n-1\geqslant i\geqslant 1)$ 的边 (u_i,v_i) 和 (u_n,v_n) 后包含 u_i 和 u_n（v_i 和 v_n）的部分被分别记为

$$\begin{cases}P_{i,1}=u_i(u_{i,1})u_{i,2}\cdots u_{i,l_i-1}u_n(u_{i,l_i}) & l_i\geqslant 2\\ P_{i,2}=v_i(v_{i,1})v_{i,2}\cdots v_{i,m_i-1}v_n(v_{i,m_i}) & m_i\geqslant 2\end{cases}$$

对于 $i=1,2,\cdots,n-1$，这里 $l_i+m_i=4(n-i)+2$，假定 $V(E_{n-1}')$ 的顶点按顺时针标记为 $u_{n-1}abcdv_{n-1}$. 那么，当 $k_n=\alpha$ 时，$u_n\equiv a$、$v_n\equiv b$；当 $k_n=\beta$ 时，$u_n\equiv b$、$v_n\equiv c$；当 $k_n=\gamma$ 时，$u_n\equiv c$、$v_n\equiv d$.

（iii）定义

$$d_{(v_{i-1},v_i)}(k_i)=\begin{cases}3 & k_i \text{ 是 } \alpha\\ 2 & k_i \text{ 是 } \beta\\ 1 & k_i \text{ 是 } \gamma\end{cases} \tag{5.3}$$

为顶点对 v_{i-1} 和 $v_i(2\leqslant i\leqslant n)$ 间的距离，显然，$m_i=\sum_{j=i+1}^{n}d_{(v_{j-1},v_j)}(k_j)+1$.

（iv）记 $\overline{T_{i,1}^{r}}$ $(\overline{\overline{T_{i,1}^{r}}})$ 为 $P_{i,1}\setminus(u_{i,r},u_{i,r+1})$ 的含顶点 $u_{i,r}$（$u_{i,r+1}$）$(r=1,2,\cdots,l_i-1)$ 的带权图. 同时，记 $\overline{T_{i,2}^{r}}$ $(\overline{\overline{T_{i,2}^{r}}})$ 为 $P_{i,2}\setminus(v_{i,r},v_{i,r+1})$ 的含顶点 $v_{i,r}$（$v_{i,r+1}$）$(r=1,2,\cdots,m_i-1)$ 的带权图.

5.2.1　六角形链图的子树

首先计算六角形链图 G_j 的含公共边 (u_j,v_j) 的子树的生成函数的迭代公式，即 $F[G_j;f,g;(u_j,v_j)]$；然后推导出计算六角形链图的子树的生成函数.

引理 5.3　令 $G_n=[V(G_n),E(G_n);f,g]$ 为定义 5.3 所述的长度为 n 的加权六角形链图，顶点和边权重函数分别为 $f(v)=y\,[v\in V(G_n)]$ 和 $g(e)=z\,[e\in E(G_n)]$，则

$$F[G_n;f,g;(u_n,v_n)]=\begin{cases}\displaystyle\sum_{i=1}^{n-1}\frac{1}{y^2z}F[E_i;f,g;(u_i,v_i)]\left[\sum_{r=1}^{m_i-1}(yz)^{4(n-i)+r+2-m_i}\sum_{k=1}^{m_i-r}y^kz^{k-1}\right.\\ \displaystyle\left.+\sum_{r=1}^{4(n-i)+1-m_i}(yz)^{m_i+r}\sum_{k=1}^{4(n-i)+2-m_i-r}y^kz^{k-1}\right]+\sum_{i=1}^{4n+1}iy^{i+1}z^i & n\geqslant 2\\ y^2z+2y^3z^2+3y^4z^3+4y^5z^4+5y^6z^5 & n=1\end{cases} \tag{5.4}$$

这里 E_j 就是 G_j $(j=1,2,\cdots,n-1)$；$m_i=\sum_{j=i+1}^{n}d_{(v_{j-1},v_j)}(k_j)+1$（路径 $P_{i,2}$ 的顶点数），$d_{(v_{j-1},v_j)}(k_j)$ 如式（5.3）所定义.

证明　当 $n=1$ 时，由引理 5.2 可知

$$F[G_1;f,g;(u_1,v_1)]=y^2z+2y^3z^2+3y^4z^3+4y^5z^4+5y^6z^5 \tag{5.5}$$

当 $n\geqslant 2$ 时，记

$$\begin{aligned}Q_i[(u_i,v_i),(u_n,v_n)]=\{a\cup b\mid a\in S[E_i;(u_i,v_i)]\wedge b\in S[E_i';(u_i,v_i),(u_n,v_n)]\\ \wedge E(a\cup b)=E(a)\cup E(b),\text{且}V(a\cup b)=V(a)\cup V(b)\}\end{aligned} \tag{5.6}$$

当 $i=1,2,\cdots,n-1$ 时，将子树集合 $S[G_n;(u_n,v_n)]$ 看作以下两个子集合的并：

$$S[G_n;(u_n,v_n)]=S[\varPhi_n;(u_n,v_n)]\cup\bigcup_{i=1}^{n-1}Q_i[(u_i,v_i),(u_n,v_n)]$$

由引理 5.2，易知 $S[\varPhi_n;(u_n,v_n)]$ 的子树生成函数为

$$\sum_{i=1}^{4n+1}iy^{i+1}z^i \tag{5.7}$$

把 $S[E_i';(u_i,v_i),(u_n,v_n)]$ $(i=1,2,\cdots,n-1)$ 中的子树分为两类：

（1）$S[E_i';(u_i,v_i),(u_n,v_n)]$ 中的含边 (u_i,v_i)、(u_n,v_n) 及路径 $P_{i,1}$ 的子树；

进一步把类（1）分为两类：

（1-i）不含边 $(v_{i,1}, v_{i,2})$；

（1-ii）含 $\bigcup_{j=1}^{r-1}(v_{i,j}, v_{i,j+1})$ 但不含边 $(v_{i,r}, v_{i,r+1})(r=2,3,\cdots,m_i-1)$.

由引理 2.1 和引理 4.1，可得类（1-i）的子树生成函数为

$$F(\overline{T_{i,2}^1}; f,g; v_{i,1})F(\overline{\overline{T_{i,2}^1}}; f,g; v_{i,m_i})z^{l_i+1}y^{l_i} \tag{5.8}$$

即

$$(yz)^{l_i+1}\sum_{k=1}^{m_i-1} y^k z^{k-1} \tag{5.9}$$

当 $r=2,3,\cdots,m_i-1$ 时，类（1-ii）的子树的生成函数为

$$[F(\overline{T_{i,2}^r}; f,g; v_{i,1}) - F(\overline{T_{i,2}^{r-1}}; f,g; v_{i,1})]F(\overline{\overline{T_{i,2}^r}}; f,g; v_{i,m_i})z^{l_i+1}y^{l_i} \tag{5.10}$$

等价于

$$(yz)^{l_i+r}\sum_{k=1}^{m_i-r} y^k z^{k-1} \tag{5.11}$$

同样的论证，当 $r=1,2,\cdots,l_i-1$ 时，类（2）的子树的生成函数为

$$(yz)^{m_i+r}\sum_{k=1}^{l_i-r} y^k z^{k-1} \tag{5.12}$$

因为集合 $S[E_i;(u_i,v_i)]$ 或 $S[E_i';(u_i,v_i),(u_n,v_n)]$ 中的每一棵子树都包含边 (u_i,v_i)，该边的权重为 y^2z，所以 $Q_i[(u_i,v_i),(u_n,v_n)]$［式（5.6）］的子树的生成函数为

$$\frac{1}{y^2z}F[E_i; f,g; (u_i,v_i)]F[E_i'; f,g; (u_i,v_i),(u_n,v_n)] \tag{5.13}$$

因而，由式（5.7）、式（5.9）、式（5.11）～式（5.13），可得 $S[G_n;(u_n,v_n)]$ 的子树的生成函数如式（5.4）所示.

定理 5.1　令 $G_n=[V(G_n),E(G_n);f,g]$ 为定义 5.3 所述的长度为 n 的加权六角形链图，顶点和边权重函数分别为 $f(v)=y\,[v\in V(G_n)]$ 和 $g(e)=z\,[e\in E(G_n)]$，则

$$F(G_n; f,g)=\sum_{j=1}^{n-1}\left(\sum_{i=1}^{4(n-j)+1} iy^{i-1}z^{i-1}\right)F[E_j; f,g; (u_j,v_j)]+(4n+2)\left(\sum_{i=1}^{4n+2} y^i z^{i-1}\right) \tag{5.14}$$

式中，E_j 即 G_j $(j=1,2,\cdots,n-1)$；$F[E_j; f,g; (u_j,v_j)]$ 如式（5.4）所示.

证明　当 $n=1$ 时，易知

$$F(G_1; f,g)=6(y+y^2z+y^3z^2+y^4z^3+y^5z^4+y^6z^5)$$

当 $n\geqslant 2$ 时，把 G_n 的子树分为如下两类：

（i）包含边 $e_{n-1}=(u_{n-1},v_{n-1})$ 的子树；

（ii）不包含边 $e_{n-1}=(u_{n-1},v_{n-1})$ 的子树.

由定义 5.3 可知，类（i）的子树可表示为

$$\{a\cup b \mid a\in S(E_{n-1};e_{n-1})\wedge b\in S(E_{n-1}';e_{n-1})\wedge E(a\cup b)=E(a)\cup E(b) \tag{5.15}$$

且

且

$$V(a \cup b) = V(a) \cup V(b)$$

式中，$e_{n-1} = (u_{n-1}, v_{n-1})$.

由定义 5.3，引理 5.2 和式（5.15）知，因 $S(E_{n-1}; e_{n-1})$ 或 $S(E'_{n-1}; e_{n-1})$ 里的每棵子树都包含边 e_{n-1}（权重为 $y^2 z$），可得类（i）的子树的生成函数为

$$\begin{aligned} &F[E_{n-1}; f, g; (u_{n-1}, v_{n-1})] F[E'_{n-1}; f, g; (u_{n-1}, v_{n-1})] / (y^2 z) \\ &= F[E_{n-1}; f, g; (u_{n-1}, v_{n-1})] \sum_{i=1}^{5} i y^{i-1} z^{i-1} \end{aligned} \tag{5.16}$$

很显然，类（ii）即子树集 $S(G_n \setminus e_{n-1})$，对图 $G_n \Bigg\backslash \left[\bigcup_{k=n-j}^{n-1} (u_k, v_k) \right] (j = 1, 2, \cdots, n-2)$ 进行递归分析，可得 G_n 的子树生成函数如式（5.14）所示.

将 $y = 1$ 和 $z = 1$ 代入式（5.4），可得

$$\begin{aligned} &\eta[G_n; (u_n, v_n)] = F[G_n; 1, 1; (u_n, v_n)] \\ &= \sum_{i=1}^{n-1} \eta[G_i; (u_i, v_i)][8(n-i)^2 + m_i^2 - 2m_i + 1 + (6 - 4m_i)(n-i)] + 8n^2 + 6n + 1 \end{aligned} \tag{5.17}$$

式中，$m_i = \sum_{j=i+1}^{n} d_{(v_{j-1}, v_j)}(k_j) + 1$（路径 $P_{i,2}$ 的顶点数）且 $\eta[G_1; (u_1, v_1)] = 15$.

将 $y = 1$ 和 $z = 1$ 代入式（5.14），可得以下推论.

推论 5.1　六角形链图 G_n 的子树数为

$$\eta(G_n) = \sum_{j=1}^{n-1} [8(n-j)^2 + 6(n-j) + 1] \eta[G_j; (u_j, v_j)] + 16n^2 + 16n + 4 \tag{5.18}$$

式中，$\eta[G_j; (u_j, v_j)]$ 即式（5.17）且 $\eta[G_1; (u_1, v_1)] = 15$.

对于线性六角形链图 L_n 和螺烯链图 H_n，可知 $k_i = \beta$、$k_i = \alpha$（或 γ），即 $m_i = 2(n-i) + 1$、$m_i = 3(n-i) + 1$. 由式（5.17）可得

$$\begin{cases} \eta[L_n; (u_n, v_n)] = \sum_{i=1}^{n-1} \eta[L_i; (u_i, v_i)][4(n-i)^2 + 2(n-i)] + 8n^2 + 6n + 1 \\ \eta[H_n; (u_n, v_n)] = \sum_{i=1}^{n-1} \eta[H_i; (u_i, v_i)][5(n-i)^2 + 2(n-i)] + 8n^2 + 6n + 1 \end{cases} \tag{5.19}$$

为了计算上述 L_n 和 H_n 这两类链图的子树数，接下来构造对应计数序列的常规生成函数，如下：

$$L(x) = \sum_{n=1}^{\infty} \eta[L_n; (u_n, v_n)] x^n$$

$$G_L(x) = \sum_{n=1}^{\infty} (4n^2 + 2n) x^n$$

$$H(x) = \sum_{n=1}^{\infty} \eta[H_n; (u_n, v_n)] x^n$$

$$G_H(x) = \sum_{n=1}^{\infty} (5n^2 + 2n) x^n$$

$$\sum_{n=1}^{\infty} x^n = \frac{x}{1-x}$$

$$\sum_{n=1}^{\infty} nx^n = \frac{x}{(1-x)^2}$$

$$\sum_{n=1}^{\infty} n^2 x^n = \frac{x+x^2}{(1-x)^3}$$

则式（5.19）可被改写为

$$\begin{cases} L(x) = L(x)G_L(x) + 8\dfrac{x+x^2}{(1-x)^3} + 6\dfrac{x}{(1-x)^2} + \dfrac{x}{1-x} \\ H(x) = H(x)G_H(x) + 8\dfrac{x+x^2}{(1-x)^3} + 6\dfrac{x}{(1-x)^2} + \dfrac{x}{1-x} \end{cases}$$

解 $L(x)$ 和 $H(x)$ 可得

$$\begin{cases} L(x) = \dfrac{x(x^2+15)}{1-9x+x^2-x^3} \\ H(x) = \dfrac{x(x^2+15)}{1-10x-x^3} \end{cases}$$

采用同样的方法，由式（5.18）可得

$$\sum_{n=1}^{\infty} \eta(L_n)x^n = \left[8\frac{x+x^2}{(1-x)^3} + 6\frac{x}{(1-x)^2} + \frac{x}{1-x}\right]L(x) + 16\frac{x+x^2}{(1-x)^3} + 16\frac{x}{(1-x)^2} + 4\frac{x}{1-x} = \frac{x(3x^3-6x^2+35x-36)}{(x-1)(x^3-x^2+9x-1)} \tag{5.20}$$

$$\sum_{n=1}^{\infty} \eta(H_n)x^n = \left[8\frac{x+x^2}{(1-x)^3} + 6\frac{x}{(1-x)^2} + \frac{x}{1-x}\right]H(x) + 16\frac{x+x^2}{(1-x)^3} + 16\frac{x}{(1-x)^2} + 4\frac{x}{1-x} = \frac{x(3x^5-8x^4+46x^3-84x^2+143x-36)}{(x-1)^3(x^3+10x-1)} \tag{5.21}$$

展开上面的生成函数，可得表 5.1.

表 5.1　线性六角形链图 L_n 和螺烯链图 H_n ($n \leqslant 18$)的子树数

k	$\eta(L_k)$	$\eta(H_k)$	k	$\eta(L_k)$	$\eta(H_k)$
1	36	36	10	12814244677	31080568522
2	325	325	11	114050208496	311115868473
3	2896	3121	12	1015077391251	3114263639179
4	25779	30954	13	9034460557444	31173716955700
5	229444	309349	14	80409117834245	312048285420061
6	2042117	3095807	15	715662677342016	3123597117833513
7	18175392	30987868	16	6369589438801347	31267144895283626
8	161765859	310186457	17	56691051389704356	312983497238248125
9	1439759460	3104958325	18	504565535745879877	3132958569500305511

5.2.2 亚苯基链图的子树

接下来讨论亚苯基链图的子树. 为方便叙述，需引入一些符号.

定义 5.4 令 $\overline{G}_n=\overline{C}_1\overline{C}_2\cdots\overline{C}_n$ 是 5.1 节定义的长度为 n 的加权亚苯基链图，顶点权重函数为 f，边权重函数为 g.

（i）对 $j=1,2,\cdots,n-1$，定义

$$L_j^1=\{e\,|\,e\in Q_j\wedge e\text{邻接于边}(\overline{p}_j,\overline{q}_j)\}$$
$$R_j^1=\{e\,|\,e\in C_{j+1}\wedge e\text{ 邻接于边}(\overline{p}_j,\overline{q}_j)\}$$
$$L_j^2=\{e\,|\,e\in C_j\wedge e\text{邻接于边}(\overline{u}_j,\overline{v}_j)\}$$
$$R_j^2=\{e\,|\,e\in Q_j\wedge\text{邻接于边}(\overline{u}_j,\overline{v}_j)\}$$

分别记 E_j、E'_j 为 $\overline{G}_n\setminus R_j^2$、$\overline{G}_n\setminus[L_j^2\cup\bigcup\limits_{k=j+1}^{n-1}(\overline{u}_k,\overline{v}_k)\cup\bigcup\limits_{k=j}^{n-1}(\overline{p}_k,\overline{q}_k)]$ 的含 $(\overline{u}_j,\overline{v}_j)$ 的部分；同时，分别记 M_j、M'_j 为 $\overline{G}_n\setminus R_j^1$、$\overline{G}_n\setminus[L_j^1\cup\bigcup\limits_{k=j+1}^{n-1}(\overline{u}_k,\overline{v}_k)\cup\bigcup\limits_{k=j+1}^{n-1}(\overline{p}_k,\overline{q}_k)]$ 的含 $(\overline{p}_j,\overline{q}_j)$ 的部分. 约定若 $j+1>n-1$，则 $\bigcup\limits_{k=j+1}^{n-1}(\overline{u}_k,\overline{v}_k)=\varnothing$，记 $\overline{\Phi}_n=\overline{G}_n\setminus\left[\bigcup\limits_{k=1}^{n-1}(\overline{u}_k,\overline{v}_k)\cup\bigcup\limits_{k=1}^{n-1}(\overline{p}_k,\overline{q}_k)\right]$.

（ii）假定 $V(E'_{n-1})$ 的顶点按照顺时针方向标记为 $\overline{u}_{n-1}\overline{p}_{n-1}abcd\overline{q}_{n-1}\overline{v}_{n-1}$。那么，当 $\overline{k}_n=\overline{\alpha}$ 时，$\overline{u}_n\equiv a$、$\overline{v}_n\equiv b$；当 $\overline{k}_n=\overline{\beta}$ 时，$\overline{u}_n\equiv b$、$\overline{v}_n\equiv c$；而当 $\overline{k}_n=\overline{\gamma}$ 时，$\overline{u}_n\equiv c$、$\overline{v}_n\equiv d$. 记删除 E'_i $(n-1\geqslant i\geqslant 1)$ 的边 $(\overline{u}_i,\overline{v}_i)$ 和 $(\overline{u}_n,\overline{v}_n)$ 后包含 $\overline{u}_i$ 和 $\overline{u}_n$（$\overline{v}_i$ 和 $\overline{v}_n$）的图分别为

$$\begin{cases}P_{i,1}^1=\overline{u}_i(\overline{u}_{i,1})\overline{u}_{i,2}\cdots\overline{u}_{i,\overline{l}_i-1}\overline{u}_n(\overline{u}_{i,\overline{l}_i}) & \overline{l}_i\geqslant 3\\ P_{i,2}^1=\overline{v}_i(\overline{v}_{i,1})\overline{v}_{i,2}\cdots\overline{v}_{i,\overline{m}_i-1}\overline{v}_n(\overline{v}_{i,\overline{m}_i})(\overline{m}_i\geqslant 3) & i=1,2,\cdots,n-1\end{cases}$$

式中，$\overline{l}_i+\overline{m}_i=6(n-i)+2$.

同样，$M'_i\setminus[(\overline{p}_i,\overline{q}_i)\cup(\overline{u}_n,\overline{v}_n)]$ 的含 $\overline{p}_i$ 和 $\overline{u}_n$（$\overline{q}_i$ 和 $\overline{v}_n$）的图被分别记为

$$\begin{cases}P_{i,1}^2=\overline{p}_i(\overline{p}_{i,1})\overline{p}_{i,2}\cdots\overline{p}_{i,\overline{z}_i-1}\overline{u}_n(\overline{p}_{i,\overline{z}_i}) & \overline{z}_i\geqslant 2\\ P_{i,2}^2=\overline{q}_i(\overline{q}_{i,1})\overline{q}_{i,2}\cdots\overline{q}_{i,\overline{w}_i-1}\overline{v}_n(\overline{q}_{i,\overline{w}_i})(\overline{w}_i\geqslant 2) & i=1,2,\cdots,n-1\end{cases}$$

式中，$\overline{z}_i+\overline{w}_i=6(n-i)$.

（iii）定义

$$\overline{d}_{(\overline{v}_{i-1},\overline{v}_i)}(\overline{k}_i)=\begin{cases}4 & \overline{k}_i\text{是}\overline{\alpha}\\ 3 & \overline{k}_i\text{是}\overline{\beta}\\ 2 & \overline{k}_i\text{是}\overline{\gamma}\end{cases}\tag{5.22}$$

为顶点对 $\overline{v}_{i-1}$ 和 $\overline{v}_i$ 间的距离（$2\leqslant i\leqslant n$），显然，$\overline{m}_i=\sum\limits_{j=i+1}^{n}\overline{d}_{(\overline{v}_{j-1},\overline{v}_j)}(\overline{k}_j)+1$ 且易知 $\overline{w}_i=\overline{m}_i-1$.

引理 5.4 令 $\overline{G}_n$ 为定义 5.4 所述的亚苯基链图，顶点权重函数为 $f(v)=y[v\in V(\overline{G}_n)]$，边权重函数为 $g(e)=z[e\in E(\overline{G}_n)]$，则

$$F[\overline{G}_n;f,g;(\overline{u}_n,\overline{v}_n)]=\sum_{i=1}^{n-1}\frac{1}{y^2z}\left\{F[E_i;f,g;(\overline{u}_i,\overline{v}_i)]\left[\sum_{r=1}^{\overline{m}_i-1}(yz)^{6(n-i)+r+2-\overline{m}_i}\sum_{k=1}^{\overline{m}_i-r}y^kz^{k-1}\right.\right.$$
$$\left.+\sum_{r=1}^{6(n-i)+1-\overline{m}_i}(yz)^{\overline{m}_i+r}\sum_{k=1}^{6(n-i)+2-\overline{m}_i-r}y^kz^{k-1}\right]$$
$$+F[M_i;f,g;(\overline{p}_i,\overline{q}_i)]\left[\sum_{r=1}^{\overline{w}_i-1}(yz)^{6(n-i)+r-\overline{w}_i}\sum_{k=1}^{\overline{w}_i-r}y^kz^{k-1}\right.$$
$$\left.\left.+\sum_{r=1}^{6(n-i)-1-\overline{w}_i}(yz)^{\overline{w}_i+r}\sum_{k=1}^{6(n-i)-\overline{w}_i-r}y^kz^{k-1}\right]\right\}+\sum_{i=1}^{6n-1}iy^{i+1}z^i \tag{5.23}$$

且

$$F[M_{n-1};f,g;(\overline{p}_{n-1},\overline{q}_{n-1})]$$
$$=2y^2z^2F[E_{n-1};f,g;(\overline{u}_{n-1},\overline{v}_{n-1})]$$
$$+\sum_{i=1}^{n-2}\frac{1}{y^2z}\left\{F[E_i;f,g;(\overline{u}_i,\overline{v}_i)]\left[\sum_{r=1}^{\overline{m}_i-\overline{m}_{n-1}+1}(yz)^{6(n-i)+r+\overline{m}_{n-1}-4-\overline{m}_i}\sum_{k=1}^{\overline{m}_i+2-\overline{m}_{n-1}-r}y^kz^{k-1}\right.\right.$$
$$\left.+\sum_{r=1}^{6(n-i)+\overline{m}_{n-1}-5-\overline{m}_i}(yz)^{\overline{m}_i+2-\overline{m}_{n-1}+r}\sum_{k=1}^{6(n-i)+\overline{m}_{n-1}-4-\overline{m}_i-r}y^kz^{k-1}\right]$$
$$+F[M_i;f,g;(\overline{p}_i,\overline{q}_i)]\left[\sum_{r=1}^{\overline{w}_i-\overline{w}_{n-1}}(yz)^{6(n-i)+r+\overline{w}_{n-1}-5-\overline{w}_i}\sum_{k=1}^{\overline{w}_i+1-\overline{w}_{n-1}-r}y^kz^{k-1}\right.$$
$$\left.\left.+\sum_{r=1}^{6(n-i)+\overline{w}_{n-1}-6-\overline{w}_i}(yz)^{\overline{w}_i+1-\overline{w}_{n-1}+r}\sum_{k=1}^{6(n-i)+\overline{w}_{n-1}-5-\overline{w}_i-r}y^kz^{k-1}\right]\right\}+\sum_{i=1}^{6n-5}iy^{i+1}z^i \tag{5.24}$$

式中，E_i 即为 $\overline{G}_i$；M_i 如定义 5.4 的（i）所述；$\overline{m}_i=\sum_{j=i+1}^{n}\overline{d}_{(\overline{v}_{j-1},\overline{v}_j)}(\overline{k}_j)+1$、$\overline{w}_i=\overline{m}_i-1$，分别代表路径 $P_{i,2}^1$ 和 $P_{i,2}^2$ 的顶点数[见定义 5.4 的（iii）所述]，且

$$\begin{cases}F[\overline{G}_1;f,g;(\overline{u}_1,\overline{v}_1)]=y^2z+2y^3z^2+3y^4z^3+4y^5z^4+5y^6z^5\\F[M_1;f,g;(\overline{p}_1,\overline{q}_1)]=y^2z+2y^3z^2+5y^4z^3+8y^5z^4+11y^6z^5+14y^7z^6+17y^8z^7\end{cases}$$

证明　当 $n=1$ 时，易知

$$\begin{cases}F[\overline{G}_1;f,g;(\overline{u}_1,\overline{v}_1)]=y^2z+2y^3z^2+3y^4z^3+4y^5z^4+5y^6z^5\\F[M_1;f,g;(\overline{p}_1,\overline{q}_1)]=y^2z+2y^3z^2+5y^4z^3+8y^5z^4+11y^6z^5+14y^7z^6+17y^8z^7\end{cases}$$

当 $n\geqslant 2$ 时，对于 $i=1,2,\cdots,n-1$，令

$$Q_i^1[(\overline{u}_i,\overline{v}_i),(\overline{u}_n,\overline{v}_n)]=\{a\cup b\mid a\in S[E_i;(\overline{u}_i,\overline{v}_i)]\wedge b\in S[E_i';(\overline{u}_i,\overline{v}_i),(\overline{u}_n,\overline{v}_n)]$$
$$\wedge E(a\cup b)=E(a)\cup E(b),\text{且}V(a\cup b)=V(a)\cup V(b)\} \tag{5.25}$$

$$Q_i^2[(\overline{p}_i,\overline{q}_i),(\overline{u}_n,\overline{v}_n)]=\{a\cup b\mid a\in S[M_i;(\overline{p}_i,\overline{q}_i)]\wedge b\in S[M_i';(\overline{p}_i,\overline{q}_i),(\overline{u}_n,\overline{v}_n)]$$
$$\wedge E(a\cup b)=E(a)\cup E(b),\text{且}V(a\cup b)=V(a)\cup V(b)\} \tag{5.26}$$

将子树集合 $S[\overline{G}_n;(\overline{u}_n,\overline{v}_n)]$ 做如下划分：

$$S[\overline{G}_n;(\overline{u}_n,\overline{v}_n)]=S[\overline{\Phi}_n;(\overline{u}_n,\overline{v}_n)]\cup\bigcup_{i=1}^{n-1}Q_i^1[(\overline{u}_i,\overline{v}_i),(\overline{u}_n,\overline{v}_n)]\cup\bigcup_{i=1}^{n-1}Q_i^2[(\overline{p}_i,\overline{q}_i),(\overline{u}_n,\overline{v}_n)]$$

同样，对子树集合 $S[M_{n-1};(\overline{p}_{n-1},\overline{q}_{n-1})]$ 也做类似的划分，类似引理 5.3 的分析，可证得结论成立，在此略去细节.

定理5.2　令 $\overline{G}_n=[V(\overline{G}_n),E(\overline{G}_n);f,g]$ 为定义 5.4 所述的长度为 n 的加权亚苯基链图，顶点和边权重函数分别为 $f(v)=y[v\in V(\overline{G}_n)]$ 和 $g(e)=z[e\in E(\overline{G}_n)]$，则

$$F(\overline{G}_n;f,g)=\sum_{j=1}^{n-1}\left(\sum_{i=1}^{6(n-j)+1}iy^{i-1}z^{i-1}\right)F[E_j;f,g;(\overline{u}_j,\overline{v}_j)]+6n\sum_{i=1}^{6n}y^iz^{i-1}$$
$$+\sum_{j=1}^{n-1}\left(\sum_{i=1}^{6(n-j)-1}iy^{i-1}z^{i-1}\right)F[M_j;f,g;(\overline{p}_j,\overline{q}_j)] \tag{5.27}$$

式中，$F[E_j;f,g;(\overline{u}_j,\overline{v}_j)]$ 和 $F[M_j;f,g;(\overline{p}_j,\overline{q}_j)]$ 即式（5.23）和式（5.24）.

证明　当 $n=1$ 时，易知

$$F(\overline{G}_1;f,g)=6(y+y^2z+y^3z^2+y^4z^3+y^5z^4+y^6z^5) \tag{5.28}$$

当 $n\geqslant 2$ 时，将 $\overline{G}_n$ 的子树分为如下两类：

（1）包含边 $(\overline{p}_{n-1},\overline{q}_{n-1})$ 的子树；

（2）不含边 $(\overline{p}_{n-1},\overline{q}_{n-1})$ 的子树.

易知类（1）即子树集合

$$\{a\cup b\mid a\in S[M_{n-1};(\overline{p}_{n-1},\overline{q}_{n-1})]\wedge b\in S[M'_{n-1};(\overline{p}_{n-1},\overline{q}_{n-1})]$$
$$\wedge E(a\cup b)=E(a)\cup E(b),\text{且}V(a\cup b)=V(a)\cup V(b)\} \tag{5.29}$$

由定义 5.4 和引理 5.2，可知类（1）的生成函数为

$$F[M_{n-1};f,g;(\overline{p}_{n-1},\overline{q}_{n-1})]\sum_{i=1}^{5}iy^{i-1}z^{i-1} \tag{5.30}$$

很显然，类（2）即 $S[\overline{G}_n-(\overline{p}_{n-1},\overline{q}_{n-1})]$ 的子树，接下来将类（2）的子树细分为如下两类：

（2-i）含边 $(\overline{u}_{n-1},\overline{v}_{n-1})$ 的子树；

（2-ii）不含边 $(\overline{u}_{n-1},\overline{v}_{n-1})$ 的子树.

同样的分析，可得类（2-i）的生成函数为

$$F[E_{n-1};f,g;(\overline{u}_{n-1},\overline{v}_{n-1})]\sum_{i=1}^{7}iy^{i-1}z^{i-1} \tag{5.31}$$

对图 $\overline{G}_n\setminus\left[\bigcup_{k=n-j}^{n-1}(\overline{u}_k,\overline{v}_k)\cup\bigcup_{k=n-j}^{n-1}(\overline{p}_k,\overline{q}_k)\right](j=1,2,\cdots,n-2)$ 进行类似的递归分析，直到它成为一个单圈图，这样最终可得 $\overline{G}_n$ 的生成函数为

$$\sum_{j=1}^{n-1}\left(\sum_{i=1}^{6(n-j)-1}iy^{i-1}z^{i-1}\right)F[M_j;f,g;(\overline{p}_j,\overline{q}_j)]+\sum_{j=1}^{n-1}\left(\sum_{i=1}^{6(n-j)+1}iy^{i-1}z^{i-1}\right)F[E_j;f,g;(\overline{u}_j,\overline{v}_j)]$$
$$+F(\overline{G}_1;f,g) \tag{5.32}$$

由式（5.28）、式（5.32）及引理 5.4，可知本定理成立.

将 $y=1$ 和 $z=1$ 代入式（5.23）、式（5.24）和式（5.27），可得下面的推论.

推论 5.2　亚苯基链图 $\overline{G}_n$ 的子树数为

$$\eta(\overline{G}_n)=\sum_{j=1}^{n-1}[18(n-j)^2+9(n-j)+1]\eta[\overline{G}_j;(\overline{u}_j,\overline{v}_j)]+36n^2+\sum_{j=1}^{n-1}[18(n-j)^2-3(n-j)]\eta[M_j;(\overline{p}_j,\overline{q}_j)] \tag{5.33}$$

同时

$$\begin{aligned}\eta[\overline{G}_n;(\overline{u}_n,\overline{v}_n)]&=F[\overline{G}_n;1,1;(\overline{u}_n,\overline{v}_n)]\\&=\sum_{i=1}^{n-1}\{\eta[\overline{G}_i;(\overline{u}_i,\overline{v}_i)][18(n-i)^2+9(n-i)-(6n-6i+2)\overline{m}_i+\overline{m}_i^{\,2}+1]\\&\quad+\eta[M_i;(\overline{p}_i,\overline{q}_i)][18(n-i)^2-3(n-i)-6(n-i)\overline{w}_i+\overline{w}_i^{\,2}]\}\\&\quad+18n^2-3n\end{aligned} \tag{5.34}$$

且

$$\begin{aligned}\eta[M_{n-1};(\overline{p}_{n-1},\overline{q}_{n-1})]&=F[M_{n-1};1,1;(\overline{p}_{n-1},\overline{q}_{n-1})]\\&=2\eta[\overline{G}_{n-1};(\overline{u}_{n-1},\overline{v}_{n-1})]+\sum_{i=1}^{n-2}\{\eta[\overline{G}_i;(\overline{u}_i,\overline{v}_i)][18(n-i)^2\\&\quad+6(i+1-n)(\overline{m}_i-\overline{m}_{n-1})+(\overline{m}_i-\overline{m}_{n-1})^2-27(n-i)+11]\\&\quad+\eta[M_i;(\overline{p}_i,\overline{q}_i)][18(n-i)^2+(\overline{w}_i-\overline{w}_{n-1})^2+6(i+1-n)(\overline{w}_i-\overline{w}_{n-1})\\&\quad-33(n-i)+15]\}+18n^2-27n+10\end{aligned} \tag{5.35}$$

式中，$\overline{G}_i$ 即 E_i；M_i 如定义 5.4 的（i）所述；$\overline{m}_i=\sum_{j=i+1}^{n}\overline{d}_{(\overline{v}_{j-1},\overline{v}_j)}(\overline{k}_j)+1$、$\overline{w}_i=\overline{m}_i-1\,(i=1,2,\cdots,n-1)$；$\eta[\overline{G}_1;(\overline{u}_1,\overline{v}_1)]=15$、$\eta[M_1;(\overline{p}_1,\overline{q}_1)]=58$.

对于线性亚苯基链图 $\overline{L}_n$ 和螺烯链图 $\overline{H}_n$，它们的黏结分别满足 $\overline{k}_i=\overline{\beta}$、$\overline{k}_i=\overline{\alpha}$（或 $\overline{\gamma}$），即 $\overline{m}_i=3(n-i)+1$、$\overline{m}_i=4(n-i)+1$. 由式（5.34）和式（5.35）可得

$$\eta[\overline{L}_n;(\overline{u}_n,\overline{v}_n)]=\sum_{i=1}^{n-1}\{\eta[\overline{L}_i;(\overline{u}_i,\overline{v}_i)][9(n-i)^2+3(n-i)]+\eta[M_i;(\overline{p}_i,\overline{q}_i)][9(n-i)^2-3(n-i)]\}+18n^2-3n \tag{5.36}$$

同时

$$\eta[M_{n-1};(\overline{p}_{n-1},\overline{q}_{n-1})]=2\eta[\overline{L}_{n-1};(\overline{u}_{n-1},\overline{v}_{n-1})]+\sum_{i=1}^{n-2}\{\eta[\overline{L}_i;(\overline{u}_i,\overline{v}_i)][9(n-i)^2-9(n-i)+2]+\eta[M_i;(\overline{p}_i,\overline{q}_i)][9(n-i)^2-15(n-i)+6]\}+18n^2-27n+10 \tag{5.37}$$

$$\eta[\overline{H}_n;(\overline{u}_n,\overline{v}_n)]=\sum_{i=1}^{n-1}\{\eta[\overline{H}_i;(\overline{u}_i,\overline{v}_i)][10(n-i)^2+3(n-i)]+\eta[M_i;(\overline{p}_i,\overline{q}_i)][10(n-i)^2-3(n-i)]\}+18n^2-3n \tag{5.38}$$

同时

$$\eta[M_{n-1};(\bar{p}_{n-1},\bar{q}_{n-1})]=2\eta[\bar{H}_{n-1};(\bar{u}_{n-1},\bar{v}_{n-1})]+\sum_{i=1}^{n-2}\{\eta[\bar{H}_i;(\bar{u}_i,\bar{v}_i)][10(n-i)^2-11(n-i)+3]$$
$$+\eta[M_i;(\bar{p}_i,\bar{q}_i)][10(n-i)^2-17(n-i)+7]\}+18n^2-27n+10 \qquad (5.39)$$

其中，式（5.36）和式（5.37）[式（5.38）和式（5.39）]中的 M_i 分别为 $\bar{G}_n=\bar{L}_n$（$\bar{G}_n=\bar{H}_n$）时定义 5.4 中（i）所定义的 M_i（$i=1,2,\cdots,n-1$）.

说明 5.1 尽管仍可借助分析的方法找到 $\eta(\bar{L}_n)$ 和式 $\eta(\bar{H}_n)$ 的精确公式，但在此不做详述.

由推论 5.2 及式（5.34）和式（5.35），类似于六角形链图的论证可以确定具有最小和最多子树的亚苯基链图，在此仅给出如下定理而略去证明细节.

定理 5.3 长度为 $n(n\geqslant 3)$ 的亚苯基链图中，$\bar{H}_n$（$\bar{L}_n$）是唯一的具有最大（小）子树数指标的亚苯基链图.

定理 5.4[172] 长度为 $n(n\geqslant 3)$ 的亚苯基链图，有 $W(\bar{H}_n)\leqslant W(\bar{G}_n)\leqslant W(\bar{L}_n)$.

结合定理 5.3 和定理 5.4，Wiener 指标和子树数指标间的这种反序关系在亚苯基链图上也成立.

5.2.3 关于子树数指标的极值和极图结构

Wiener 指标和子树数间的反序关系在 n 个顶点的所有树[146]、具有相同叶子数目的二叉树[21,111]、具有给定度序列的树[115,125,170]上均成立. 第 4 章将该反序结论从树推广到六元素环螺链图和聚苯六角链图，接下来研究关于子树数指标的极值六角形链图结构，并进一步探讨两个指标间的关系.

令 $G_n=C_1C_2\cdots C_n$ 为定义 5.3 所述的长度为 $n(n\geqslant 3)$ 的六角形链图. 由推论 5.1 可知，G_n 有最大（小）的子树数指标，当且仅当 $j>1$ 时，$\eta[G_j;(u_j,v_j)]$ 是最大（小）的. 结合式（5.17），即等价于 $k_j=\alpha$(或 γ)（$k_j=\beta$），易推得下面的结论成立.

定理 5.5 长度为 $n(n\geqslant 3)$ 的所有六角形链图中，H_n 是唯一的具有最大子树数指标的六角形链图，L_n 是唯一的具有最小子树数指标的六角形链图.

关于六角形链图的 Wiener 指标的极值和极值图结构，用以下定理描述已有的一个结果.

定理 5.6[187] 令 G 是长度为 $n(n\geqslant 1)$ 的六角形链图，则

$$W(H_n)\leqslant W(G)\leqslant W(L_n)$$

不等式左半部分成立当且仅当 $G=H_n$，不等式右半部分成立当且仅当 $G=L_n$. 此外，$W(H_n)=\frac{1}{3}(8n^3+72n^2-26n+27)$、$W(L_n)=\frac{1}{3}(16n^3+36n^2+26n+3)$.

由定理 5.5 和定理 5.6 可知，Wiener 指标和子树数指标间的反序关系在六角形链图上也同样成立.

§5.3 基于树收缩的子树计数算法

由定理 5.1 及定义 5.3，可得计算加权六角形链图 $G_n=[V(G_n),E(G_n);f,g](n\geqslant 1)$ 的子

树的生成函数 $F(G_n;f,g)$ 的算法 18. 同时，由定理 5.1 可知算法 18 可终止，且时间复杂度为 $O(n^3)$（n 为对应六角形链图的长度）.

事实上，深入分析六角形链图的结构且类似定理 5.1 的论证，可得到一个更高效的计算六角形链图 G_n 的基于 TCB 操作的子树生成函数 $F(G_n;f,g)$ 的算法.

首先给出所需的定义和符号. 令 G_n 为定义 5.3 所述的任意长度为 n 的六角形链图，对应 G_n 定义一个顶点数为 $n-1$ 的加权 TCB 树 $T=[V(T),E(T);f^*,g^*]$，该树的每个顶点对应 G_n 的每条公共边，T 的顶点和边权重函数定义如下：

$$f^*(v_i)=[f^*(v_i)_l,f^*(v_i)_r]=\left(\sum_{j=1}^{4i+1}jy^{j+1}z^j,\sum_{j=1}^{4(n-i)+1}jy^{j+1}z^j\right) \tag{5.40}$$

对每一个 $v_i\in V(T)(i=1,2,\cdots,n-1)$，$f^*(v_i)_l[f^*(v_i)_r]$ 代表顶点 v_i 的左（右）权重. 事实上，它是 $T_{\text{temp},i}^l$（$T_{\text{temp},i}^r$）的含边 (u_i,v_i) 的子树的生成函数，其中 $T_{\text{temp},i}^l$、$T_{\text{temp},i}^r$ 分别代表 $G_n-\left[R_i\cup\bigcup_{k=1}^{i-1}(u_k,v_k)\right]$、$G_n-\left[L_i\cup\bigcup_{k=i+1}^{n-1}(u_k,v_k)\right]$ 的含边 (u_i,v_i) 的图. 同时，令 $g^*[(v_i,v_{i+1})]=w_i$ $(i=1,2,\cdots,n-2)$，定义 T 的顶点对 v_i 和 v_{i+1} 间的距离为

$$d(v_i,v_{i+1})=g^*[(v_i,v_{i+1})]=w_i=\begin{cases}3 & k_{i+1}\text{是}\alpha\\ 2 & k_{i+1}\text{是}\beta\\ 1 & k_{i+1}\text{是}\gamma\end{cases} \tag{5.41}$$

式中，$k_{i+1}(k_{i+1}\in\{\alpha,\beta,\gamma\})$ 为六角形 C_{i+1} 和 C_{i+2} 的黏结类型.

TCB 树的一个例子见图 5.5，显然，每一个六角形链图都唯一地决定了一棵 TCB 树，反之亦然.

v_1　v_2　v_3　v_j …　v_{n-2}　v_{n-1}
w_1　w_2　w_{n-2}

图 5.5　六角形链图 $G_n=[V(G_n),E(G_n);f,g]$ 对应的 TCB 树 $T=[V(T),E(T);f^*,g^*]$

由上述定义，接下来给出基于 TCB 的计算加权六角形链图 $G_n=[V(G_n),E(G_n);f,g]$ 的子树生成函数算法 19. 结合 TCB 的定义和定理 5.1 可知算法 19 可终止，且时间复杂度为 $O(n^2)$（n 为对应六角形链图的长度）.

相似地论证，可以得到计算加权亚苯基链图 $\overline{G}_n=[V(\overline{G}_n);E(\overline{G}_n);f;g](n\geqslant 1)$ 的子树生成函数 $F(\overline{G}_n;f;g)$ 的算法. 这里仅给出算法，而略去相应的理论证明.

算法 18　加权六角形链图 $G_n=[V(G_n),E(G_n);f,g]$ 的子树的生成函数 $F(G_n;f,g)$

1：初始化 $N=0$，定义字符数组 char A[n+1]:=" ". 注意，所有的符号见定义 5.3
2：**if** $n>1$ **then**
3：　**for** $i\leftarrow 1$ **to** $n-1$ **do**
　　//接下来，当调用式（5.2）时，单圈图 U_n 的圈长 n 为传递过来的单圈图的圈长
4：　　设置 $U_n:=E_i'$、$f:=f$、$g:=g$、$(u_j,v_j):=(u_i,v_i)$ 并调用式（5.2）计算

$F[E_i';f,g,(u_i,v_i)]$;

5: 设置 $G:=E_i$、$f:=f$、$g:=g$、$(u,v):=(u_i,v_i)$、$m:=i$，并调用过程 GENFUNCT $[G,f,g,(u,v),m]$ 计算 $F[E_i;f,g,(u_i,v_i)]$;

6: 更新 $N=N+\frac{1}{y^2z}F[E_i;f,g;(u_i,v_i)]F[E_i';f,g;(u_i,v_i)]$;

7: **end for**

8: **end if**

9: 更新 $N=N+(4n+2)\left(\sum_{i=1}^{4n+2}y^iz^{i-1}\right)$; //即原值基础上再加上生成函数 Φ_n

10: 返回 $F(G_n;f,g)=N$.

11: **procedure** GENFUNCT $[G,f,g,(u,v),m]$

12: 初始化 $Q=0$;

13: **if** $m=1$ **then**

转向第 22 步;

14: **else**

15: **for** $j\leftarrow 1$ **to** $m-1$ **do**

16: 记 Z_j' 为 $G\setminus\left[\bigcup_{k=j+1}^{m-1}(u_k,v_k)\bigcup_{e\in L_j}e\right]$ 的含 (u_j,v_j) 的部分，$P_{j,1}$（$P_{j,2}$）为 $Z_j'\setminus\{(u_j,v_j),(u_m,v_m)\}$ 的包含 u_j 和 u_m（v_j 和 v_m）的部分

17: 设置 $F[Z_j';f,g;(u_j,v_j),(u_m,v_m)]:=\sum_{r=1}^{m_j-1}(yz)^{l_j+r}\sum_{k=1}^{m_j-r}y^kz^{k-1}+\sum_{r=1}^{l_j-1}(yz)^{m_j+r}\sum_{k=1}^{l_j-r}y^kz^{k-1}$，这里 $l_j=4(m-j)+2-m_j$ $\left[m_j=\sum_{s=j+1}^{m}d_{(v_{s-1},v_s)}(k_s)+1\right]$ 即路径 $P_{j,1}$（$P_{j,2}$）的顶点数;

18: 设置 $F[E_j;f,g,(u_j,v_j)]:=A[j]$;

19: 更新 $Q=Q+\frac{1}{y^2z}F[E_j;f,g;(u_j,v_j)]F[Z_j';f,g;(u_j,v_j),(u_m,v_m)]$;

20: **end for**

21: **end if**

22: 更新 $Q=Q+\sum_{i=1}^{4m+1}iy^{i+1}z^i$ 并设置 A[m]:=Q; //为方便迭代计算

23: 返回 $F[G;f,g,(u_m,v_m)]=Q$.

24: **end procedure**

算法 19　基于 TCB 的计算加权六角形链图 $G_n=[V(G_n),E(G_n);f,g]$ 的子树生成函数 $F(G_n;f,g)$ 的算法

1：构建 TCB 树 $T=[V(T),E(T);f^*,g^*]$（图 5.5），并按式（5.40）初始化每个顶点 $v_i\in V(T)$ 的权重为 $f^*(v_i)=[f^*(v_i)_l,f^*(v_i)_r]$，按式（5.41）初始化边权重 $g^*[(v_i,v_{i+1})]=\omega_i\ (i=1,2,\cdots,n-2)$；

2：初始化 $N=(4n+2)\left(\sum_{i=1}^{4n+2}y^iz^{i-1}\right)$；//图 $G_n\setminus\bigcup_{k=1}^{n-1}(u_k,v_k)$ 的子树的生成函数

3：**if** $n>1$ **then**

4：　　**for** $i\leftarrow1$ **to** $n-1$ **do**

5：　　　　**for** $j\leftarrow i+1$ **to** $n-1$ **do**

6：　　　　　　更新顶点 v_j 的左权重 $f^*(v_j)_l$ 为

$$f^*(v_j)_l+f^*(v_i)_l\frac{1}{y^2z}\left[\sum_{r=1}^{m_j-1}(yz)^{l_j+r}\sum_{k=1}^{m_j-r}y^kz^{k-1}+\sum_{r=1}^{l_j-1}(yz)^{m_j+r}\sum_{k=1}^{l_j-r}y^kz^{k-1}\right],$$

　　　　　　其中，$l_j=4(j-i)+2-m_j$，$m_j=\sum_{s=i}^{j-1}w_s+1$；

7：　　　　**end for**

8：　　　　更新 $N=N+\frac{1}{y^2z}f^*(v_i)_lf^*(v_i)_r$；

9：　　　　删除顶点 v_i 和边 (v_i,v_{i+1})；

10：　　**end for**

11：**end if**

12：返回 $F(G_n;f,g)=N$.

在陈述算法之前，先给出几个定义. 构造 TCB 树 $\overline{T}=[V(\overline{T}),E(\overline{T});\overline{f},\overline{g}]$（图 5.6），对应的顶点集 $V(\overline{T})=\{v_1,v_2,\cdots,v_{n-1},s_1,s_2,\cdots,s_{n-1}\}$［其中，$v_i$ 对应 $(\overline{u}_i,\overline{v}_i)$，$s_i$ 对应 $(\overline{p}_i,\overline{q}_i)$］，对应顶点和边权重函数定义如下：

$$\overline{f}(v_i)=[\overline{f}(v_i)_l,\overline{f}(v_i)_r]=\left(\sum_{j=1}^{6i-1}jy^{j+1}z^j,\ \sum_{j=1}^{6(n-i)+1}jy^{j+1}z^j\right)\quad i=1,2,\cdots,n-1\tag{5.42}$$

式中，$\overline{f}(v_i)_l[\overline{f}(v_i)_r]$ 代表顶点 v_i 的左（右）权重，事实上，它是 $T^l_{\text{temp},i}$（$T^r_{\text{temp},i}$）的含边 $(\overline{u}_i,\overline{v}_i)$ 的子树的生成函数，其中，$T^l_{\text{temp},i}$、$T^r_{\text{temp},i}$ 分别代表 $\overline{G}_n\setminus\left[R_i^2\cup\bigcup_{k=1}^{i-1}(\overline{u}_k,\overline{v}_k)\cup\bigcup_{k=1}^{i-1}(\overline{p}_k,\overline{q}_k)\right]$、$\overline{G}_n\setminus\left[L_i^2\cup\bigcup_{k=i+1}^{n-1}(\overline{u}_k,\overline{v}_k)\cup\bigcup_{k=i}^{n-1}(\overline{p}_k,\overline{q}_k)\right]$ 的含边 $(\overline{u}_i,\overline{v}_i)$ 的图.

同样，对于 $i=1,2,\cdots,n-1$，定义

$$\overline{f}(s_i)=[\overline{f}(s_i)_l,\overline{f}(s_i)_r]=\left(\sum_{j=1}^{6i+1}jy^{j+1}z^j,\ \sum_{j=1}^{6(n-i)-1}jy^{j+1}z^j\right)\tag{5.43}$$

式中，$\overline{f}(s_i)_l[\overline{f}(s_i)_r]$ 代表顶点 s_i 的左（右）权重，其实它代表 $S^l_{\text{temp},i}$（$S^r_{\text{temp},i}$）的含边 $(\overline{p}_i,\overline{q}_i)$

的子树的生成函数，其中，$S^l_{\text{temp},i}$、$S^r_{\text{temp},i}$ 分别代表 $\overline{G}_n \Big\backslash \left[R^1_i \cup \bigcup_{k=1}^{i}(\overline{u}_k,\overline{v}_k) \cup \bigcup_{k=1}^{i-1}(\overline{p}_k,\overline{q}_k)\right]$ 和 $\overline{G}_n \Big\backslash \left[L^1_i \cup \bigcup_{k=i+1}^{n-1}(\overline{u}_k,\overline{v}_k) \cup \bigcup_{k=i+1}^{n-1}(\overline{p}_k,\overline{q}_k)\right]$ 的含边 $(\overline{p}_i,\overline{q}_i)$ 的图.

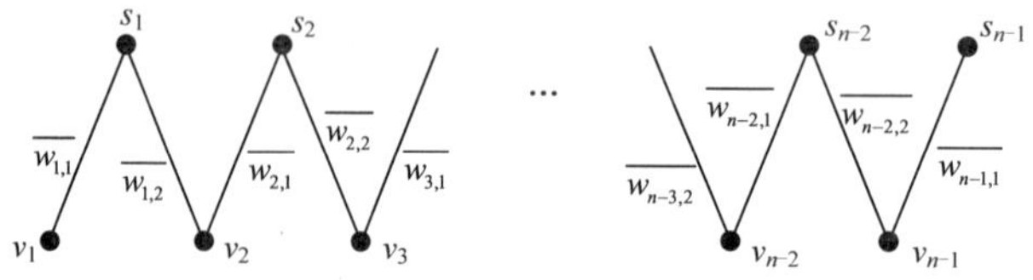

图 5.6　亚苯基链图 $\overline{G}_n=[V(\overline{G}_n),E(\overline{G}_n);f,g]$ 对应的 TCB 树 $\overline{T}=[V(\overline{T}),E(\overline{T});\overline{f},\overline{g}]$

对于 $i=1,2,\cdots,n-1$，定义 T 的顶点对 v_i、s_i 和 v_{i+1}、s_i 间的距离为

$$\overline{d}(v_i,s_i)=\overline{g}[(v_i,s_i)]=\overline{w_{i,1}}=1 \tag{5.44}$$

和

$$\overline{d}(s_i,v_{i+1})=\overline{g}[(s_i,v_{i+1})]=\overline{w_{i,2}}\begin{cases}3 & \overline{k}_{i+1}\text{是}\overline{\alpha}\\ 2 & \overline{k}_{i+1}\text{是}\overline{\beta}\\ 1 & \overline{k}_{i+1}\text{是}\overline{\gamma}\end{cases} \tag{5.45}$$

式中，$\overline{k}_{i+1}(\in\{\overline{\alpha},\overline{\beta},\overline{\gamma}\})$ 代表四元素环 Q_i 黏结到 G_i 的方式（见第 5.1 节定义）.

根据以上定义，接下来给出基于 TCB 的计算亚苯基链图 $\overline{G}_n=[V(\overline{G}_n),E(\overline{G}_n);f,g]$ 的子树生成函数的算法 20. 不难分析算法 20 可终止，且时间复杂度为 $O(n^2)$（n 为对应亚苯基链图的长度）.

算法 20　基于 TCB 计算加权亚苯基链图 $\overline{G}_n=[V(\overline{G}_n),E(\overline{G}_n);f,g]$ 的子树生成函数 $F(\overline{G}_n;f,g)$ 的算法

1：构建 $2n-2$ 个顶点的加权树 TCB $\overline{T}=[V(\overline{T}),E(\overline{T});\overline{f},\overline{g}]$（图 5.6），并按式（5.42）或式（5.43）初始化每个顶点 $v\in V(\overline{T})$，权重为 $\overline{f}(v)=[\overline{f}(v)_l,\overline{f}(v)_r]$（$v$ 是 v_i 或 s_i），按式（5.44）和式（5.45）分别初始化边权重 $\overline{g}[(v_i,s_i)]=\overline{w_{i,1}}(i=1,2,\cdots,n-1)$ 和 $\overline{g}[(s_i,v_{i+1})]=\overline{w_{i,2}}(i=1,2,\cdots,n-2)$；

2：初始化 $N=6n\sum_{i=1}^{6n}y^iz^{i-1}$；//图 $\overline{G}_n\Big\backslash\bigcup_{k=1}^{n-1}[(\overline{u}_k,\overline{v}_k)\cup(\overline{p}_k,\overline{q}_k)]$ 的子树的生成函数

3：**if** $n>1$ **then**

4：　　**for** $i\leftarrow1$ **to** $n-1$ **do**

5：　　　更新顶点 s_i 的左权重 $\overline{f}(s_i)_l$ 为 $\overline{f}(s_i)_l+2y^2z^2\overline{f}(v_i)_l$；

6：　　　**for** $j\leftarrow i+1$ **to** $n-1$ **do**

7：　　　　更新顶点 v_j 的左权重 $\overline{f}(v_j)_l$ 为 $\overline{f}(v_j)_l+\dfrac{1}{y^2z}\overline{f}(v_i)_l\times$

$$\left[\sum_{r=1}^{m_j-1}(yz)^{l_j+r}\sum_{k=1}^{m_j-r}y^k z^{k-1}+\sum_{r=1}^{l_j-1}(yz)^{m_j+r}\sum_{k=1}^{l_j-r}y^k z^{k-1}\right];$$

（m_j 和 l_j 的定义见下一步）

8:　　更新顶点 s_j 的左权重 $\overline{f}(s_j)_l$ 为 $\overline{f}(s_j)_l+\frac{1}{y^2z}\overline{f}(v_i)_l\times$

$$\left[\sum_{r=1}^{m_j}(yz)^{l_j+1+r}\sum_{k=1}^{m_j+1-r}y^k z^{k-1}+\sum_{r=1}^{l_j}(yz)^{m_j+1+r}\sum_{k=1}^{l_j+1-r}y^k z^{k-1}\right],$$

其中，$l_j=6(j-i)+2-m_j$，$m_j=\sum_{s=i}^{j-1}(\overline{w_{s,1}}+\overline{w_{s,2}})+1$；

9:　　**end for**

10:　　更新 $N=N+\frac{1}{y^2z}\overline{f}(v_i)_l\overline{f}(v_i)_r$；

11:　　删除顶点 v_i 和边 (v_i,s_i)；

12:　　**for** $j\leftarrow i+1$ **to** $n-1$ **do**

13:　　更新顶点 v_j 的左权重 $\overline{f}(v_j)_l$ 为 $\overline{f}(v_j)_l+\frac{1}{y^2z}\overline{f}(s_i)_l\times$

$$\left[\sum_{r=1}^{\overline{m}_j-1}(yz)^{\overline{l}_j+r}\sum_{k=1}^{\overline{m}_j-r}y^k z^{k-1}+\sum_{r=1}^{\overline{l}_j-1}(yz)^{\overline{m}_j+r}\sum_{k=1}^{\overline{l}_j-r}y^k z^{k-1}\right]$$（$\overline{m}_j$ 和 $\overline{l}_j$ 的定义见下一步）；

14:　　更新顶点 s_j 的左权重 $\overline{f}(s_j)_l$ 为 $\overline{f}(s_j)_l+\frac{1}{y^2z}\overline{f}(s_i)_l\times$

$$\left[\sum_{r=1}^{\overline{m}_j}(yz)^{\overline{l}_j+1+r}\sum_{k=1}^{\overline{m}_j+1-r}y^k z^{k-1}+\sum_{r=1}^{\overline{l}_j}(yz)^{\overline{m}_j+1+r}\sum_{k=1}^{\overline{l}_j+1-r}y^k z^{k-1}\right],$$

其中，$\overline{l}_j=6(j-i)-\overline{m}_j$，$\overline{m}_j=\overline{w_{i,2}}+\sum_{s=i+1}^{j-1}(\overline{w_{s,1}}+\overline{w_{s,2}})+1$；

15:　　**end for**

16:　　更新 $N=N+\frac{1}{y^2z}\overline{f}(s_i)_l\overline{f}(s_i)_r$；

17:　　删除顶点 s_i 和边 (s_i,v_{i+1})；

18:　　**end for**

19:　**end if**

20:　返回 $F(\overline{G}_n;f,g)=N$.

§5.4　基于树收缩的子树计数算法流程实例

为更好地理解算法和展示计算六角形链图[图 5.7（a）]和亚苯基链图[图 5.7（b）]

的子树生成函数的流程，接下来用两个例子展示 TCB 算法的流程. 给顶点赋初始权重为$(0,y)$，边赋初始权重为z.

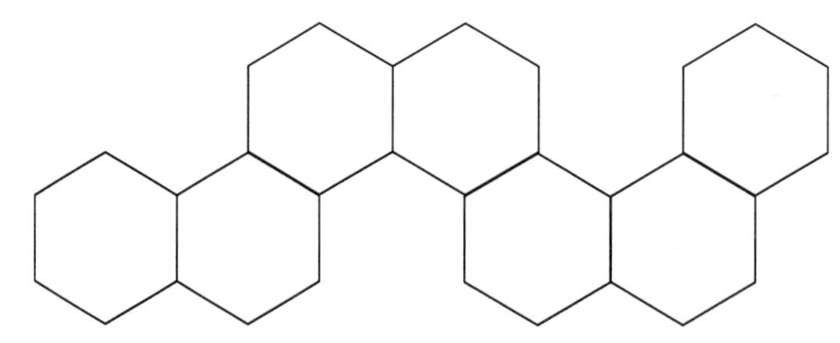

（a）附着序列为$(\beta,\alpha,\alpha,\gamma,\gamma,\alpha,\alpha)$的六角形链图$G_8$

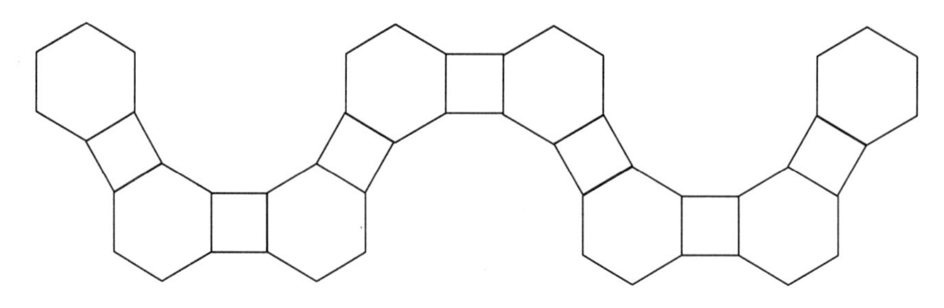

（b）附着序列为$(\bar{\beta},\bar{\alpha},\bar{\alpha},\bar{\gamma},\bar{\gamma},\bar{\alpha},\bar{\alpha})$的亚苯基链图$\bar{G}_8$

图 5.7 六角形链图和亚苯基链图的例图

例 5.1 首先构造六角形链图G_8［图 5.7（a）］对应的 TCB 树（图 5.8 中的P_1），由算法 19 和图 5.8 的P_8，可得$F[G_8;(0,y),z]=N=34\sum_{i=1}^{34}y^iz^{i-1}+\frac{1}{y^2z}\sum_{i=1}^{7}\left[f^*(v_i)_l^{P_i}\sum_{j=1}^{33-4i}jy^{j+1}z^j\right]=$
$1372105y^{34}z^{33}+5370712y^{33}z^{32}+12350962y^{32}z^{31}+21095815y^{31}z^{30}+29462134y^{30}z^{29}+35237725y^{29}z^{28}+37162822y^{28}z^{27}+35249730y^{27}z^{26}+30530117y^{26}z^{25}+24412689y^{25}z^{24}+18187425y^{24}z^{23}+12722049y^{23}z^{22}+8417941y^{22}z^{21}+5303670y^{21}z^{20}+3203494y^{20}z^{19}+1867736y^{19}z^{18}+1058655y^{18}z^{17}+586364y^{17}z^{16}+318894y^{16}z^{15}+170920y^{15}z^{14}+90593y^{14}z^{13}+47457y^{13}z^{12}+24657y^{12}z^{11}+12745y^{11}z^{10}+6569y^{10}z^9+3344y^9z^8+1698y^8z^7+861y^7z^6+434y^6z^5+213y^5z^4+110y^4z^3+62y^3z^2+41y^2z+34y$. 将$y=1$、$z=1$代入$F[G_8;(0,y),z]$，则有$\eta(G_8)=F(G_8;1,1)=284270777$.根据该生成函数，易知其含$l$（$l=1,2,\cdots,34$）个顶点的子树的个数，即$y^lz^{l-1}$的系数. 例如，两个平凡项$41y^2z$和$34y$分别代表$G_8$有 41 棵两个顶点的子树和 34 棵单顶点的子树.

同样，例 5.2 给出亚苯基链图［图 5.7（b）］的基于 TCB 算法的子树生成函数计算流程.

$$\left[f^*(v_2)_l^{P_1},\sum_{j=1}^{25} jy^{j+1}z^j\right]\quad\left[f^*(v_4)_l^{P_1},\sum_{j=1}^{17} jy^{j+1}z^j\right]\left[f^*(v_6)_l^{P_1},\sum_{j=1}^{9} jy^{j+1}z^j\right]$$

$$\left[f^*(v_1)_l^{P_1},\sum_{j=1}^{29} jy^{j+1}z^j\right]\ v_1 \overset{w_1}{—} v_2 \overset{w_2}{—} v_3 \overset{w_3}{—} v_4 \overset{w_4}{—} v_5 \overset{w_5}{—} v_6 \overset{w_6}{—} v_7\ \left[f^*(v_7)_l^{P_1},\sum_{j=1}^{5} jy^{j+1}z^j\right]$$

$$\left[f^*(v_3)_l^{P_1},\sum_{j=1}^{21} jy^{j+1}z^j\right]\quad\left[f^*(v_5)_l^{P_1},\sum_{j=1}^{13} jy^{j+1}z^j\right]$$

$w_1=w_2=w_5=w_6=3$　　$f^*(v_k)_l^{P_1}=\sum_{j=1}^{4k+1} jy^{j+1}z^j\,(k=1,2,\cdots,7)$,

$w_3=w_4=1$　　$N=N_{P_1}=34\sum_{i=1}^{34} y^i z^{i-1}$

$\downarrow P_1$

$$\left[f^*(v_3)_l^{P_2},\sum_{j=1}^{21} jy^{j+1}z^j\right]\left[f^*(v_5)_l^{P_2},\sum_{j=1}^{13} jy^{j+1}z^j\right]$$

$$\left[f^*(v_2)_l^{P_2},\sum_{j=1}^{25} jy^{j+1}z^j\right]\ v_2 \overset{w_2}{—} v_3 \overset{w_3}{—} v_4 \overset{w_4}{—} v_5 \overset{w_5}{—} v_6 \overset{w_6}{—} v_7\ \left[f^*(v_7)_l^{P_2},\sum_{j=1}^{5} jy^{j+1}z^j\right]$$

$$\left[f^*(v_4)_l^{P_2},\sum_{j=1}^{17} jy^{j+1}z^j\right]\quad\left[f^*(v_6)_l^{P_2},\sum_{j=1}^{9} jy^{j+1}z^j\right]$$

$$f^*(v_k)_l^{P_2}=f^*(v_k)_l^{P_1}+\frac{1}{y^2z}f^*(v_1)_l^{P_1}\left[\sum_{r=1}^{m_k-1}(yz)^{l_k+r}\sum_{k=1}^{m_k-r}y^kz^{k-1}+\sum_{r=1}^{l_k-1}(yz)^{m_k+r}\sum_{k=1}^{l_k-r}y^kz^{k-1}\right](k=2,3,\cdots,7)$$

$N=N_{P_2}=N_{P_1}+\frac{1}{y^2z}f^*(v_1)_l^{P_1}\sum_{j=1}^{29} jy^{j+1}z^j$;　　$w_2=w_5=w_6=3, w_3=w_4=1$;

$m_2=4,l_2=2,m_3=7,l_3=3,m_4=8,l_4=6,m_5=l_5=9,m_6=12,l_6=10,m_7=15,l_7=11$

$\downarrow P_2$

$$\left[f^*(v_5)_l^{P_3},\sum_{j=1}^{13} jy^{j+1}z^j\right]$$

$$\left[f^*(v_3)_l^{P_3},\sum_{j=1}^{21} jy^{j+1}z^j\right]\ v_3 \overset{w_3}{—} v_4 \overset{w_4}{—} v_5 \overset{w_5}{—} v_6 \overset{w_6}{—} v_7\ \left[f^*(v_7)_l^{P_3},\sum_{j=1}^{5} jy^{j+1}z^j\right]$$

$$\left[f^*(v_4)_l^{P_3},\sum_{j=1}^{17} jy^{j+1}z^j\right]\quad\left[f^*(v_6)_l^{P_3},\sum_{j=1}^{9} jy^{j+1}z^j\right]$$

$$f^*(v_k)_l^{P_3}=f^*(v_k)_l^{P_2}+\frac{1}{y^2z}f^*(v_2)_l^{P_2}\left[\sum_{r=1}^{m_k-1}(yz)^{l_k+r}\sum_{k=1}^{m_k-r}y^kz^{k-1}+\sum_{r=1}^{l_k-1}(yz)^{m_k+r}\sum_{k=1}^{l_k-r}y^kz^{k-1}\right](k=3,4,\cdots,7)$$

$N=N_{P_3}=N_{P_2}+\frac{1}{y^2z}f^*(v_2)_l^{P_2}\sum_{j=1}^{25} jy^{j+1}z^j$;　　$w_3=w_4=1,w_5=w_6=3$;

$m_3=4,l_3=2,m_4=l_4=5,m_5=6,l_5=8,m_6=l_6=9,m_7=12,l_7=10$

$\downarrow P_3$

$$\left[f^*(v_5)_l^{P_4},\sum_{j=1}^{13} jy^{j+1}z^j\right]\left[f^*(v_6)_l^{P_4},\sum_{j=1}^{9} jy^{j+1}z^j\right]$$

$$\left[f^*(v_4)_l^{P_4},\sum_{j=1}^{17} jy^{j+1}z^j\right]\ v_4 \overset{w_4}{—} v_5 \overset{w_5}{—} v_6 \overset{w_6}{—} v_7\ \left[f^*(v_7)_l^{P_4},\sum_{j=1}^{5} jy^{j+1}z^j\right]$$

$$f^*(v_k)_l^{P_4}=f^*(v_k)_l^{P_3}+\frac{1}{y^2z}f^*(v_3)_l^{P_3}\left[\sum_{r=1}^{m_k-1}(yz)^{l_k+r}\sum_{k=1}^{m_k-r}y^kz^{k-1}+\sum_{r=1}^{l_k-1}(yz)^{m_k+r}\sum_{k=1}^{l_k-r}y^kz^{k-1}\right](k=4,5,6,7)$$

$N=N_{P_4}=N_{P_3}+\frac{1}{y^2z}f^*(v_3)_l^{P_3}\sum_{j=1}^{21} jy^{j+1}z^j$;　　$w_4=1,w_5=w_6=3$;

$m_4=2,l_4=4,m_5=3,l_5=7,m_6=6,l_6=8,m_7=l_7=9$

图 5.8　用 TCB 算法计算六角形链图 G_8 的子树生成函数 $F[G_8;(0,y),z]$ 的过程

$$\downarrow P_4$$

$$\left[f^*(v_5)_l^{P_5}, \sum_{j=1}^{13} jy^{j+1}z^j\right] \overset{v_5}{\bullet} \underset{w_5}{—} \overset{v_6}{\bullet} \underset{w_6}{—} \overset{v_7}{\bullet} \left[f^*(v_7)_l^{P_5}, \sum_{j=1}^{5} jy^{j+1}z^j\right]$$

$$\uparrow \left[f^*(v_6)_l^{P_5}, \sum_{j=1}^{9} jy^{j+1}z^j\right]$$

$$f^*(v_k)_l^{P_5} = f^*(v_k)_l^{P_4} + \frac{1}{y^2 z} f^*(v_4)_l^{P_4}\left[\sum_{r=1}^{m_k-1}(yz)^{l_k+r}\sum_{k=1}^{m_k-r} y^k z^{k-1} + \sum_{r=1}^{l_k-1}(yz)^{m_k+r}\sum_{k=1}^{l_k-r} y^k z^{k-1}\right](k=5,6,7)$$

$$N = N_{P_5} = N_{P_4} + \frac{1}{y^2 z} f^*(v_4)_l^{P_4}\sum_{j=1}^{17} jy^{j+1}z^j;\quad w_5 = w_6 = 3;$$

$$m_5 = 2, l_5 = 4, m_6 = l_6 = 5, m_7 = 8, l_7 = 6$$

$$\downarrow P_5$$

$$\left[f^*(v_6)_l^{P_6}, \sum_{j=1}^{9} jy^{j+1}z^j\right] \overset{v_6}{\bullet} \underset{w_6}{—} \overset{v_7}{\bullet} \left[f^*(v_7)_l^{P_6}, \sum_{j=1}^{5} jy^{j+1}z^j\right]$$

$$f^*(v_k)_l^{P_6} = f^*(v_k)_l^{P_5} + \frac{1}{y^2 z} f^*(v_5)_l^{P_5}\left[\sum_{r=1}^{m_k-1}(yz)^{l_k+r}\sum_{k=1}^{m_k-r} y^k z^{k-1} + \sum_{r=1}^{l_k-1}(yz)^{m_k+r}\sum_{k=1}^{l_k-r} y^k z^{k-1}\right](k=6,7)$$

$$N = N_{P_6} = N_{P_5} + \frac{1}{y^2 z} f^*(v_5)_l^{P_5}\sum_{j=1}^{13} jy^{j+1}z^j;\ w_6 = 3;\ m_6 = 4, l_6 = 2, m_7 = 7, l_7 = 3$$

$$\downarrow P_6$$

$$v_7 \bullet\ \left[f^*(v_7)_l^{P_7}, \sum_{j=1}^{5} jy^{j+1}z^j\right]$$

$$f^*(v_7)_l^{P_7} = f^*(v_7)_l^{P_6} + \frac{1}{y^2 z} f^*(v_6)_l^{P_6}\left[\sum_{r=1}^{3}(yz)^{2+r}\sum_{k=1}^{4-r} y^k z^{k-1} + y^6 z^5\right]$$

$$N = N_{P_7} = N_{P_6} + \frac{1}{y^2 z} f^*(v_6)_l^{P_6}\sum_{j=1}^{9} jy^{j+1}z^j$$

$$\downarrow P_7$$

$$N = N_{P_7} + \frac{1}{y^2 z} f^*(v_7)_l^{P_7}\sum_{j=1}^{5} jy^{j+1}z^j$$

$$P_8$$

图 5.8（续）

例 5.2　同前一个例子，亚苯基链图 $\overline{G}_8$ [图 5.7（b）]所对应的 TCB 树如图 5.9 中的 P_1 所示，由算法 20 和图 5.9 的 $P_{8,2}$，可得 $F[\overline{G}_8;(0,y),z] = N = 48\sum_{i=1}^{48} y^i z^{i-1} + \frac{1}{y^2 z}$ $\left\{\overline{f}(v_1)_l^{P_1}\sum_{j=1}^{43} jy^{j+1}z^j + \sum_{i=1}^{6}\left[\overline{f}(s_i)_l^{P_{i+1,1}}\sum_{j=1}^{47-6i} jy^{j+1}z^j + \overline{f}(v_{i+1})_l^{P_{i+1,2}}\sum_{j=1}^{43-6i} jy^{j+1}z^j\right] + \overline{f}(s_7)_l^{P_{8,1}}\sum_{j=1}^{5} jy^{j+1}z^j\right\} =$ $14781254928y^{48}z^{47} + 72605643148y^{47}z^{46} + 199615640718y^{46}z^{45} + 399442309336y^{45}z^{44} + 644145379695y^{44}z^{43} + 881938528838y^{43}z^{42} + 1058253714888y^{42}z^{41} + 1136287611886y^{41}z^{40} + 1107984805148y^{40}z^{39} + 992052065864y^{39}z^{38} + 822864277162y^{38}z^{37} + 636970559450y^{37}z^{36} + 463153377976y^{36}z^{35} + 318198849580y^{35}z^{34} + 207692522814y^{34}z^{33} + 129461996296y^{33}z^{32} + 77448860889y^{32}z^{31} + 44676883330y^{31}z^{30} + 24963603114y^{30}z^{29} + 13569511702y^{29}z^{28} + 7205553852y^{28}z^{27} + 3752808580y^{27}z^{26} + 1924293780y^{26}z^{25} + 974559216y^{25}z^{24} + 488777806y^{24}z^{23} + 243213288y^{23}z^{22} + 120228438y^{22}z^{21} + 59090954y^{21}z^{20} + 28891784y^{20}z^{19} + 14049594y^{19}z^{18} + 6798193y^{18}z^{17} + 3274884y^{17}z^{16} + 1573136y^{16}z^{15} + 754348y^{15}z^{14} + 361414y^{14}z^{13} + 172478y^{13}z^{12} + 82198y^{12}z^{11} + 39084y^{11}z^{10} + 18588y^{10}z^{9} + 8810y^{9}z^{8} + 4166y^{8}z^{7} + 1938y^{7}z^{6} + 915y^{6}z^{5} + 432y^{5}z^{4} + 208y^{4}z^{3} + 104y^{3}z^{2} + 62y^{2}z + 48y$．将 $y=1$、$z=1$ 代入 $F[\overline{G}_8;(0,y),z]$，可得 $\eta(\overline{G}_8) = F(\overline{G}_8;1,1) = 9260931955060$．同样，由上面的生成函数，易

得含 $l\,(l=1,2,\cdots,48)$ 个顶点的子树的个数，即 $F[\overline{G}_8;(0,y),z]$ 的每一项的系数. 例如，平凡项 $62y^2z$ 和 $48y$ 就代表 $\overline{G}_8$ 有 62（48）个仅有一条边（一个顶点）的子树.

此外，由子树密度式(5.48)可计算得到 G_8 和 $\overline{G}_8$ 的子树密度分别是 0.8008 和 0.8345.

$$\left[\overline{f}(s_4)_l^{P_1},\sum_{j=1}^{23} jy^{j+1}z^j\right]$$
$$\left[\overline{f}(s_3)_l^{P_1},\sum_{j=1}^{29} jy^{j+1}z^j\right]\quad\left[\overline{f}(s_5)_l^{P_1},\sum_{j=1}^{17} jy^{j+1}z^j\right]$$
$$\left[\overline{f}(s_2)_l^{P_1},\sum_{j=1}^{35} jy^{j+1}z^j\right]\quad\left[\overline{f}(s_6)_l^{P_1},\sum_{j=1}^{11} jy^{j+1}z^j\right]$$
$$\left[\overline{f}(s_1)_l^{P_1},\sum_{j=1}^{41} jy^{j+1}z^j\right]\quad\left[\overline{f}(s_7)_l^{P_1},\sum_{j=1}^{5} jy^{j+1}z^j\right]$$

s_1 s_2 s_3 s_4 s_5 s_6 s_7
$\overline{w_{1,1}}$ $\overline{w_{1,2}}$ $\overline{w_{2,1}}$ $\overline{w_{2,2}}$ $\overline{w_{3,1}}$ $\overline{w_{3,2}}$ $\overline{w_{4,1}}$ $\overline{w_{4,2}}$ $\overline{w_{5,1}}$ $\overline{w_{5,2}}$ $\overline{w_{6,1}}$ $\overline{w_{6,2}}$ $\overline{w_{7,1}}$
v_1 v_2 v_3 v_4 v_5 v_6 v_7

$$\left[\overline{f}(v_1)_l^{P_1},\sum_{j=1}^{43} jy^{j+1}z^j\right]\quad\left[\overline{f}(v_7)_l^{P_1},\sum_{j=1}^{7} jy^{j+1}z^j\right]$$
$$\left[\overline{f}(v_2)_l^{P_1},\sum_{j=1}^{37} jy^{j+1}z^j\right]\quad\left[\overline{f}(v_6)_l^{P_1},\sum_{j=1}^{13} jy^{j+1}z^j\right]$$
$$\left[\overline{f}(v_3)_l^{P_1},\sum_{j=1}^{31} jy^{j+1}z^j\right]\quad\left[\overline{f}(v_5)_l^{P_1},\sum_{j=1}^{19} jy^{j+1}z^j\right]$$
$$\left[\overline{f}(v_4)_l^{P_1},\sum_{j=1}^{25} jy^{j+1}z^j\right]$$

$$\overline{w_{1,1}}=\overline{w_{2,1}}=\overline{w_{3,1}}=\overline{w_{4,1}}=\overline{w_{5,1}}=\overline{w_{6,1}}=\overline{w_{7,1}}=1,\overline{w_{1,2}}=\overline{w_{2,2}}=\overline{w_{5,2}}=\overline{w_{6,2}}=3,\ \overline{w_{3,2}}=\overline{w_{4,2}}=1$$
$$\overline{f}(v_k)^{P_1}{}_l=\sum_{j=1}^{6k-1} jy^{j+1}z^j,\overline{f}(s_k)_l^{P_1}=\sum_{j=1}^{6k+1} jy^{j+1}z^j\,(k=1,2,\cdots,7);\ N=N_{P_1}=48\sum_{i=1}^{48}y^iz^{i-1}$$

$\downarrow P_1$

$$\left[\overline{f}(s_4)_l^{P_{2,1}},\sum_{j=1}^{23} jy^{j+1}z^j\right]$$
$$\left[\overline{f}(s_3)_l^{P_{2,1}},\sum_{j=1}^{29} jy^{j+1}z^j\right]\quad\left[\overline{f}(s_5)_l^{P_{2,1}},\sum_{j=1}^{17} jy^{j+1}z^j\right]$$
$$\left[\overline{f}(s_2)_l^{P_{2,1}},\sum_{j=1}^{35} jy^{j+1}z^j\right]\quad\left[\overline{f}(s_6)_l^{P_{2,1}},\sum_{j=1}^{11} jy^{j+1}z^j\right]$$
$$\left[\overline{f}(s_1)_l^{P_{2,1}},\sum_{j=1}^{41} jy^{j+1}z^j\right]\quad\left[\overline{f}(s_7)_l^{P_{2,1}},\sum_{j=1}^{5} jy^{j+1}z^j\right]$$

s_1 s_2 s_3 s_4 s_5 s_6 s_7
$\overline{w_{1,2}}$ $\overline{w_{2,1}}$ $\overline{w_{2,2}}$ $\overline{w_{3,1}}$ $\overline{w_{3,2}}$ $\overline{w_{4,1}}$ $\overline{w_{4,2}}$ $\overline{w_{5,1}}$ $\overline{w_{5,2}}$ $\overline{w_{6,1}}$ $\overline{w_{6,2}}$ $\overline{w_{7,1}}$
v_2 v_3 v_4 v_5 v_6 v_7

$$\left[\overline{f}(v_2)_l^{P_{2,1}},\sum_{j=1}^{37} jy^{j+1}z^j\right]\quad\left[\overline{f}(v_7)_l^{P_{2,1}},\sum_{j=1}^{7} jy^{j+1}z^j\right]$$
$$\left[\overline{f}(v_3)_l^{P_{2,1}},\sum_{j=1}^{31} jy^{j+1}z^j\right]\quad\left[\overline{f}(v_6)_l^{P_{2,1}},\sum_{j=1}^{13} jy^{j+1}z^j\right]$$
$$\left[\overline{f}(v_4)_l^{P_{2,1}},\sum_{j=1}^{25} jy^{j+1}z^j\right]\left[\overline{f}(v_5)_l^{P_{2,1}},\sum_{j=1}^{19} jy^{j+1}z^j\right]$$

$$\overline{w_{2,1}}=\overline{w_{3,1}}=\overline{w_{4,1}}=\overline{w_{5,1}}=\overline{w_{6,1}}=\overline{w_{7,1}}=1,\overline{w_{1,2}}=\overline{w_{2,2}}=\overline{w_{5,2}}=\overline{w_{6,2}}=3,\ \overline{w_{3,2}}=\overline{w_{4,2}}=1$$
$$m_2=5,l_2=3;m_3=9,l_3=5;m_4=11,l_4=9;m_5=13,l_5=13;m_6=17,l_6=15$$
$$m_7=21,l_7=17;\ \ \overline{f}(s_1)_l^{P_{2,1}}=\overline{f}(s_1)_l^{P_1}+2y^2z^2\overline{f}(v_1)_l^{P_1}$$
$$\overline{f}(v_k)_l^{P_{2,1}}=\overline{f}(v_k)_l^{P_1}+\frac{1}{y^2z}\overline{f}(v_1)_l^{P_1}\left[\sum_{r=1}^{m_k-1}(yz)^{l_k+r}\sum_{k=1}^{m_k-r}y^kz^{k-1}+\sum_{r=1}^{l_k-1}(yz)^{m_k+r}\sum_{k=1}^{l_k-r}y^kz^{k-1}\right](k=2,3,\cdots,7)$$
$$\overline{f}(s_k)_l^{P_{2,1}}=\overline{f}(s_k)_l^{P_1}+\frac{1}{y^2z}\overline{f}(v_1)_l^{P_1}\left[\sum_{r=1}^{m_k}(yz)^{l_k+1+r}\sum_{k=1}^{m_k+1-r}y^kz^{k-1}+\sum_{r=1}^{l_k}(yz)^{m_k+1+r}\sum_{k=1}^{l_k+1-r}y^kz^{k-1}\right](k=2,3,\cdots,7)$$
$$N=N_{P_{2,1}}=N_{P_1}+\tfrac{1}{y^2z}\overline{f}(v_1)_l^{P_1}\sum_{j=1}^{43}jy^{j+1}z^j$$

$\downarrow P_{2,1}$

图 5.9　用树收缩算法 TCB 计算亚苯基链图 $\overline{G}_8$ 的子树生成函数 $F[\overline{G}_8;(0,y),z]$ 的过程

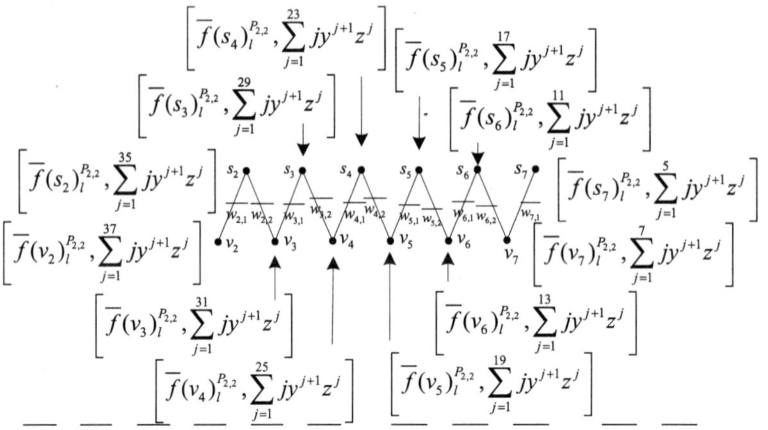

$$\left[\overline{f}(s_4)_l^{P_{2,2}},\sum_{j=1}^{23}jy^{j+1}z^j\right]\quad\left[\overline{f}(s_5)_l^{P_{2,2}},\sum_{j=1}^{17}jy^{j+1}z^j\right]$$

$$\left[\overline{f}(s_3)_l^{P_{2,2}},\sum_{j=1}^{29}jy^{j+1}z^j\right]\quad\left[\overline{f}(s_6)_l^{P_{2,2}},\sum_{j=1}^{11}jy^{j+1}z^j\right]$$

$$\left[\overline{f}(s_2)_l^{P_{2,2}},\sum_{j=1}^{35}jy^{j+1}z^j\right]\quad\left[\overline{f}(s_7)_l^{P_{2,2}},\sum_{j=1}^{5}jy^{j+1}z^j\right]$$

s_2　s_3　s_4　s_5　s_6　s_7

$\overline{w_{2,1}}$　$\overline{w_{2,2}}$　$\overline{w_{3,1}}$　$\overline{w_{3,2}}$　$\overline{w_{4,1}}$　$\overline{w_{4,2}}$　$\overline{w_{5,1}}$　$\overline{w_{5,2}}$　$\overline{w_{6,1}}$　$\overline{w_{6,2}}$　$\overline{w_{7,1}}$

v_2　v_3　v_4　v_5　v_6　v_7

$$\left[\overline{f}(v_2)_l^{P_{2,2}},\sum_{j=1}^{37}jy^{j+1}z^j\right]\quad\left[\overline{f}(v_7)_l^{P_{2,2}},\sum_{j=1}^{7}jy^{j+1}z^j\right]$$

$$\left[\overline{f}(v_3)_l^{P_{2,2}},\sum_{j=1}^{31}jy^{j+1}z^j\right]\quad\left[\overline{f}(v_6)_l^{P_{2,2}},\sum_{j=1}^{13}jy^{j+1}z^j\right]$$

$$\left[\overline{f}(v_4)_l^{P_{2,2}},\sum_{j=1}^{25}jy^{j+1}z^j\right]\quad\left[\overline{f}(v_5)_l^{P_{2,2}},\sum_{j=1}^{19}jy^{j+1}z^j\right]$$

$$\overline{w_{2,1}}=\overline{w_{3,1}}=\overline{w_{4,1}}=\overline{w_{5,1}}=\overline{w_{6,1}}=\overline{w_{7,1}}=1,\ \overline{w_{2,2}}=\overline{w_{5,2}}=\overline{w_{6,2}}=3,\ \overline{w_{3,2}}=\overline{w_{4,2}}=1$$

$$m_2=4,l_2=2;m_3=8,l_3=4;m_4=10,l_4=8;m_5=l_5=12;m_6=16,l_6=14$$

$$m_7=20,l_7=16;\quad \overline{f}(s_1)_l^{P_{2,1}}=\overline{f}(s_1)_l^{P_1}+2y^2z^2\overline{f}(v_1)_l^{P_1}$$

$$\overline{f}(v_k)_l^{P_{2,2}}=\overline{f}(v_k)_l^{P_{2,1}}+\frac{1}{y^2z}\overline{f}(s_1)_l^{P_{2,1}}\left[\sum_{r=1}^{\overline{m}_k-1}(yz)^{\overline{l}_k+r}\sum_{k=1}^{\overline{m}_k-r}y^kz^{k-1}+\sum_{r=1}^{\overline{l}_k-1}(yz)^{\overline{m}_k+r}\sum_{k=1}^{\overline{l}_k-r}y^kz^{k-1}\right](k=2,3,\cdots,7)$$

$$\overline{f}(s_k)_l^{P_{2,2}}=\overline{f}(s_k)^{P_{2,1}}{}_l+\frac{1}{y^2z}\overline{f}(s_1)_l^{P_{2,1}}\left[\sum_{r=1}^{\overline{m}_k}(yz)^{\overline{l}_k+1+r}\sum_{k=1}^{\overline{m}_k+1-r}y^kz^{k-1}+\sum_{r=1}^{\overline{l}_k}(yz)^{\overline{m}_k+1+r}\sum_{k=1}^{\overline{l}_k+1-r}y^kz^{k-1}\right](k=2,3,\cdots,7)$$

$$N=N_{P_{2,2}}=N_{P_{2,1}}+\frac{1}{y^2z}\overline{f}(s_1)_l^{P_{2,1}}\sum_{j=1}^{41}jy^{j+1}z^j$$

$$\downarrow P_{2,2}$$

$$P_{3,1},P_{3,2}\rightarrow P_{4,1},P_{4,2}\rightarrow P_{5,1},P_{5,2}\rightarrow P_{6,1},P_{6,2}$$

$$N=N_{P_{6,2}}=N_{P_{6,1}}+\frac{1}{y^2z}\overline{f}(s_5)_l^{P_{6,1}}\sum_{j=1}^{17}jy^{j+1}z^j$$

$$\downarrow$$

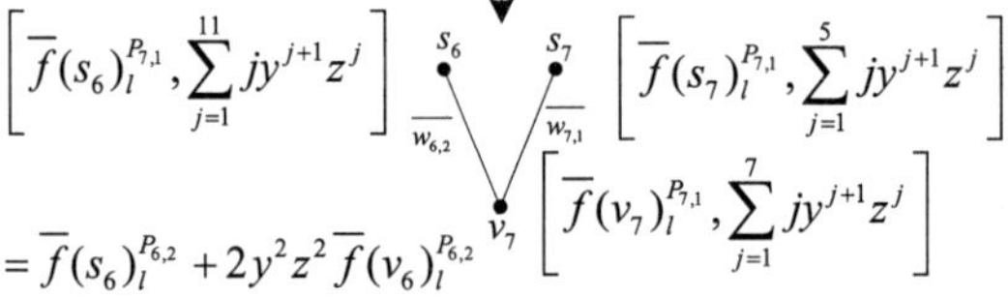

$$\left[\overline{f}(s_6)_l^{P_{7,1}},\sum_{j=1}^{11}jy^{j+1}z^j\right]\quad\left[\overline{f}(s_7)_l^{P_{7,1}},\sum_{j=1}^{5}jy^{j+1}z^j\right]$$

s_6　s_7　$\overline{w_{6,2}}$　$\overline{w_{7,1}}$　v_7

$$\left[\overline{f}(v_7)_l^{P_{7,1}},\sum_{j=1}^{7}jy^{j+1}z^j\right]$$

$$\overline{f}(s_6)_l^{P_{7,1}}=\overline{f}(s_6)_l^{P_{6,2}}+2y^2z^2\overline{f}(v_6)_l^{P_{6,2}}$$

$$\overline{f}(v_7)_l^{P_{7,1}}=\overline{f}(v_7)_l^{P_{6,2}}+\frac{1}{y^2z}\overline{f}(v_6)_l^{P_{6,2}}\left[\sum_{r=1}^{4}(yz)^{3+r}\sum_{k=1}^{5-r}y^kz^{k-1}+\sum_{r=1}^{2}(yz)^{5+r}\sum_{k=1}^{3-r}y^kz^{k-1}\right]$$

$$\overline{f}(s_7)_l^{P_{7,1}}=\overline{f}(s_7)_l^{P_{6,2}}+\frac{1}{y^2z}\overline{f}(v_6)_l^{P_{6,2}}\left[\sum_{r=1}^{5}(yz)^{4+r}\sum_{k=1}^{6-r}y^kz^{k-1}+\sum_{r=1}^{3}(yz)^{6+r}\sum_{k=1}^{4-r}y^kz^{k-1}\right]$$

$$\overline{w_{6,2}}=3,\overline{w_{7,1}}=1;\quad N=N_{P_{7,1}}=N_{P_{6,2}}+\frac{1}{y^2z}\overline{f}(v_6)_l^{P_{6,2}}\sum_{j=1}^{13}jy^{j+1}z^j$$

图 5.9（续）

$$\downarrow P_{7,1}$$

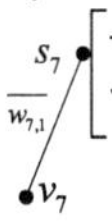

$$s_7 \left[\overline{f}(s_7)_l, \sum_{j=1}^{5} jy^{j+1}z^j\right]$$

$$\overline{w_{7,1}}$$

$$\left[\overline{f}(v_7)_l^{P_{7,2}}, \sum_{j=1}^{7} jy^{j+1}z^j\right] \quad v_7$$

$$\overline{f}(v_7)_l^{P_{7,2}} = \overline{f}(v_7)_l^{P_{7,1}} + \frac{1}{y^2 z}\overline{f}(s_6)_l^{P_{7,1}}\left[\sum_{r=1}^{3}(yz)^{2+r}\sum_{k=1}^{4-r} y^k z^{k-1} + y^6 z^5\right]$$

$$\overline{f}(s_7)_l^{P_{7,2}} = \overline{f}(s_7)_l^{P_{7,1}} + \frac{1}{y^2 z}\overline{f}(s_6)_l^{P_{7,1}}\left[\sum_{r=1}^{4}(yz)^{3+r}\sum_{k=1}^{5-r} y^k z^{k-1} + \sum_{r=1}^{2}(yz)^{5+r}\sum_{k=1}^{3-r} y^k z^{k-1}\right]$$

$$\overline{w_{7,1}} = 1; \quad N = N_{P_{7,2}} = N_{P_{7,1}} + \frac{1}{y^2 z}\overline{f}(s_6)_l^{P_{7,1}}\sum_{j=1}^{11} jy^{j+1}z^j$$

$$\downarrow P_{7,2}$$

$$s_7 \quad \left[\overline{f}(s_7)_l^{P_{8,1}}, \sum_{j=1}^{5} jy^{j+1}z^j\right]$$

$$\overline{f}(s_7)_l^{P_{8,1}} = \overline{f}(s_7)_l^{P_{7,2}} + 2y^2 z^2 \overline{f}(v_7)_l^{P_{7,2}}$$

$$N = N_{P_{8,1}} = N_{P_{7,2}} + \frac{1}{y^2 z}\overline{f}(v_7)_l^{P_{7,2}}\sum_{j=1}^{7} jy^{j+1}z^j$$

$$\downarrow P_{8,1}$$

$$N = N_{P_{8,1}} + \frac{1}{y^2 z}\overline{f}(s_7)_l^{P_{8,1}}\sum_{j=1}^{5} jy^{j+1}z^j$$

$$P_{8,2}$$

图 5.9（续）

§5.5　子树密度特征

子树密度的概念见定义 2.1，类似六元素环螺链图和聚苯六角链图的子树密度的分析，接下来用生成函数讨论六角形链图和亚苯基链图的子树密度. 首先给出一些辅助的符号.

由定义可知 G_n 和 $\overline{G}_n$ 的总顶点数分别为

$$n(G_n) = 4n + 2 \tag{5.46}$$

和

$$n(\overline{G}_n) = 6n \tag{5.47}$$

由引理 5.3（引理 5.4）、定理 5.1（定理 5.2）并代入 $z=1$，可得 G_n 的子树的顶点生成函数，即 $F(G_n;y,1)[F(\overline{G}_n;y,1)]$. 因而，$G^*$ (G_n 或 $\overline{G}_n$)的子树密度为

$$D(G^*) = \frac{\left.\dfrac{\partial F(G^*;y,1)}{\partial y}\right|_{y=1}}{F(G^*;1,1)\times n(G^*)} \tag{5.48}$$

接下来讨论线性六角形链图 L_n、线性亚苯基链图 $\overline{L}_n$、六角形螺烯链图 H_n、亚苯基螺烯链图 $\overline{H}_n$ 的子树密度. 因为没有它们的子树生成函数的显式表达式且它们的子树数

呈超指数增长，在此仅讨论它们的前 10 种情况.

因为 L_n 和 H_n 对应 $k_i=\beta$ 、 $k_i=\alpha$（或 γ）（$i=1,2,\cdots,n-1$），也即 $m_i=2(n-i)+1$ 、 $m_i=3(n-i)+1$. 由式（5.4）可得

$$F(L_n;f,1;e_n)=\begin{cases}\sum_{i=1}^{n-1}2F(E_i;f,1;e_i)\sum_{k=1}^{2(n-i)}ky^{2(n-i)+k}+\sum_{i=1}^{4n+1}iy^{i+1} & n\geqslant 2\\ y^2+2y^3+3y^4+4y^5+5y^6 & n=1\end{cases}\tag{5.49}$$

式中，E_i 即 L_i $(i=1,2,\cdots,n-1)$； $e_i=(u_i,v_i)$ $(i=1,2,\cdots,n)$.

$$F(H_n;f,1;e_n)=\begin{cases}\sum_{i=1}^{n-1}F(E_i;f,1;e_i)\left(\sum_{k=1}^{n-i}ky^{3(n-i)+k}+\sum_{k=1}^{3(n-i)}ky^{(n-i)+k}\right)+\sum_{i=1}^{4n+1}iy^{i+1} & n\geqslant 2\\ y^2+2y^3+3y^4+4y^5+5y^6 & n=1\end{cases}\tag{5.50}$$

式中，E_i 即 H_i $(i=1,2,\cdots,n-1)$； $e_i=(u_i,v_i)$ $(i=1,2,\cdots,n)$.

由式（5.49）、式（5.50）和式（5.14）（并将 z 替换为 1）可分别得到 L_n 和 H_n 的子树的顶点生成函数，进而由式（5.46）、式（5.48）可得表 5.2.

表 5.2　线性六角形链图 L_n 、六角形螺烯链图 H_n ($n\leqslant 10$)的相关参数

k	$P_y(L_k)$	$\eta(L_k)$	$D(L_k)$	$P_y(H_k)$	$\eta(H_k)$	$D(H_k)$
1	126	36	0.5833	126	36	0.5833
2	2200	325	0.6769	2200	325	0.6769
3	29820	2896	0.7355	31920	3121	0.7305
4	357308	25779	0.7700	421358	30954	0.7562
5	3998866	229444	0.7922	5245656	309349	0.7708
6	42878704	2042117	0.8076	62816924	3095807	0.7804
7	446495544	18175392	0.8189	732015094	30987868	0.7874
8	4551234228	161765859	0.8275	8360736608	310186457	0.7928
9	45645367398	1439759460	0.8343	94034014584	3104958325	0.7970
10	451987029256	12814244677	0.8398	1044814054566	31080568522	0.8004

注：* $P_y(G)$ 代表 $\left.\frac{\partial F(G;y,1)}{\partial y}\right|_{y=1}$.

同样，$\overline{L}_n$ 和 $\overline{H}_n$ 对应 $\overline{k}_i=\overline{\beta}$ 、 $\overline{k}_i=\overline{\alpha}$ (或 $\overline{\gamma}$)($i=1,2,\cdots,n-1$)，即 $\overline{m}_i=3(n-i)+1$、 $\overline{m}_i=4(n-i)+1$. 同样地，结合式（5.23）和式（5.24），可得

$$\begin{aligned}F[\overline{L}_n;f,1;(\overline{u}_n,\overline{v}_n)]=&2\sum_{i=1}^{n-1}\{F[E_i;f,1;(\overline{u}_i,\overline{v}_i)]\sum_{k=1}^{3(n-i)}ky^{3(n-i)+k}\\&+F[M_i;f,1;(\overline{p}_i,\overline{q}_i)]\sum_{k=0}^{3(n-i)-2}(k+1)y^{3(n-i)+k}\}+\sum_{i=1}^{6n-1}iy^{i+1}\end{aligned}\tag{5.51}$$

且

$$F[M_{n-1};f,1;(\overline{p}_{n-1},\overline{q}_{n-1})]=2y^2F[E_{n-1};f,1;(\overline{u}_{n-1},\overline{v}_{n-1})]+2y^{-2}\sum_{i=1}^{n-2}\{F[E_i;f,1;(\overline{u}_i,\overline{v}_i)]\sum_{k=1}^{3(n-i)-2}ky^{3(n-i)+k}+F[M_i;f,1;(\overline{p}_i,\overline{q}_i)]\sum_{k=1}^{3(n-i)-3}ky^{3(n-i)+k-1}\}+\sum_{i=1}^{6n-5}iy^{i+1} \quad (5.52)$$

式中，E_i 即 $\overline{L}_i$ 且 M_i 即 $\overline{G}_n=\overline{L}_n$ 时定义 5.4 的（i）中的 M_i .

此外，$F[\overline{L_1};f,1;(\overline{u}_1,\overline{v}_1)]=y^2+2y^3+3y^4+4y^5+5y^6$、$F[M_1;f,1;(\overline{p}_1,\overline{q}_1)]=y^2+2y^3+5y^4+8y^5+11y^6+14y^7+17y^8$.

$$F[\overline{H}_n;f,1;(\overline{u}_n,\overline{v}_n)]=\sum_{i=1}^{6n-1}iy^{i+1}+\sum_{i=1}^{n-1}\left\{F[E_i;f,1;(\overline{u}_i,\overline{v}_i)]\left[\sum_{k=1}^{4(n-i)}ky^{2(n-i)+k}+\sum_{k=1}^{2(n-i)}ky^{4(n-i)+k}\right]+F[M_i;f,1;(\overline{p}_i,\overline{q}_i)]\left[\sum_{k=1}^{4(n-i)-1}ky^{2(n-i)+k-1}+\sum_{k=1}^{2(n-i)-1}ky^{4(n-i)+k-1}\right]\right\} \quad (5.53)$$

且

$$F[M_{n-1};f,1;(\overline{p}_{n-1},\overline{q}_{n-1})]=\sum_{i=1}^{6n-5}iy^{i+1}+2y^2F[E_{n-1};f,1;(\overline{u}_{n-1},\overline{v}_{n-1})]+y^{-2}\sum_{i=1}^{n-2}\left\{F[E_i;f,1;(\overline{u}_i,\overline{v}_i)]\left[\sum_{k=1}^{4(n-i)-3}ky^{2(n-i)+k+1}+\sum_{k=1}^{2(n-i)-1}ky^{4(n-i)+k-1}\right]+F[M_i;f,1;(\overline{p}_i,\overline{q}_i)]\left[\sum_{k=1}^{4(n-i)-4}ky^{2(n-i)+k}+\sum_{k=1}^{2(n-i)-2}ky^{4(n-i)+k-2}\right]\right\} \quad (5.54)$$

式中，E_i 即 $\overline{H}_i$ 且 M_i 即 $\overline{G}_n=\overline{H}_n$ 时定义 5.4 的（i）中的 M_i .

此外，$F[\overline{H}_1;f,1;(\overline{u}_1,\overline{v}_1)]=y^2+2y^3+3y^4+4y^5+5y^6$、$F[M_1;f,1;(\overline{p}_1,\overline{q}_1)]=y^2+2y^3+5y^4+8y^5+11y^6+14y^7+17y^8$.

由定理 5.2 的式（5.27）（将 z 用 1 代入），同时结合式（5.53）和式（5.54），可得表 5.3 和表 5.4.

表 5.3　线性亚苯基链图 $\overline{L}_n$ ($n\leqslant 10$)的相关参数

k	$\left.\frac{\partial F(\overline{L}_k;y,1)}{\partial y}\right\|_{y=1}$	$\eta(\overline{L}_k)$	$D(\overline{L}_k)$
1	126	36	0.5833
2	12416	1434	0.7215
3	791062	56274	0.7810
4	42972112	2207652	0.8110
5	2154169782	86606352	0.8291
6	102882464768	3397572894	0.8411

续表

k	$\left.\frac{\partial F(\overline{L}_k;y,1)}{\partial y}\right\|_{y=1}$	$\eta(\overline{L}_k)$	$D(\overline{L}_k)$
7	4756908618062	133287007710	0.8497
8	214891762030624	5228858063112	0.8562
9	9539562772855758	205128445103676	0.8612
10	417757344788191296	8047202368619106	0.8652

表 5.4　亚苯基螺烯链图 $\overline{H}_n(n\leqslant 10)$ 的相关参数

k	$\left.\frac{\partial F(\overline{H}_k;y,1)}{\partial y}\right\|_{y=1}$	$\eta(\overline{H}_k)$	$D(\overline{H}_k)$
1	126	36	0.5833
2	12416	1434	0.7215
3	857200	61603	0.7731
4	51068180	2669158	0.7972
5	2816943320	115702446	0.8115
6	148259507108	5015552106	0.8211
7	7560371140860	217417868979	0.8279
8	376868725936712	9424791080092	0.8331
9	18466775360158850	408552835966348	0.8370
10	892843875509443744	17710251438031674	0.8402

由表 5.2～表 5.4 和图 5.10 可以看出，线性六角形链图 L_n 和线性亚苯基链图 $\overline{L}_n$ 的子树密度都要比对应的六角形螺烯链图 H_n 和亚苯基螺烯链图 $\overline{H}_n$ 的子树密度大.

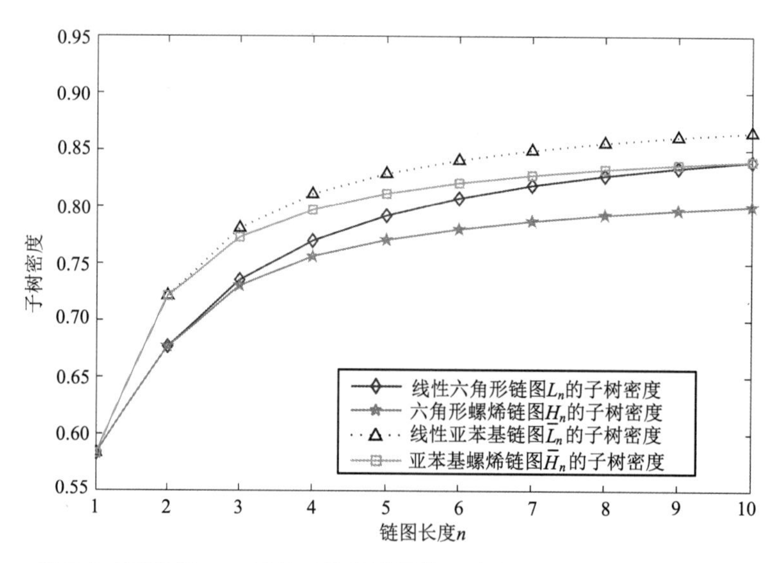

图 5.10　线性六角形链图 L_n、线性亚苯基链图 $\overline{L}_n$、六角形螺烯链图 H_n 和亚苯基螺烯链图 $\overline{H}_n$（$n\leqslant 10$）的子树密度

第6章 扇图、r多扇图及轮图的子树

§6.1 扇图、r多扇图及轮图的定义

令$K_{1,n}=[V(K_{1,n}),E(K_{1,n});f,g]$是含$n+1$个顶点且中心为$c_0$的加权星树，顶点权重函数$f(v)=y[v\in V(K_{1,n})]$，边权重函数$g(e)=z[e\in E(K_{1,n})]$. 对$n$片叶子按逆时针顺序进行如下标记：$c_1,c_2,\cdots,c_n$并顺次连接$K_{1,n}$的边$(c_i,c_{i+1})(i=1,2,\cdots,n)$后得到的图称为轮图$W_{n+1}$（约定$c_{n+1}=c_1$）.

轮图W_{n+1}是设计和部署通信网络时用到的典型拓扑结构，常被应用于设计高效无线自组网络中[188]，轮图过渡图（由轮图生成）可以用在并行和分布式系统[189]，轮图$W_{n+1}(n\neq 6)$可以被它的Laplace谱确定[190,191]. 目前还未见有从子树数指标分析轮图特性的研究，因此从子树数指标并结合演化的思想[71]来研究r多扇图（轮图的分割图）及轮图的结构新特性是非常有意义的.

定义6.1 令$K_{1,n}$为一个顶点数为$n+1$，中心顶点为c_0的加权星树，记图$K_{1,n}^r(0\leqslant r\leqslant n)$是通过添加边$(c_s,c_{s+1})$（$1\leqslant s\leqslant n-1$且$s\neq r,2r,3r,\cdots$）到$K_{1,n}$而产生的图（图6.1），为方便起见，称$K_{1,n}^r$为$r$多扇图. 如果$n=r>0$，则称$K_{1,r}^r$为$r+1$个顶点的扇图，显然，$K_{1,0}^0$是一个单顶点图$c_0$，$K_{1,r}^1$是星树$K_{1,r}$.

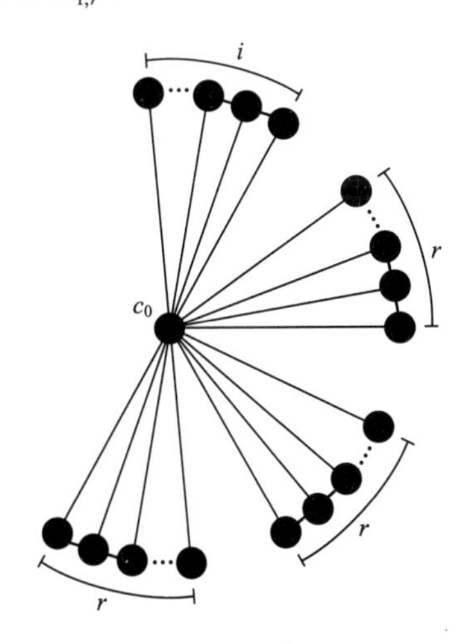

图6.1 r多扇图$K_{1,n}^r$

除特殊说明外，默认本章所有的图都是顶点和边均有权重的加权图. 假定图$G=[V(G),E(G);f,g]$为一个加权图，顶点权重函数为$f:V(G)\to\mathcal{R}$，边权重函数为$g:E(G)\to\mathcal{R}$（$\mathcal{R}$是一个单位元为1的交换环）. 对于本章中的任意图G，默认每个顶点$v\in V(G)$的权重为$f(v)=y$，每条边$e\in E(G)$的初始化权重为$g(e)=z$. 为方便叙述，

给出以下符号标记:

- $G\setminus X$ 表示从 G 中删除集合 X(X 可以是顶点集、边集或者顶点和边的混合集)中所有元素获取的图;
- $S(G)$、$S(G;v)$ 分别表示 G 的全部、G 的含 v 的子树集合;
- $S[G;(a,b)]$ 表示 G 的含边 (a,b) 的子树集合;
- $F(\cdot)$ 表示集合 $S(\cdot)$ 中所有子树的权重的和;
- $\eta(\cdot)$ 表示相应子树集合 $S(\cdot)$ 中子树的个数.

图 G 的子树 T_s 的权重、G 的子树的生成函数的定义见第 2.1.2 节. 类似地,定义

$$F[G;f,g;(u,v)]=\sum_{T_1\in S[G;(u,v)]}\omega(T_1)$$

易知,令 $y=1$、$z=1$ 并将其代入上述生成函数,可得对应集合中的子树数分别为 $\eta(T)=F(T;1,1)$、$\eta(T;v_i)=F(T;1,1;v_i)$ 和 $\eta[T;(u,v)]=F[T;1,1;(u,v)]$.

接下来列出一些引理.

引理 6.1[22] 令 P_n 为 n 个顶点的路径,顶点权重函数 $f(v)=y[v\in V(P_n)]$,边权重函数 $g(e)=z[e\in E(P_n)]$,则 $F(P_n;f,g)=\sum_{t=0}^{n-1}(n-t)y^{t+1}z^t$.

接下来给出 r 多扇图 $K_{1,n}^r(1\leqslant r\leqslant n)$ 和轮图 W_{n+1} 的子树生成函数. 在此基础上通过结构分析,研究这两类图的极值图、子树拟合问题和子树密度特性.

§6.2 r 多扇图 $K_{1,n}^r(1\leqslant r\leqslant n)$ 和轮图 W_{n+1} 的子树

本节将给出 r 多扇图 $K_{1,n}^r(1\leqslant r\leqslant n)$ 和轮图 W_{n+1} 的子树生成函数的公式,首先研究 r 多扇图 $K_{1,n}^r(1\leqslant r\leqslant n)$ 的子树问题.

6.2.1 r 多扇图 $K_{1,n}^r(1\leqslant r\leqslant n)$ 的子树

定理 6.1 令 $K_{1,n}^r$ 为如上定义的加权 r 多扇图,n、r 为满足 $0\leqslant r\leqslant n$ 的非负整数,同时记 $n\equiv i\ (\mathrm{mod}\, r)$,则

$$F(K_{1,n}^r;f,g)=F(K_{1,r}^r;f,g;c_0)^{\frac{n-i}{r}}*y(1+yz)^i*y^{-\frac{n-i}{r}}+iy+\frac{n-i}{r}\sum_{t=0}^{r-1}(r-t)y^{t+1}z^t \quad (6.1)$$

式中,

$$\begin{cases}F(K_{1,r}^r;f,g;c_0)=F(K_{1,r-1}^{r-1};f,g;c_0)+\sum_{s=1}^{r}s(yz)^sF(K_{1,r-s}^{r-s};f,g;c_0)\\F(K_{1,0}^0;f,g;c_0)=y\\F(K_{1,1}^1;f,g;c_0)=y+y^2z\end{cases}$$

证明 将 r 多扇图 $K_{1,n}^r$ 的子树分为如下两类:

(i)不包含中心 c_0 的子树;

(ii)包含中心 c_0 的子树.

由引理 6.1,可得类(i)的子树生成函数为

$$\frac{n-i}{r}\sum_{t=0}^{r-1}(r-t)y^{t+1}z^{t}+iy \tag{6.2}$$

利用引理 2.1 和结构分析，可得类（ii）的子树生成函数为

$$F(K_{1,r}^{r};f,g;c_0)^{\frac{n-i}{r}}\,y(1+yz)^{i}*y^{-\frac{n-i}{r}} \tag{6.3}$$

记 $e_r=(c_0,c_r)$、$\tilde{e}_r=(c_{r-1},c_r)$，并将子树集合 $S(K_{1,r}^{r};c_0)$ 划分为四种情况（图 6.2）：

$$S(K_{1,r}^{r};c_0)=\mathcal{S}_1\cup\mathcal{S}_2\cup\mathcal{S}_3\cup\mathcal{S}_4$$

式中，$\mathcal{S}_1$ 为不包含 e_r 和 $\tilde{e}_r$ 的子树集；$\mathcal{S}_2$ 为包含 e_r 但不包含 $\tilde{e}_r$ 的子树集；$\mathcal{S}_3$ 为包含 $\tilde{e}_r$ 但不包含 e_r 的子树集；$\mathcal{S}_4$ 为既包含 e_r 也包含 $\tilde{e}_r$ 的子树集.

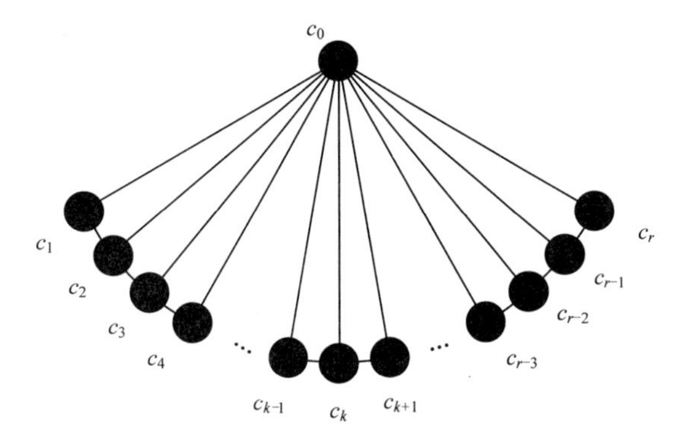

图 6.2　扇图 $K_{1,r}^{r}$

由子树权重和子树生成函数的定义，可知：

（a）$\mathcal{S}_1=S(K_{1,r-1}^{r-1};c_0)$.

（b）$\mathcal{S}_2=\{T_1+e_r\mid T_1\in\mathcal{S}_1\}$，这里 T_1+e_r 是通过将边 e_r 附着在树 T_1 的顶点 c_0 上得到的树.

（c）$\mathcal{S}_3$ 可以用公式化的形式描述为

$$\mathcal{S}_3=\{T+(c_0,c_{r-k})+\bigcup_{h=2-k}^{s}(c_{r-k-h+1},c_{r-k-h+2})\mid T\in S(K_{1,r-k-r}^{r-k-r};c_0)\} \tag{6.4}$$

式中，$k=1,2,\cdots,r-1$，$s=1,2,\cdots,r-k$.

（d）对于每一棵子树 $T_4\in\mathcal{S}_4$，易知 T_4 必不包含边 (c_0,c_{r-1}). 因此，可对集合 $\mathcal{S}_4$ 中的子树做进一步递归划分：包含边集合 $(c_0,c_r)\bigcup_{s=1}^{k}(c_{r-s},c_{r-s+1})(k=1,2,\cdots,r-1)$，但是不包含边 (c_{r-k-1},c_{r-k}) 的子树的集合.

由情况（a）～（d），可得

$$\sum_{T_1\in\mathcal{S}_1}\omega(T_1)=F(K_{1,r-1}^{r-1};f,g;c_0) \tag{6.5}$$

$$\sum_{T_2\in\mathcal{S}_2}\omega(T_2)=\sum_{T_1\in\mathcal{S}_1}f(c_r)g(e_r)\omega(T_1)=yzF(K_{1,r-1}^{r-1};f,g;c_0) \tag{6.6}$$

$$\sum_{T_3 \in \mathcal{S}_3} \omega(T_3) = \sum_{k=1}^{r-1}\left(\sum_{s=1}^{r-k}\left\{\prod_{h=2-k}^{s}[f(c_{r-k-h+1})g(c_{r-k-h+1}, c_{r-k-h+2})]f(c_r)g(c_0, c_{r-k})F(K_{1,r-k-s}^{r-k-s}; f, g; c_0)\right\}\right)$$

$$= \sum_{k=1}^{r-1}\left[\sum_{s=1}^{r-k}(yz)^{s+k}F(K_{1,r-k-s}^{r-k-s}; f, g; c_0)\right] \tag{6.7}$$

$$\sum_{T_4 \in \mathcal{S}_4} \omega(T_4) = f(c_r)g(e_r)\sum_{k=1}^{r-1}\left[\prod_{s=1}^{k} f(c_{r-s})g(c_{r-s}, c_{r-s+1})\right]F(K_{1,r-k-1}^{r-k-1}; f, g; c_0)$$

$$= \sum_{k=1}^{r-1}(yz)^{k+1}F(K_{1,r-k-1}^{r-k-1}; f, g; c_0) \tag{6.8}$$

因此，由式（6.5）～式（6.8），可得

$$F(K_{1,r}^{r}; f, g; c_0) = \sum_{T_1 \in \mathcal{S}_1} \omega(T_1) + \sum_{T_2 \in \mathcal{S}_2} \omega(T_2) + \sum_{T_3 \in \mathcal{S}_3} \omega(T_3) + \sum_{T_4 \in \mathcal{S}_4} \omega(T_4)$$

$$= F(K_{1,r-1}^{r-1}; f, g; c_0) + \sum_{s=1}^{r} s(yz)^s F(K_{1,r-s}^{r-s}; f, g; c_0) \tag{6.9}$$

其中，$F(K_{1,0}^{0}; f, g; c_0) = y$，$F(K_{1,1}^{1}; f, g; c_0) = y + y^2 z$.

结合式（6.2）、式（6.3）和式（6.9），可得式（6.1），定理得证.

通过将多个扇图的中心点黏合到一起，可以得到多扇图，类似定理 6.1 的证明，可得多扇图的子树生成函数，具体证明细节略过.

定理 6.2 令 $K_{1,j_1}^{j_1}, K_{1,j_2}^{j_2}, \cdots, K_{1,j_l}^{j_l}$ 为 t 个不同的加权扇图，假定每个扇图 $K_{1,j_t}^{j_t}$ 有 $n_{j_t}(t=1, 2, \cdots, l)$ 个. 令 $G = \bigcup_{t=1}^{l}(K_{1,j_t}^{j_t})^{n_{j_t}}$ 为将这 $\sum_{t=1}^{l} n_{j_t}$ 个扇图的中心黏合到 c_0 构建成的多扇图，则

$$F(G; f, g) = y^{1-\sum_{t=1}^{l} n_{j_t}} \prod_{t=1}^{l} F(K_{1,j_t}^{j_t}; f, g; c_0)^{n_{j_t}} + \sum_{t=1}^{l}\left[n_{j_t}\sum_{r=0}^{j_t-1}(j_t - r)y^{r+1}z^r\right] \tag{6.10}$$

式中，

$$\begin{cases} F(K_{1,j_t}^{j_t}; f, g; c_0) = F(K_{1,j_t-1}^{j_t-1}; f, g; c_0) + \sum_{r=1}^{j_t} r(yz)^r F(K_{1,j_t-r}^{j_t-r}; f, g; c_0) \\ F(K_{1,0}^{0}; f, g; c_0) = y \\ F(K_{1,1}^{1}; f, g; c_0) = y + y^2 z \end{cases}$$

同定理 6.1 的推导相似，可进一步推得扇图 $K_{1,r}^{r}$ 的包含特定顶点 c_1 的子树生成函数，在此也略去具体证明.

定理 6.3 令 $K_{1,r}^{r}$ 为顶点权重函数为 f、边权重函数为 g 的一个加权扇图（图 6.2），则

$$F(K_{1,r}^{r}; f, g; c_1) = F(K_{1,r}^{r}; f, g; c_0) - F(K_{1,r-1}^{r-1}; f, g; c_0) + \sum_{t=0}^{r-1} y^{t+1}z^t \tag{6.11}$$

式中，

$$\begin{cases} F(K_{1,r}^{r}; f, g; c_0) = F(K_{1,r-1}^{r-1}; f, g; c_0) + \sum_{s=1}^{r} s(yz)^s F(K_{1,r-s}^{r-s}; f, g; c_0) \\ F(K_{1,0}^{0}; f, g; c_0) = y \\ F(K_{1,1}^{1}; f, g; c_0) = y + y^2 z \end{cases}$$

在任意两个扇图之间添加一条边(构造一个更大的扇图)必将会增加子树的个数. 令 G 为定理 6.2 中定义的加权图,并假设 $K_{1,j_r}^{j_r}$ ($j_r \geqslant 1$)(非中心顶点逆时针标记为 $c_{j_1}^1, c_{j_2}^1, \cdots, c_{j_r}^1$)和 $K_{1,j_s}^{j_s}$(非中心顶点顺时针标记为 $c_{j_1}^2, c_{j_2}^2, \cdots, c_{j_s}^2$)是 G 的两个子扇图. 定义 $G' = G + (c_{j_r}^1, c_{j_s}^2)$ 为添加边 $(c_{j_r}^1, c_{j_s}^2)$ 到 G 后得到的图. 同时,记 $\bar{G}$ 为 $G \setminus \left[\bigcup_{t=1}^{r}(c_0, c_{j_t}^1) \bigcup \bigcup_{t=1}^{s}(c_0, c_{j_t}^2)\right]$ 的含 c_0 的图,记 $\bar{S}$ 为集合 $S(K_{1,j_r+j_s}^{j_r+j_s;c_0})$ 中包含边 $(c_{j_r}^1, c_{j_s}^2)$ 的子树的集合. 通过将 G 和 G' 的子树按包含中心 c_0 与否分为两种情况,利用引理 6.1、子树权重和子树生成函数的定义,并结合结构分析,可得以下定理.

定理 6.4　令 G 和 G' 为如上定义的加权图,则

$$F(G';f,g) = F(G;f,g) + y^{-1}F(\bar{G};f,g;c_0)\sum_{T\in\bar{S}}\omega(T) + \sum_{t=0}^{j_s} t y^{t+1}z^t + j_s\sum_{t=j_s+1}^{j_r} y^{t+1}z^t + \sum_{t=j_r+1}^{j_r+j_s-1}(j_r + j_s - t)y^{t+1}z^t \tag{6.12}$$

令上述生成函数中的 $y = z = 1$,可得上述图类的相应子树数.

推论 6.1　扇图 $K_{1,j}^j$ 的含 c_0 的子树个数为

$$\eta(K_{1,j}^j;c_0) = \eta(K_{1,j-1}^{j-1};c_0) + \sum_{r=1}^{j} r\eta(K_{1,j-r}^{j-r};c_0) \tag{6.13}$$

其中, $\eta(K_{1,0}^0;c_0) = 1$, $\eta(K_{1,1}^1;c_0) = 2$.

由推论 6.1,可得 $K_{1,r}^r$ 的包含中心顶点 c_0 的子树数,见图 6.3.

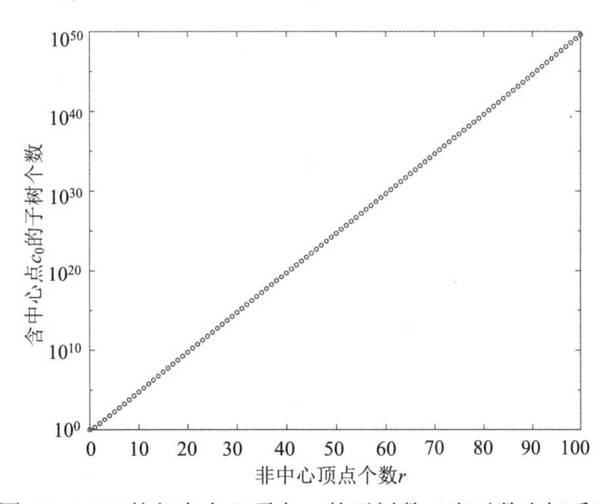

图 6.3　$K_{1,r}^r$ 的包含中心顶点 c_0 的子树数(半对数坐标系)

推论 6.2　令 n、j 为满足 $1 \leqslant j \leqslant n$ 的正整数,记 $i \equiv n(\mathrm{mod}\, j)$,则

$$\eta(K_{1,n}^r) = \frac{(r+1)(n-i)}{2} + i + 2^i b_j^{\frac{n-i}{r}} \tag{6.14}$$

式中, $b_j = b_{j-1} + \sum_{r=1}^{j} rb_{j-r}$, 且 $b_0 = 1$、$b_1 = 2$.

由推论 6.2，可得 r 多扇图 $K_{1,n}^{r}$ 的子树数，详见 6.3.1 节.

推论 6.3　令 $G=\bigcup\limits_{t=1}^{l}(K_{1,j_t}^{j_t})^{n_{j_t}}$， j_t、 n_{j_t} 和 l 如定理 6.2 中所定义，则

$$\eta(G)=\prod_{t=1}^{l}\eta(K_{1,j_t}^{j_t};c_0)^{n_{j_t}}+\frac{1}{2}\sum_{t=1}^{l}n_{j_t}\times j_t(j_t+1) \tag{6.15}$$

式中， $\eta(K_{1,j_t}^{j_t};c_0)=\eta(K_{1,j_t-1}^{j_t-1};c_0)+\sum\limits_{r=1}^{j_t}r\eta(K_{1,j_t-r}^{j_t-r};c_0)$， 且 $\eta(K_{1,0}^{0};c_0)=1$、 $\eta(K_{1,1}^{1};c_0)=2$.

令 G_1 如定理 6.2 中所定义，且满足 $l=4$、 $j_1=2$、 $n_{j_1}=4$， $j_2=3$、 $n_{j_2}=3$， $j_3=4$、 $n_{j_3}=2$， $j_4=5$、 $n_{j_4}=1$，由推论 6.1 和推论 6.3，可得 $\eta(G_1)=6048255225665$.

推论 6.4　扇图 $K_{1,r}^{r}$ 含 c_1 的子树个数为

$$\eta(K_{1,r}^{r};c_1)=\eta(K_{1,r}^{r};c_0)-\eta(K_{1,r-1}^{r-1};c_0)+r \tag{6.16}$$

式中， $\eta(K_{1,r}^{r};c_0)=\eta(K_{1,r-1}^{r\ 1};c_0)+\sum\limits_{s=1}^{r}s\eta(K_{1,r-s}^{r\ s};c_0)$， 且 $\eta(K_{1,0}^{0};c_0)=1$、 $\eta(K_{1,1}^{1};c_0)=2$.

类似地，由推论 6.4，可得扇图 $K_{1,r}^{r}$ 的包含顶点 c_1 的子树数（图 6.4）.

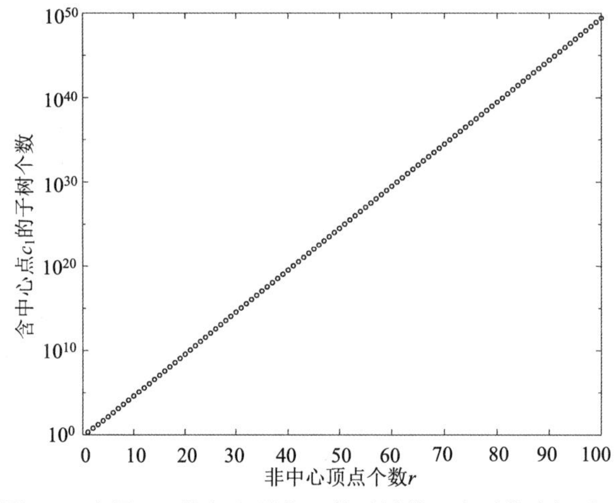

图 6.4　扇图 $K_{1,r}^{r}$ 的包含顶点 c_1 的子树数（半对数坐标系）

推论 6.5　令 G 如定理 6.2 中所定义，G' 是由 G 得到的合并图（定理 6.4），其中 $j_r \geqslant 1$、 $j_s \geqslant 1$，则

$$\eta(G')=\eta(G)+\eta(\bar{G};c_0)\eta[K_{1,j_r+j_s}^{j_r+j_s};c_0,(c_{j_r}^{1},c_{j_s}^{2})]+j_r j_s \tag{6.17}$$

式中， $\eta[K_{1,j_r+j_s}^{j_r+j_s};c_0,(c_{j_r}^{1},c_{j_s}^{2})]$ 为包含顶点 c_0 和边 $(c_{j_r}^{1},c_{j_s}^{2})$ 的子树的个数.

令 G 、 $\bar{G}$ 和 G' 如推论 6.5 所述，若 $l=2$、 $j_1=2$、 $n_{j_1}=3$， $j_2=3$、 $n_{j_2}=2$， $j_r=2$ 且 $j_s=3$， 由推论 6.1、推论 6.5 和结构分析，可得 $\eta(G)=77997$ 、 $\eta(\bar{G};c_0)=684$ 、 $\eta[K_{1,j_r+j_s}^{j_r+j_s};c_0,(c_{j_r}^{1},c_{j_s}^{2})]=75$ 、 $\eta(G')=129303$.

6.2.2　轮图 W_{n+1} 的子树

接下来考虑加权轮图 W_{n+1} 的子树生成函数.

定理 6.5　令 $W_{n+1}(n\geqslant 3)$ 为 $n+1$ 个顶点的加权轮图，顶点权重函数 $f\equiv y$，边权重函数 $g\equiv z$，则

$$\begin{aligned}F(W_{n+1};f,g)&=y+yzF(W_{n-1+1};f,g)+(1+2yz)F(K_{1,n-1}^{n-1};f,g;c_0)-2yzF(K_{1,n-2}^{n-2};f,g;c_0)\\&\quad+\sum_{t=1}^{n-1}[(1-yz)(n-t)+2yz]y^t z^{t-1}+2\sum_{k=1}^{n-1}(yz)^{k+1}F(K_{1,n-1-k}^{n-1-k};f,g;c_0)\\&\quad+\sum_{l=0}^{n-3}\sum_{r=0}^{n-3-l}(yz)^{l+r+3}F(K_{1,n-l-r-3}^{n-l-r-3};f,g;c_0)\end{aligned}\tag{6.18}$$

式中，

$$\begin{cases}F(W_4;f,g)=4y+6y^2z+12y^3z^2+16y^4z^3\\F(K_{1,j}^{j};f,g;c_0)=F(K_{1,j-1}^{j-1};f,g;c_0)+\displaystyle\sum_{r=1}^{j}r(yz)^rF(K_{1,j-r}^{j-r};f,g;c_0)\\F(K_{1,0}^{0};f,g;c_0)=y\\F(K_{1,1}^{1};f,g;c_0)=y+y^2z\end{cases}$$

证明　为方便起见，记 $e_t^*=(c_0,c_t)$ ($t=1,2,\cdots,n$)、$e_n=(c_1,c_n)$ 且 $e_{n-r}=(c_{n-r},c_{n-r+1})$ ($r=1,2,\cdots,n-1$). 约定当 $j<i$ 时，$\bigcup_{r=i}^{j}(c_r,c_{r+1})=\varnothing$ 且 $\sum_{t=i}^{j}b_t=0$.

将轮图 $W_{n+1}(n\geqslant 3)$ 的子树分为如下两类：

（i）不包含边 e_n^* 的子树；

（ii）包含边 e_n^* 的子树.

类（i）中的子树可以进一步分为如下四类：

$$S(W_{n+1}\setminus e_n^*)=\overline{S_1}\cup\overline{S_2}\cup\overline{S_3}\cup\overline{S_4}$$

式中，$\overline{S_1}$ 为 $S(W_{n+1}\setminus e_n^*)$ 中不包含 e_n 和 e_{n-1} 的子树集合；$\overline{S_2}$ 为 $S(W_{n+1}\setminus e_n^*)$ 中包含 e_{n-1} 但不包含 e_n 的子树集合；$\overline{S_3}$ 为 $S(W_{n+1}\setminus e_n^*)$ 中包含 e_n 但不包含 e_{n-1} 的子树集合；$\overline{S_4}$ 为 $S(W_{n+1}\setminus e_n^*)$ 中既包含 e_n 也包含 e_{n-1} 的子树集合.

由子树权重的定义和结构分析，可得

$$\sum_{T\in\overline{S_1}}\omega(T)=y+F(K_{1,n-1}^{n-1};f,g)\tag{6.19}$$

$$\sum_{T\in\overline{S_2}}\omega(T)=\sum_{T\in\overline{S_3}}\omega(T)=yzF(K_{1,n-1}^{n-1};f,g;c_1)\tag{6.20}$$

$$\sum_{T\in\overline{S_4}}\omega(T)=yz[F(W_{n-1+1};f,g)-F(K_{1,n-1}^{n-1};f,g)]\tag{6.21}$$

因此

$$\begin{aligned}\sum_{T\in S(W_{n+1}\setminus e_n^*)}\omega(T)&=\sum_{T\in\overline{S_1}}\omega(T)+\sum_{T\in\overline{S_2}}\omega(T)+\sum_{T\in\overline{S_3}}\omega(T)+\sum_{T\in\overline{S_4}}\omega(T)\\&=y+F(K_{1,n-1}^{n-1};f,g)+yz[2F(K_{1,n-1}^{n-1};f,g;c_1)\\&\quad+F(W_{n-1+1};f,g)-F(K_{1,n-1}^{n-1};f,g)]\end{aligned}\tag{6.22}$$

类似地，对于类（ii），也将其划分为四类：

$$S(W_{n+1};e_n^*)=\mathcal{S}_1\cup\mathcal{S}_2\cup\mathcal{S}_3\cup\mathcal{S}_4$$

式中，$\mathcal{S}_1$ 为 $S(W_{n+1};e_n^*)$ 中不包含 e_n 和 e_{n-1} 的子树集合；$\mathcal{S}_2$ 为 $S(W_{n+1};e_n^*)$ 中包含 e_n 但不包含 e_{n-1} 的子树集合；$\mathcal{S}_3$ 为 $S(W_{n+1};e_n^*)$ 中包含 e_{n-1} 但不包含 e_n 的子树集合；$\mathcal{S}_4$ 为 $S(W_{n+1};e_n^*)$ 中既包含 e_n 也包含 e_{n-1} 的子树集合.

分析可知：

（a）$\mathcal{S}_1=\{T+(c_0,c_n)\mid T\in S(K_{1,n-1}^{n-1};c_0)\}$，其中 $T+(c_0,c_n)$ 是通过在树 $T[\in S(K_{1,n-1}^{n-1};c_0)]$ 的点 c_0 粘贴一条边 (c_n,c_0) 而构造出的树；

（b）$\mathcal{S}_2=\{T+e_n^*+(c_1,c_n)+\bigcup_{r=1}^{k-1}(c_r,c_{r+1})\mid T\in S(\widetilde{K}_{1,n-1-k}^{n-1-k}c_0)\}$，其中 $\widetilde{K}_{1,n-1-k}^{n-1-k}$ $(k=1,2,\cdots,n-1)$ 是图 $W_{n+1}\setminus\left(e_k\bigcup e_{n-1}\bigcup e_n^*\bigcup_{r=1}^{k}e_r^*\right)$ 的包含 c_0 的图，显然 $\widetilde{K}_{1,n-1-k}^{n-1-k}\cong K_{1,n-1-k}^{n-1-k}$；

（c）$\mathcal{S}_3=\{T+e_n^*+\bigcup_{r=1}^{k}(c_{n-r},c_{n-r+1})\mid T\in S(K_{1,n-1-k}^{n-1-k};c_0)\}(k=1,2,\cdots,n-1)$；

（d）同情况（b）和（c）类似的分析，利用变量 l 和 r 分别记录挂接在边 (c_{n-1},c_n) 和 (c_1,c_n) 后的边的个数，$\mathcal{S}_4$ 中的子树即可由这两个变量进行计数标记.

由情况（a）～（d），可得

$$\sum_{T_1\in\mathcal{S}_1}\omega(T_1)=\sum_{T\in S(K_{1,n-1}^{n-1};c_0)}f(c_n)g(e_n^*)\omega(T)=yzF(K_{1,n-1}^{n-1};f,g;c_0)\tag{6.23}$$

$$\begin{aligned}\sum_{T_2\in\mathcal{S}_2}\omega(T_2)=\sum_{T_3\in\mathcal{S}_3}\omega(T_3)&=f(c_n)g(e_n^*)\sum_{k=1}^{n-1}\prod_{r=1}^{k}[g(e_{n-r})f(c_{n-r})]F(K_{1,n-1-k}^{n-1-k};f,g;c_0)\\&=yz\sum_{k=1}^{n-1}(yz)^kF(K_{1,n-1-k}^{n-1-k};f,g;c_0)\end{aligned}\tag{6.24}$$

$$\sum_{T_4\in\mathcal{S}_4}\omega(T_4)=\sum_{l=0}^{n-3}\sum_{r=0}^{n-3-l}(yz)^{l+r+3}F(K_{1,n-l-r-3}^{n-l-r-3};f,g;c_0)\tag{6.25}$$

结合式（6.23）～式（6.25），得

$$\begin{aligned}\sum_{T\in S[W_{n+1};(c_0,c_n)]}\omega(T)&=\sum_{T_1\in\mathcal{S}_1}\omega(T_1)+\sum_{T_2\in\mathcal{S}_2}\omega(T_2)+\sum_{T_3\in\mathcal{S}_3}\omega(T_3)+\sum_{T_4\in\mathcal{S}_4}\omega(T_4)\\&=yzF(K_{1,n-1}^{n-1};f,g;c_0)+2\sum_{k=1}^{n-1}(yz)^{k+1}F(K_{1,n-1-k}^{n-1-k};f,g;c_0)\\&\quad+\sum_{l=0}^{n-3}\sum_{r=0}^{n-3-l}(yz)^{l+r+3}F(K_{1,n-l-r-3}^{n-l-r-3};f,g;c_0)\end{aligned}\tag{6.26}$$

由定理 6.1、定理 6.3、式（6.22）和式（6.26），可得

$$\begin{aligned}F(W_{n+1};f,g)=&\,y+yzF(W_{n-1+1};f,g)+(1+2yz)F(K_{1,n-1}^{n-1};f,g;c_0)-2yzF(K_{1,n-2}^{n-2};f,g;c_0)\\&+\sum_{t=1}^{n-1}[(1-yz)(n-t)+2yz]y^tz^{t-1}+2\sum_{k=1}^{n-1}(yz)^{k+1}F(K_{1,n-1-k}^{n-1-k};f,g;c_0)\\&+\sum_{l=0}^{n-3}\sum_{r=0}^{n-3-l}(yz)^{l+r+3}F(K_{1,n-l-r-3}^{n-l-r-3};f,g;c_0)\end{aligned}\tag{6.27}$$

注意，W_{2+1} 不是一个轮图，由定理 6.1 和引理 6.1，可得

$$\sum_{T\in S(W_{2+1})}\omega(T)=3y+4y^2z+5y^3z^2 \tag{6.28}$$

结合式（6.27）和式（6.28），得

$$F(W_{3+1};f,g)=4y+6y^2z+12y^3z^2+16y^4z^3 \tag{6.29}$$

再由式（6.27）和式（6.29），可得轮图 W_{n+1} 的子树生成函数，定理得证.

将 y=z=1 代入式（6.18），可得以下推论.

推论 6.6　轮图 $W_{n+1}(n\geqslant 3)$ 的子树数为

$$\eta(W_{n+1})=\eta(W_{n-1+1})+2\sum_{k=2}^{n-1}\eta(K_{1,n-1-k}^{n-1-k};c_0)+\sum_{l=0}^{n-3}\sum_{r=0}^{n-3-l}\eta(K_{1,n-l-r-3}^{n-l-r-3};c_0)+3\eta(K_{1,n-1}^{n-1};c_0)+2n-1 \tag{6.30}$$

其中，$\eta(W_{3+1})=38$、$\eta(K_{1,j}^{j};c_0)=\eta(K_{1,j-1}^{j-1};c_0)+\sum\limits_{r=1}^{j}r\eta(K_{1,j-r}^{j-r};c_0)$、$\eta(K_{1,0}^{0};c_0)=1$ 且 $\eta(K_{1,1}^{1};c_0)=2$.

由推论 6.6，可计算出轮图 W_{n+1} $(n=3,4,\cdots,50)$ 的子树数，见表 6.1.

表 6.1　轮图 W_{n+1} ($n=3,4,\cdots,50$)的子树数

n	$\eta(W_{n+1})$	n	$\eta(W_{n+1})$	n	$\eta(W_{n+1})$
3	38	19	2899980984	35	269604917347967886
4	112	20	9128846611	36	848689059340934448
5	332	21	28736686630	37	2671587471512527895
6	1007	22	90460187232	38	8409887625375274755
7	3110	23	284759535167	39	26473477146304448341
8	9704	24	896394265075	40	83335833180604495475
9	30431	25	2821758641457	41	262332788908879910034
10	95643	26	8882611305147	42	825797133240010600373
11	300885	27	27961563560618	43	2599525999414007165103
12	946923	28	88020178967761	44	8183045386844876767480
13	2980538	29	277078636493555	45	25759400682377496173050
14	9382101	30	872215572630716	46	81087992568389361552840
15	29533519	31	2745646560009062	47	255256813613269834457576
16	92968088	32	8643018158636696	48	803522677430288749342627
17	292653642	33	27207348527149292	49	2529408261449734855548318
18	921243536	34	85645986192695055	50	7962321827121343008620568

§6.3　r 多扇图 $K_{1,n}^{r}$ 和轮图 W_{n+1} 的子树数及子树密度特性

利用子树生成函数，可以分析 r 多扇图 $K_{1,n}^{r}(1\leqslant r\leqslant n)$ 和轮图 W_{n+1} 的子树数相关特性.

6.3.1　r 多扇图 $K_{1,n}^{r}$ 和轮图 W_{n+1} 的子树特性

首先研究极值问题.

命题 6.1　所有 $K_{1,n}^{j}$ $(1\leqslant j\leqslant n)$ 中：

- 图 $K_{1,n}^{1}$ 有 2^n+n 棵子树，少于任何其他的 r 多扇图 $K_{1,n}^{r}(r\neq 1)$；

- 图 $K_{1,n}^{n}$ 有 $\dfrac{n(n+1)}{2}+b_n$ 棵子树（其中 $b_n=b_{n-1}+\sum_{s=1}^{n}sb_{n-s}$ 且 $b_0=1$、$b_1=2$），大于任何其他的 r 多扇图 $K_{1,n}^{r}(r\neq n)$.

证明　注意到为一个图增加一条边将会严格地增加它的子树数，易知极值结构 $K_{1,n}^{1}$ 是任何 r 多扇图 $K_{1,n}^{r}(r\neq 1)$ 的子图，且 $K_{1,n}^{n}$ 包含任何 r 多扇图 $K_{1,n}^{r}(r\neq n)$，因此命题成立.

此外，刻画 $K_{1,n}^{r}$ ($2\leqslant r\leqslant n-1$)中拥有第二大或第三大子树数指标的图结构也是非常有意义的一个问题，由推论 6.2 并借助 Matlab 计算，可得 r 多扇图 $K_{1,n}^{r}$ 的子树特性行为，如图 6.5 所示.

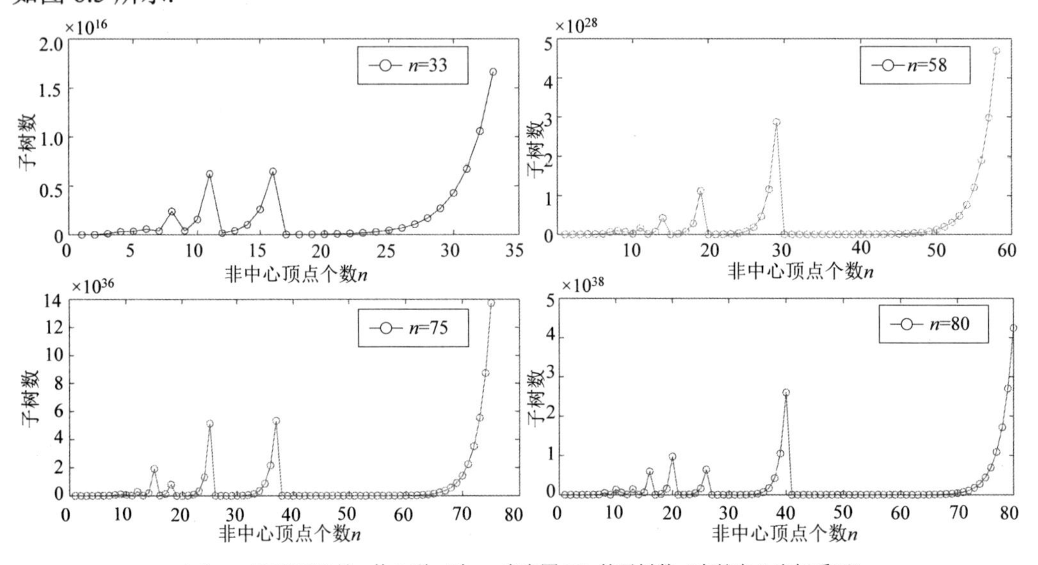

（a）$n=33587580$ 且 r 从 1 到 n 时，r 多扇图 $K_{1,n}^{r}$ 的子树数（在笛卡儿坐标系下）

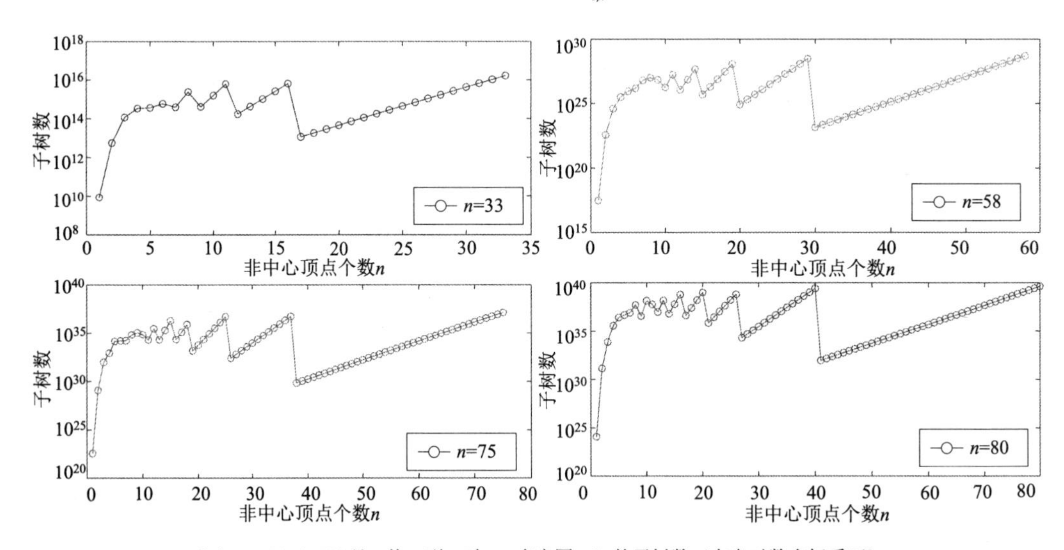

（b）$n=33587580$ 且 r 从 1 到 n 时，r 多扇图 $K_{1,n}^{r}$ 的子树数（在半对数坐标系下）

图 6.5　$n=33587580$ 且 r 从 1 到 n 时，r 多扇图 $K_{1,n}^{r}$ 的子树数

观察图 6.5，可得如下初步结论. 在所有的 r 多扇图 $K_{1,n}^{r}$ $(1\leqslant r\leqslant n-1)$ 中：

- $K_{1,n}^{n-1}$ 具有第二大的子树数指标；
- $K_{1,n}^{n-2}$（n 是奇数，且 n 足够大）具有第三大的子树数指标；
- 当 $r\geqslant\left\lceil \frac{n+1}{2}\right\rceil$ 时，r 多扇图 $K_{1,n}^{r}$ 的子树数指标增长趋势符合指数增长.

通常情况下，不难证明下面的命题成立.

命题 6.2　假设 $n>>k$，那么在所有的 r 多扇图 $K_{1,n}^{r}$ $(1\leqslant r\leqslant n)$ 中，图 $K_{1,n}^{n-k}$ 具有第 $(k+1)$ 大的子树数指标.

在此略去证明细节，对于足够大的 r，经过相似的分析，也可以得到 r 多扇图 $K_{1,n}^{r}$ 的子树数指标具有单调性.

命题 6.3　如果 $r>\frac{n}{2}$，那么 $K_{1,n}^{r+1}$ 拥有比 $K_{1,n}^{r}$ 多的子树.

分析 r 多扇图 $K_{1,n}^{r}$ 的子树数指标的具体特性，也是一个有趣的问题.

类似地，由推论 6.6，一方面，可得轮图 W_{n+1} $(n\geqslant 3)$ 的子树数（表 6.1）；另一方面，实验观察显示 W_{n+1} $(n\geqslant 3)$ 的子树数增长很快，且对其做对数变换后，发现这种增长趋势与线性回归模型拟合得很好. 通过对 $n=3\sim 602$ 的轮图 W_{n+1} 的子树数做线性回归拟合，可得轮图 W_{n+1} 的子树数拟合公式为

$$\eta(W_{n+1})\approx \exp(0.0126+1.1466n) \tag{6.31}$$

由推论 6.6 和式（6.31），并对 W_{n+1} 的每一个子树数和拟合值做对数变换，可得 W_{n+1} 的子树数增长趋势，如图 6.6 所示. 式（6.31）成立与否可以通过分析组合的方法进行推导，在这里不再进行具体的技术分析.

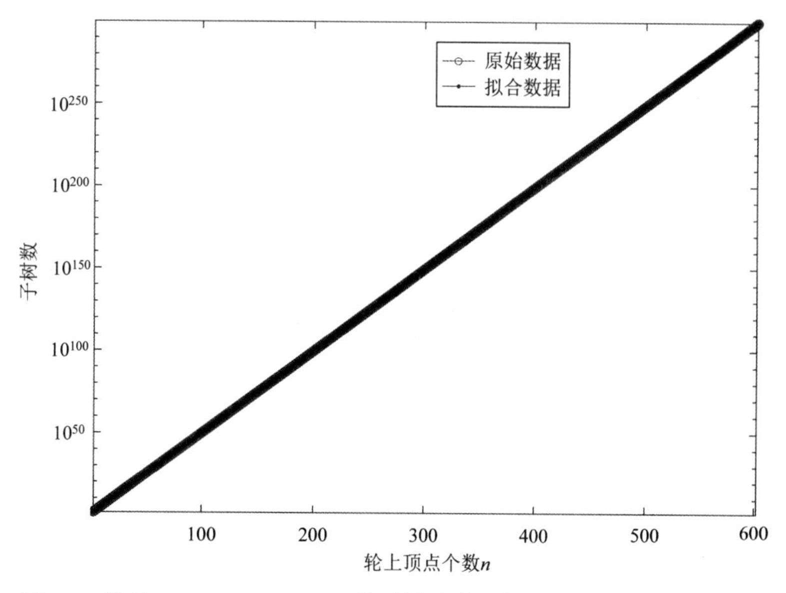

图 6.6　轮图 $W_{n+1}(n=3,4,\cdots,602)$ 的子树数增长趋势（在半对数坐标系下）

6.3.2 r 多扇图 $K_{1,n}^r$ 和轮图 W_{n+1} 的子树密度

子树密度的概念见定义 2.1，下面研究 r 多扇图 $K_{1,n}^r$ 和轮图 W_{n+1} 的子树密度问题.

由定理 6.1 和定理 6.5，令 $z=1$，可以分别得到 r 多扇图 $K_{1,n}^r$ 和轮图 W_{n+1} 的子树顶点生成函数，即 $F(K_{1,n}^r;y,1)$ 和 $F(W_{n+1};y,1)$. 结合子树密度的定义，可得 $K_{1,n}^r$ 和 W_{n+1} 的子树密度为

$$D(G^*)=\frac{\left.\dfrac{\partial F(G^*;y,1)}{\partial y}\right|_{y=1}}{F(G^*;1,1)n(G^*)} \tag{6.32}$$

式中，$n(G^*)$ 为图 G^* 的顶点数，G^* 可以是 $K_{1,n}^r$ 或 W_{n+1}.

显然，$K_{1,n}^r$ 和 W_{n+1} 的顶点数是 $n+1$，即

$$n(K_{1,n}^r)=n(W_{n+1})=n+1 \tag{6.33}$$

由定理 6.1 并令式（6.1）中的 $z=1$，可得 r 多扇图 $K_{1,n}^r(1\leqslant r\leqslant n)$ 的子树顶点生成函数：

$$F(K_{1,n}^r;f,1)=(1+y)^i y^{1-\frac{n-i}{r}}\cdot F(K_{1,r}^r;f,1;c_0)^{\frac{n-i}{r}}+iy+\frac{n-i}{r}\sum_{t=0}^{r-1}(r-t)y^{t+1} \tag{6.34}$$

式中，$i\equiv n(\operatorname{mod} r)$；

$$\begin{cases}F(K_{1,r}^r;f,1;c_0)=F(K_{1,r-1}^{r-1};f,1;c_0)+\sum\limits_{s=1}^{r}sy^sF(K_{1,r-s}^{r-s};f,1;c_0)\\F(K_{1,0}^0;f,1;c_0)=y\\F(K_{1,1}^1;f,1;c_0)=y+y^2\end{cases}$$

类似地，令式（6.8）中的 $z=1$，得到轮图 W_{n+1} 的子树顶点生成函数：

$$\begin{aligned}F(W_{n+1};f,1)=&\ y+yF(W_{n-1+1};f,1)+(1+2y)F(K_{1,n-1}^{n-1};f,1;c_0)-2yF(K_{1,n-2}^{n-2});f,1;c_0)\\&+\sum_{t=1}^{n-1}[(1-y)(n-t)+2y]y^t+2\sum_{k=1}^{n-1}y^{k+1}F(K_{1,n-1-k}^{n-1-k};f,1;c_0)\\&+\sum_{l=0}^{n-3}\sum_{r=0}^{n-3-l}y^{l+r+3}F(K_{1,n-l-r-3}^{n-l-r-3};f,1;c_0)\end{aligned} \tag{6.35}$$

其中，

$$\begin{cases}F(W_{3+1};f,1)=4y+6y^2+12y^3+16y^4\\F(K_{1,0}^0;f,1;c_0)=y\\F(K_{1,1}^1;f,1;c_0)=y+y^2\\F(K_{1,r}^r;f,1;c_0)=F(K_{1,r-1}^{r-1};f,1;c_0)+\sum\limits_{s=1}^{r}sy^sF(K_{1,r-s}^{r-s};f,1;c_0)\end{cases}$$

由式（6.32）～式（6.34），可得 r 多扇图 $K_{1,n}^r$ $(1\leqslant r\leqslant n)$ 的子树密度（图 6.7），相关数据可见表 6.2. 类似地，由式（6.32）、式（6.33）和式（6.35），可得轮图 W_{n+1} 的子树密度（图 6.8），相关数据可见表 6.3.

由表 6.2 和图 6.7，可观察到 $K_{1,22}^1$ 和 $K_{1,22}^{12}$ 分别有最小和第二小的子树密度，

$K^r_{1,22}(12\leqslant r\leqslant 22)$ 随着 r 的增加线性增长. 此外, 根据表 6.3 和图 6.8, 可以看到 $W_{n+1}(3\leqslant n\leqslant 24)$ 在区间[3,8]上是增函数且在 $n=8$ 时达到最大值, 在区间[9,24]上逐步减小并且趋向于极限值 0.8135.

类比文献[76]中的研究, 也可以讨论图的生成子树数与所有子树数的比例及 r 多扇图 $K^r_{1,n}$ 和轮图 W_{n+1} 的生成子树密度问题, 在此不再讨论.

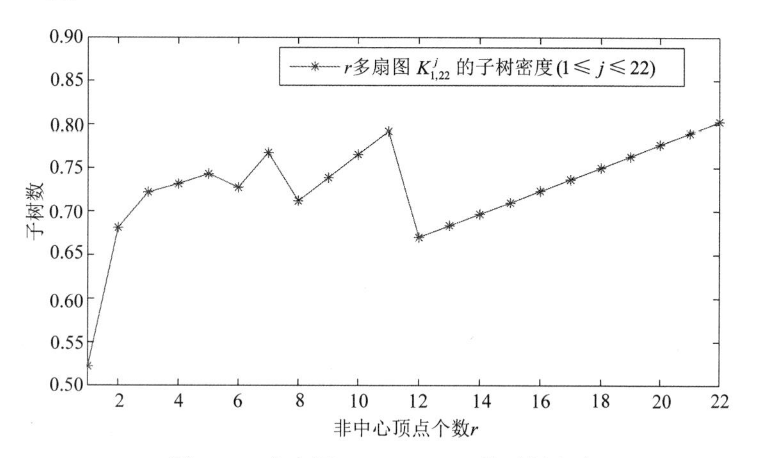

图 6.7　r 多扇图 $K^r_{1,22}(1\leqslant r\leqslant 22)$ 的子树密度

表 6.2　当 n=22 时 r 多扇图 $K^r_{1,n}(j=1,2,\cdots,22)$ 的相关数据

j	$P_y(K^j_{1,n})$	$\eta(K^j_{1,n})$	$D(K^j_{1,n})$
1	50331670	4194326	0.521736621869847
2	5683820588	362797089	0.681159363604678
3	29685950982	1787743521	0.721967947748206
4	52358400102	3110400052	0.731884047161090
5	87226395622	5103959426	0.743041170007376
6	56400430972	3370318067	0.727584934777173
7	231968014120	13141451319	0.767462100378713
8	36440865014	2224820302	0.712140856484914
9	93645742414	5511577694	0.738727501280144
10	240339417442	13653922612	0.765314128820302
11	616080713876	33825095188	0.791900742502907
12	9137267062	592843864	0.670113169892776
13	14666890448	933106276	0.683406494463958
14	23533982520	1468662129	0.696699813456106
15	37748062639	2311599999	0.709993128330647
16	60525953078	3638341646	0.723286440182849
17	97015668926	5726566014	0.736579749833999

续表

j	$P_y(K_{1,n}^j)$	$\eta(K_{1,n}^j)$	$D(K_{1,n}^j)$
18	155453553144	9013325743	0.749873057893726
19	249013516065	14186519625	0.763166364810336
20	398761664190	22328865632	0.776459670910826
21	638376020719	35144507194	0.789752976431952
22	1021684176864	55315680041	0.803046281543951

注：$^*P_y(G)$ 代表 $\left.\frac{\partial F(G;y,1)}{\partial y}\right|_{y=1}$.

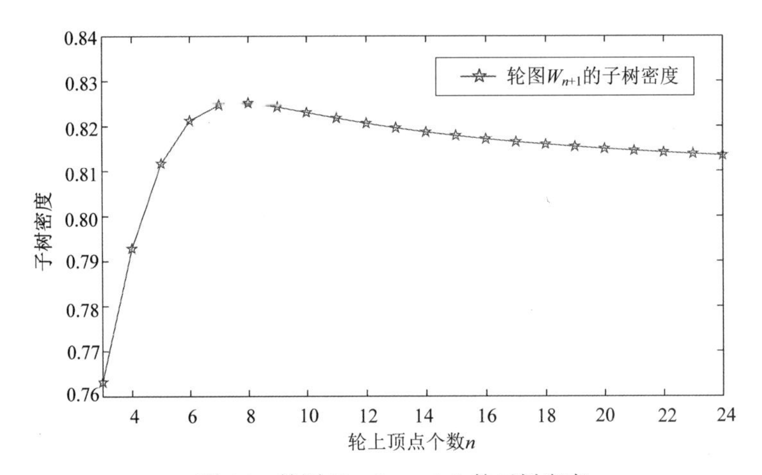

图 6.8 轮图 $W_{n+1}(3\leqslant n\leqslant 24)$ 的子树密度

表 6.3 轮图 $W_{n+1}(n=3,4,\cdots,24)$ 的相关数据

k	$P_y(W_k)$	$D(W_k)$	k	$P_y(W_k)$	$D(W_k)$
3	116	0.7631578947368421	14	115215423	0.8186895664414613
4	444	0.7928571428571428	15	386480089	0.8178844370865525
5	1617	0.8117469879518071	16	1291505336	0.8171718247840813
6	5789	0.8212512413108243	17	4301328493	0.8165375712479791
7	20519	0.8247186495176849	18	14282430812	0.8159697793983819
8	72064	0.8251351103783091	19	47296291958	0.815458656779937
9	250841	0.8242943051493543	20	156239476051	0.8149961728004785
10	865923	0.8230630687039588	21	514980557554	0.8145757185906111
11	2967219	0.8218031806171793	22	1693994724188	0.8141918205521789
12	10102071	0.8206394655271703	23	5561968202536	0.813839912225434
13	34200012	0.8196030381092273	24	18230780418139	0.8135161559345164

注：$^*P_y(G)$ 代表 $\left.\frac{\partial F(G;y,1)}{\partial y}\right|_{y=1}$.

第 7 章　图的多叶距粒度正则 α 子树

如第 2 章所述，在研究图的普通子树数指标时，通过考虑子树叶子之间的距离（为偶数）因素，进而引出了图的 BC 子树的概念[21, 22, 102]. 若进一步考虑子树叶子间的距离均能被一个正整数 α 整除因素，图的子树和 BC 子树的概念可以被推广为图的多叶距粒度正则 α 子树（若无歧义，也可简称为 α 子树）[103]. 显然，普通子树（除去单顶点子树）对应 $\alpha=1$ 的情况，BC 子树对应 $\alpha=2$ 的情况，进而该拓扑指标统一了之前学者的研究，使得这两种子树成为 α 子树的两种特殊情况. 从这个角度上看，α 子树能像一个筛子一样从多正则粒度对一个图进行分层次的过滤，因此具有重要的理论意义和研究价值.

§7.1　定义和符号

下面给出图的 α 子树的定义.

定义 7.1　假定图 G 的最长路径的长度为 $d(d\geqslant 1)$，$\alpha(1\leqslant\alpha\leqslant d)$ 为一个正整数，则 G 的多叶距粒度正则 α 子树为含至少 $\alpha+1$ 个顶点，且该子树的任意两片叶子间的距离均可以被 α 整除. 自然地，G 的多叶距粒度正则 α 子树数指标为其满足多叶距粒度正则 α 子树定义的子树个数.

为了研究相关图类的多叶距粒度正则 α 子树，可以从研究树入手，下面先引入一些符号和引理. 令 $T=[V(T),E(T);f,g]$ 是一棵直径为 $d(\in\mathbb{Z}^+)$ 的加权树，顶点集为 $\{v_1,v_2,\cdots,v_n\}$，边集为 $\{e_1,e_2,\cdots,e_{n-1}\}$，顶点和边的权重函数如下：

- $f:V(G)\to\mathcal{R}^\alpha$；
- $g:E(G)\to\mathcal{R}$.

式中，α 为一个正整数，满足 $1\leqslant\alpha\leqslant d$；$\mathcal{R}$ 为单位元为 1 的交换环.

显然，每个顶点都有一个 α 维的权重向量，对每个顶点 $v\in V(T)$，记 $f_j(v)(1\leqslant j\leqslant\alpha)$ 为顶点 v 的第 j 次权重. 同时，记 $\deg_T(v)$ 为顶点 $v\in V(T)$ 的度，$d_T(u,v)$ [或者 $d(u,v)$，当没有歧义时] 为树 T 的顶点对 u、v 间的距离，记 $G\setminus X$ 为从 G 删除集合 X 后的图，其中 X 可以是 G 的顶点集或者边集，或者顶点和边集的混合集.

为方便叙述，将本章用到的主要符号和意义列在表 7.1 中.

表 7.1　主要符号

符号	意义
$L(T)$	树 T 的叶子集合
$S_\alpha(T)$	树 T 的 α 子树集合
$S(T;v)$	树 T 的含 v 的子树集合

续表

符号	意义
$S_\alpha(T;v,\tau)$	树 T 的含 v 且所有的叶子（约定 v 为非叶子）到 v 的距离是 $\tau(\bmod\alpha)$（显然 $\tau\in\{0,1,\cdots,\alpha-1\}$），且任意两片叶子（如果存在）之间的距离可被 α 整除．集合 $S_\alpha(T;v,0)$ 包含单顶点树 $\{v\}$ 本身．为方便起见，称 $S_\alpha(T;v,\tau)$ 中的子树为 $\alpha_\tau(v)$ 子树
$\omega_{\alpha,v}^{\tau}(T_1)$	子树 $T_1\in S(T;v)$ 的 $\omega_{\alpha,v}^{\tau}$ 权重
$F_\alpha()$	集合 $S_\alpha()$ 中的 α 子树的 α 权重的和
$\eta_\alpha()$	上述 $S_\alpha()$ 集合里所含 α 子树的个数

对于一个给定的顶点 $v_k\in V(T)$（看作非叶子顶点）、一个非负整数 $0\leqslant\tau\leqslant\alpha-1$ 和一棵子树 $T_1\in S(T;v_k)$，令

$$S^j(T_1)=\{v\mid v\in V(T_1)\wedge d_{T_1}(v,v_k)\}\equiv j(\bmod\alpha)$$

$$I_\alpha^j(T_1)=\{v\mid v\in S^j(T_1)\wedge v\notin L(T_1)\wedge 0\leqslant j\neq\tau\leqslant\alpha-1\wedge 2\tilde{j}\equiv 0(\bmod\alpha)\}$$

且

$$Z_\alpha^j(T_1)=\{v\mid v\in S^j(T_1)\wedge v\notin L(T_1)\wedge 0\leqslant j\neq\tau\leqslant\alpha-1\wedge 2\tilde{j}\neq 0(\bmod\alpha)\}$$

式中，$\tilde{j}=(\alpha+\tau-j)(\bmod\alpha)$．

定义 T_1 的 $\omega_{\alpha,v}^{\tau}$ 权重，记作 $\omega_{\alpha,v}^{\tau}(T_1)$．如果 T_1 是单个顶点树 v_k，则

$$\omega_{\alpha,v}^{\tau}(T_1)=f_{\tau+1}(v_k)$$

即顶点 v_k 的第 $\tau+1$ 次权重．

否则

$$\omega_{\alpha,v}^{\tau}(T_1)=p_1p_2p_3p_4p_5$$

式中，

$$\begin{cases} p_1=\prod\limits_{e\in E(T_1)}g(e) \\ p_2=\prod\limits_{u\in S^\tau(T_1)}f_1(u) \\ p_3=\prod\limits_{0\leqslant j\neq\tau\leqslant\alpha-1}\ \prod\limits_{u\in S^j(T_1)\cap L(T_1)}f_{\tilde{j}+1}(u) \\ p_4=\prod\limits_{0\leqslant j\neq\tau\leqslant\alpha-1}\ \prod\limits_{u\in I_\alpha^j(T_1)}[1+f_{\tilde{j}+1}(u)] \\ p_5=\prod\limits_{0\leqslant j\neq\tau\leqslant\alpha-1}\ \prod\limits_{u\in Z_\alpha^j(T_1)}h(u) \end{cases}$$

式中，

$$h(u)=\begin{cases}1 & \deg_{T_1}(u)=2 \\ 0 & 其他\end{cases} \tag{7.1}$$

定义加权树 $T=[V(T),E(T);f,g]$ 的 $S(T;v_k)$ 的 $\omega_{\alpha,v}^{\tau}$ 生成函数，令 $F(T;f,g;v_k,\tau)$ 为 $S(T;v_k)$ 的每个子树的 $\omega_{\alpha,v}^{\tau}$ 权重的和，即

$$F(T;f,g;v_k,\tau)=\sum_{T_1\in S(T;v_k)}\omega_{\alpha,v}^{\tau}(T_1)=\sum_{T_1\in S_\alpha(T;v_k,\tau)}\omega_{\alpha,v}^{\tau}(T_1)$$

同样地，对于加权树 T 的一棵 α 子树 T_2，定义

$$A(T_2)=\{v \mid v\in V(T_2)\wedge d_{T_2}(v,v_l)\equiv 0(\bmod\alpha)\}$$

式中，$v_l\in L(T_2)$.

定义 T_2 的 α 权重 $\omega_\alpha(T_2)$ 为

$$\omega_\alpha(T_2)=\prod_{u\in A(T_2)} f_1(u)\prod_{e\in E(T_2)} g(e)$$

加权树 T 的 α 子树的生成函数记作 $F_\alpha(T;f,g)$，为

$$F_\alpha(T;f,g)=\sum_{T_1\in S_\alpha(T)}\omega_\alpha(T_1)$$

因此，由上述符号，可得 T 的 $\alpha_\tau(v_k)$ 子树的个数及 α 子树的个数分别为

$$\eta(T;v_k,\tau)=F[T;(1,y_2,\cdots,y_\alpha),1;v_k,\tau]$$

$$\eta_\alpha(T)=F_\alpha[T;(1,y_2,\cdots,y_\alpha),1]$$

其中，$y_k=0(k=2,3,\cdots,\alpha)$.

假定 $T=[V(T),E(T);f,g]$ 为一棵根为 v_i 且直径为 d 的加权树，假设 $u\neq v_i$ 是 T 的一个悬挂点且与 v 相邻. 构造一个 $n-1$ 阶的加权树 $T'=[V(T'),E(T');f',g']$，使得 $V(T')=V(T)\setminus\{u\}$、$E(T')=E(T)\setminus\{e\}$.

$$f_1'(v_s)=\begin{cases}f_1(v)[1+g(e)f_\alpha(u)] & v_s=v\\ f_1(v_s) & \text{其他}\end{cases}$$

$$f_k'(v_s)=\begin{cases}f_k(v)[1+g(e)f_{k-1}(u)]+g(e)f_{k-1}(u) & v_s=v,\bmod(2k-2,\alpha)\equiv 0\\ f_k(v)+g(e)f_{k-1}(u) & v_s=v,\bmod(2k-2,\alpha)\neq 0\\ f_k(v_s) & \text{其他}\end{cases}$$

对任意 $v_s\in V(T')$，$k=2,3,\cdots,\alpha$，且 $g'(e)=g(e)\ [e\in E(T')]$，这里 $f_j'(v_s)(1\leqslant j\leqslant\alpha)$ 是顶点 $v_s\in V(T')$ 的第 j 次权重.

引理 7.1[103] 由上述符号，对于 $0\leqslant\tau\leqslant\alpha-1$，有

$$F(T;f,g;v_i,\tau)=F(T';f',g';v_i,\tau)$$

由引理 7.1 和 α 子树的定义，很容易得到如下定理成立.

定理 7.1 路径树 P_n 的 α 子树数为 $\sum_{i=1}^{\left\lceil\frac{n}{\alpha}\right\rceil-1}(n-\alpha i)$，星树 $K_{1,n-1}$ 的 1 子树数为 $2^{n-1}-1$，2 子树数为 $2^{n-1}-n$，$\alpha(\alpha\geqslant 3)$ 子树的个数为 0.

定理 7.2 令 v 为 P_n 的一片叶子，则路径树 P_n 的 $\alpha_\tau(v)$ 子树 $(\tau=0,1,\cdots,\alpha-1)$ 个数为

$$\eta(P_n;v,\tau)=z_\tau$$

其中，

$$\begin{cases}\left[z_j=\left\lceil\frac{n}{\alpha}\right\rceil \middle| j=0,1,\cdots,n-1-\alpha\left(\left\lceil\frac{n}{\alpha}\right\rceil-1\right)\right]\\ \left[z_j=\left\lceil\frac{n}{\alpha}\right\rceil-1 \middle| j=n-\alpha\left(\left\lceil\frac{n}{\alpha}\right\rceil-1\right),\cdots,\alpha-1\right]\end{cases}$$

接下来研究几类图的 α 子树问题：

- 一棵有根树被称为广义 Bethe 树[191]，如果该树同一层的顶点的度均相同，通常用 B_k 来表示具有 k 层且根节点在第 1 层的广义 Bethe 树.
- 记 $B_{k,d}$ 为一棵 k 层且根顶点度为 d，第 2～$(k-1)$ 层上顶点的度均为 $(d+1)$ 的 Bethe 树.
- 正则树状大分子图 $T_{k,d}$ [192]是 B_k 中的特殊的一类， 其所有内顶点的度均为 d.

树状大分子具有超支化结构，常用在制药和生物医学相关应用领域. 为此，近年来众多关于广义 Bethe 树和树状分子的拓扑指数特性被研究并给出，如 Wiener 指标[192]、Wiener 极性指标[8,193]、熵界[194]、Balaban 指标[195]和特征值[191].

本章首先给出广义 Bethe 树、Bethe 树和树状大分子图的 α 子树生成函数. 作为应用，接下来计算 Newkome 等合成的树状大分子图的 α 子树数，同时利用 α 子树边生成函数研究树状大分子图的 α 子树平均阶（α 子树密度）的渐近行为.

§7.2　广义 Bethe 树、Bethe 树和树状大分子图的 α 子树生成函数

首先约定，当 $j<i$ 时，令 $\prod_{t=i}^{j} a_t = 1$、$\sum_{t=i}^{j} a_t = 0$.

假定加权树 $T=[V(T),E(T);f,g]$ 的根节点 w 有 m 个孩子 $w_i\ (i=1,2,\cdots,m)$，其顶点和边的权重函数分别为 $f(v)=(y,y_2,\cdots,y_\alpha)(y_j=0\mid j=2,3,\cdots,\alpha)$ 和 $g(e)=z$. 定义图 $T_i(T_w^{m-i})$ 为 $T\setminus\bigcup_{j=1}^{i}(w,w_i)$ 的含 $w_i\,(i=1,2,\cdots,m)$的部分.

定理 7.3　由上述定义，加权树 T 的生成函数 F_α 为

$$F_\alpha(T;f,g)=\sum_{i=1}^{m}F_\alpha(T_i;f,g)+\sum_{i=1}^{m}\left[\sum_{\tau=0}^{\alpha-1}z\times F(T_i;f,g;w_i,\tau)\times F(T_w^{m-i};f,g;w,\alpha-1-\tau)\right] \tag{7.2}$$

式中，

$$F(T_w^{m-i};f,g;w,\alpha-1-\tau)$$

$$=\begin{cases}\prod_{j=i+1}^{m} y[1+z\times F(T_j;f,g;w_j,\alpha-1)] & \tau=\alpha-1\\ \prod_{j=i+1}^{m}[1+z\times F(T_j;f,g;w_j,\alpha-\tau-2)]-1 & \tau\neq\alpha-1,2(\alpha-1-\tau)\equiv 0(\mathrm{mod}\alpha)\\ \sum_{j=i+1}^{m} z\times F(T_j;f,g;w_j,\alpha-\tau-2) & \tau\neq\alpha-1,2(\alpha-1-\tau)\neq 0(\mathrm{mod}\alpha)\end{cases}$$

证明　用 T_w^m 代表 T 本身，将树 $T_w^{m+1-i}(i=1,2,\cdots,m)$ 的 α 子树分为如下两类：

（i）含边 $e_i=(w_i,w)$ 的 α 子树；

（ii）不含边 $e_i=(w_i,w)$ 的 α 子树.

类（ii）的 α 子树的生成函数为

$$F_\alpha(T_i;f,g)+F_\alpha(T_w^{m-i};f,g) \tag{7.3}$$

类（i）的α子树的生成函数为

$$\sum_{\tau=0}^{\alpha-1}F(T_i;f,g;w_i,\tau)F(T_w^{m-i};f,g;w,\alpha-1-\tau)g(e_i) \tag{7.4}$$

结合$\alpha_\tau(v)$子树的定义和引理 7.1，可得如下结论.

当$\alpha-1-\tau=0$时：

$$F(T_w^{m-i};f,g;w,\alpha-1-\tau)=\prod_{j=i+1}^{m}y[1+z\times F(T_j;f,g;w_j,\alpha-1)] \tag{7.5}$$

当$\alpha-1-\tau\neq 0$且$2(\alpha-1-\tau)\equiv 0(\bmod \alpha)$时：

$$F(T_w^{m-i};f,g;w,\alpha-1-\tau)=\prod_{j=i+1}^{m}[1+z\times F(T_j;f,g;w_j,\alpha-\tau-2)]-1 \tag{7.6}$$

当$\alpha-1-\tau\neq 0$且$2(\alpha-1-\tau)\neq 0(\bmod \alpha)$时：

$$F(T_w^{m-i};f,g;w,\alpha-1-\tau)=\sum_{j=i+1}^{m}z\times F(T_j;f,g;w_j,\alpha-\tau-2) \tag{7.7}$$

由式（7.3）～式（7.7），可知式（7.2）成立.

由定理 7.3，可得广义 Bethe 树B_{k+1}、Bethe 树$B_{k,d}$和$T_{k,d}$的α子树生成函数.

定理 7.4　令广义 Bethe 树B_{k+1}的根的度为d_1，第$i\,(1<i\leqslant k)$层顶点的度为d_i+1，则

$$\begin{aligned}F_\alpha(B_{k+1};f,g)=\sum_{j=0}^{k-1}n_{j+1}\Bigg\{&yz\times m_{j+1}^{\alpha-1}\times\left[\sum_{i=1}^{d_{j+1}}(1+z\times m_{j+1}^{\alpha-1})^{d_{j+1}-i}\right]\\&+\sum_{\substack{0\leqslant\tau<\alpha-1\\2(\alpha-1-\tau)\equiv 0(\bmod\alpha)}}m_{j+1}^{\tau}\times z\times\left[\sum_{i=1}^{d_{j+1}}(1+z\times m_{j+1}^{\alpha-\tau-2})^{d_{j+1}-i}-d_{j+1}\right]\\&+\sum_{\substack{0\leqslant\tau<\alpha-1\\2(\alpha-1-\tau)\neq 0(\bmod\alpha)}}z^2\times m_{j+1}^{\tau}\left[\sum_{i=1}^{d_{j+1}}(d_{j+1}-i)m_{j+1}^{\alpha-\tau-2}\right]\Bigg\}\end{aligned}$$

其中，$n_1=1$、$n_{j+1}=d_1d_2\cdots d_j\ (k-1\geqslant j\geqslant 1)$、$m_k^0=y$、$m_k^\tau=0(1\leqslant\tau\leqslant\alpha-1)$，且对于$j=1,2,\cdots,k-1$，有

$$m_j^\tau=\begin{cases}y(1+z\times m_{j+1}^{\alpha-1})^{d_{j+1}} & \tau=0\\(1+z\times m_{j+1}^{\tau-1})^{d_{j+1}}-1 & \tau\neq 0,2\tau\equiv 0(\bmod\alpha)\\d_{j+1}\times z\times m_{j+1}^{\tau-1} & \tau\neq 0,2\tau\neq 0(\bmod\alpha)\end{cases} \tag{7.8}$$

证明　假设B_{k+1}的第i层上有n_i个顶点，则$n_1=1$、$n_i=d_1d_2\cdots d_{i-1}(i=2,3,\cdots,k+1)$. 令$v_{k+1}$和$l$分别为$B_{k+1}$的根和任意一片叶子，并记$v_{k+1}v_kv_{k-1},\cdots,v_1(l)$为从$v_{k+1}$到$l$的路径. 定义$A_{k+1}$为$B_{k+1}$本身，$A_{k-j}$为$A_{k+1-j}\setminus(v_{k-j},v_{k-j+1})$的包含$v_{k-j}(j=0,1,\cdots,k-1)$的连通图.

将集合$S_\alpha(A_{k+1-j})(j=0,1,\cdots,k-1)$中不含顶点$v_{k+1-j}$的$\alpha$子树归类为类（i），将包含顶点$v_{k+1-j}$的$\alpha$子树归类为类（ii），则类（i）中的$\alpha$子树的生成函数为

$$d_{j+1}F_\alpha(A_{k-j};f,g) \tag{7.9}$$

由定理 7.3，可以推导出类（ii）的α子树的生成函数为

$$F(A_{k-j};f,g;v_{k-j},\alpha-1)\times z\times\left\{\sum_{i=1}^{d_{j+1}}y[1+z\times F(A_{k-j};f,g;v_{k-j},\alpha-1)]^{d_{j+1}-i}\right\}$$

$$+\sum_{\substack{0\leqslant\tau<\alpha-1\\2(\alpha-1-\tau)\equiv0(\bmod\alpha)}}F(A_{k-j};f,g;v_{k-j},\tau)\times z\times\left\{\sum_{i=1}^{d_{j+1}}[1+z\times F(A_{k-j};f,g;v_{k-j},\alpha-\tau-2)]^{d_{j+1}-i}-d_{j+1}\right\}$$

$$+\sum_{\substack{0\leqslant\tau<\alpha-1\\2(\alpha-1-\tau)\neq0(\bmod\alpha)}}F(A_{k-j};f,g;v_{k-j},\tau)\times z\times\left\{\sum_{i=1}^{d_{j+1}}(d_{j+1}-i)\times z\times[F(A_{k-j};f,g;v_{k-j},\alpha-\tau-2)]\right\}$$

（7.10）

易知，对于 $\tau=1,2,\cdots,\alpha-1$, 有

$$F_\alpha(A_1;f,g)=0,F(A_1;f,g;v_1,0)=y,F(A_1;f,g;v_1,\tau)=0 \tag{7.11}$$

当 $j=1,2,\cdots,k-1$、$0\leqslant\tau\leqslant\alpha-1$ 时，利用引理 7.1，可得递归公式

$$F(A_{k+1-j};f,g;v_{k+1-j},\tau)=\begin{cases}y[1+z\times F(A_{k-j};f,g;v_{k-j},\alpha-1)]^{d_{j+1}} & \tau=0\\ [1+z\times F(A_{k-j};f,g;v_{k-j},\tau-1)]^{d_{j+1}}-1 & \tau\neq0,2\tau\equiv0(\bmod\alpha)\\ d_{j+1}\times z\times F(A_{k-j};f,g;v_{k-j},\tau-1) & \tau\neq0,2\tau\neq0(\bmod\alpha)\end{cases} \tag{7.12}$$

令

$$m_j^\tau=F(A_{k+1-j};f,g;v_{k+1-j},\tau)(j=1,2,\cdots,k) \tag{7.13}$$

利用式（7.9）～式（7.13），可得结论成立.

作为定理 7.4 的一种特殊情况，可得以下结论成立.

推论 7.1　树状大分子图 $T_{k,d}$ 的 α 子树生成函数为

$$F_\alpha(T_{k,d};f,g)=\sum_{j=1}^{k-1}n_{j+1}\left\{y(1+z\times m_{j+1}^{\alpha-1})^{d-1}-y+\sum_{\substack{0\leqslant\tau<\alpha-1\\2(\alpha-1-\tau)\equiv0(\bmod\alpha)}}m_{j+1}^\tau\times z\right.$$
$$\times\left[\sum_{i=1}^{d-1}(1+z\times m_{j+1}^{\alpha-\tau-2})^{d-1-i}-d+1\right]+z^2\times\frac{(d-1)(d-2)}{2}$$
$$\left.\times\sum_{\substack{0\leqslant\tau<\alpha-1\\2(\alpha-1-\tau)\neq0(\bmod\alpha)}}m_{j+1}^\tau m_{j+1}^{\alpha-\tau-2}\right\}+y(1+z\times m_1^{\alpha-1})^d-y$$
$$+\sum_{\substack{0\leqslant\tau<\alpha-1\\2(\alpha-1-\tau)\equiv0(\bmod\alpha)}}m_1^\tau\times z\times\left[\sum_{i=1}^{d}(1+z\times m_1^{\alpha-\tau-2})^{d-i}-d\right]$$
$$+z^2\times\frac{d(d-1)}{2}\sum_{\substack{0\leqslant\tau<\alpha-1\\2(\alpha-1-\tau)\neq0(\bmod\alpha)}}m_1^\tau m_1^{\alpha-\tau-2}$$

其中，$n_{j+1}=d(d-1)^{j-1}(1\leqslant j\leqslant k-1)$、$m_k^0=y$、$m_k^\tau=0(1\leqslant\tau\leqslant\alpha-1)$, 且对于 $j=1,2,\cdots,k-1$, 有

$$m_j^\tau=\begin{cases}y(1+z\times m_{j+1}^{\alpha-1})^{d-1} & \tau=0\\ (1+z\times m_{j+1}^{\tau-1})^{d-1}-1 & \tau\neq0,2\tau\equiv0(\bmod\alpha)\\ z(d-1)m_{j+1}^{\tau-1} & \tau\neq0,2\tau\neq0(\bmod\alpha)\end{cases}$$

推论 7.2　Bethe 树 $B_{k,d}$ 的 α 子树生成函数为

$$F_\alpha(B_{k,d};f,g)=\sum_{j=1}^{k}n_j\left\{y(1+z\times m_j^{\alpha-1})^d-y+\sum_{\substack{0\leqslant\tau<\alpha-1\\2(\alpha-1-\tau)\equiv0(\mathrm{mod}\,\alpha)}}m_j^\tau\times z\times\left[\sum_{i=1}^{d}(1+z\times m_j^{\alpha-\tau-2})^{d-i}-d\right]\right.$$

$$\left.+z^2\times\frac{d(d-1)}{2}\sum_{\substack{0\leqslant\tau<\alpha-1\\2(\alpha-1-\tau)\neq0(\mathrm{mod}\,\alpha)}}m_j^\tau m_j^{\alpha-\tau-2}\right\}$$

其中，$n_1=1$、$n_j=d^{j-1}(2\leqslant j\leqslant k)$、$m_k^0=y$、$m_k^\tau=0(1\leqslant\tau\leqslant\alpha-1)$，且对于 $j=1,2,\cdots,k-1$，有

$$m_j^\tau=\begin{cases}y(1+z\times m_{j+1}^{\alpha-1})^d & \tau=0\\(1+z\times m_{j+1}^{\tau-1})^d-1 & \tau\neq0,2\tau\equiv0(\mathrm{mod}\,\alpha)\\zdm_{j+1}^{\tau-1} & \tau\neq0,2\tau\neq0(\mathrm{mod}\,\alpha)\end{cases}$$

§7.3　示例与应用

作为应用，本节将使用上面的定理计算 Newkome 等合成的树状大分子图 T（图 7.1）[196]的 α 子树的个数.

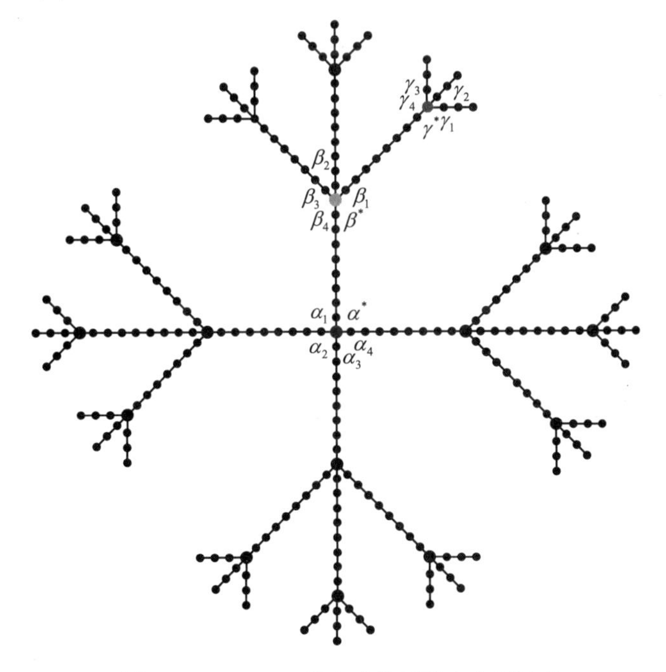

图 7.1　Newkome 等合成的树状大分子图 T

首先定义分支顶点是一个度大于 2 的顶点，易知该树状大分子图有三类分支顶点 α^*、β^* 和 γ^*，分别标记其邻居节点为 α_i、β_i 和 $\gamma_i(i=1,2,3,4)$，见图 7.1. 此外，记 T_i 为 $T\setminus\bigcup_{i=1}^{4}(\alpha^*,\alpha_i)$ 的含 α_i $(i=1,2,3,4)$ 的连通图，且记 $T_{1,i}$、$T_{1,1,i}$ 分别为

$T_1 \setminus \bigcup_{i=1}^{4}(\beta^*,\beta_i)$ 的含 β_i、$T_{1,1} \setminus \bigcup_{i=1}^{4}(\gamma^*,\gamma_i)$ 的含 γ_i（$i=1,2,3,4$）的连通图.

由引理 7.1 和定理 7.3，可得

$$\begin{aligned}\eta_\alpha(T) = {} & 4\eta_\alpha(T_1) + \eta(T_1;\alpha_1,\alpha-1)\left\{\sum_{i=1}^{4}[1+\eta(T_1;\alpha_1,\alpha-1)]^{4-i}\right\} \\ & + \sum_{\substack{0\leqslant\tau<\alpha-1 \\ 2(\alpha-1-\tau)\equiv 0(\mathrm{mod}\,\alpha)}} \eta(T_1;\alpha_1,\tau)\left\{\sum_{i=1}^{4}[1+\eta(T_1;\alpha_1,\alpha-\tau-2)]^{4-i}-4\right\} \\ & + \sum_{\substack{0\leqslant\tau<\alpha-1 \\ 2(\alpha-1-\tau)\neq 0(\mathrm{mod}\,\alpha)}} \eta(T_1;\alpha_1,\tau)\left\{\sum_{i=1}^{4}(4-i)[\eta(T_1;\alpha_1,\alpha-\tau-2)]\right\}\end{aligned} \quad (7.14)$$

$$\begin{aligned}\eta_\alpha(T_1) = {} & 3\eta_\alpha(T_{1,1}) + \eta_\alpha(T_{1,4}) + \eta(T_{1,4};\beta_4,\alpha-1)\{[1+\eta(T_{1,1};\beta_1,\alpha-1)]^3\} \\ & + \sum_{\substack{0\leqslant\tau<\alpha-1 \\ 2(\alpha-1-\tau)\equiv 0(\mathrm{mod}\,\alpha)}} \eta(T_{1,4};\beta_4,\tau)\{[1+\eta(T_{1,1};\beta_1,\alpha-\tau-2)]^3-1\} \\ & + \sum_{\substack{0\leqslant\tau<\alpha-1 \\ 2(\alpha-1-\tau)\neq 0(\mathrm{mod}\,\alpha)}} \eta(T_{1,4};\beta_4,\tau)\{3\eta(T_{1,1};\beta_1,\alpha-\tau-2)+[1+\eta(T_{1,1};\beta_1,\alpha-1)]^3-1\} \\ & + \sum_{\substack{0\leqslant\tau<\alpha-1 \\ 2(\alpha-1-\tau)\equiv 0(\mathrm{mod}\,\alpha)}} \eta(T_{1,1};\beta_1,\tau)\left\{\sum_{i=1}^{3}[1+\eta(T_{1,1};\beta_1,\alpha-\tau-2)]^{3-i}-3\right\} \\ & + \sum_{\substack{0\leqslant\tau<\alpha-1 \\ 2(\alpha-1-\tau)\neq 0(\mathrm{mod}\,\alpha)}} \eta(T_{1,1};\beta_1,\tau)\left\{\sum_{i=1}^{3}(3-i)[\eta(T_{1,1};\beta_1,\alpha-\tau-2)]\right\}\end{aligned} \quad (7.15)$$

$$\begin{aligned}\eta_\alpha(T_{1,1}) = {} & 3\eta_\alpha(T_{1,1,1}) + \eta_\alpha(T_{1,1,4}) + \eta(T_{1,1,4};\gamma_4,\alpha-1)\{[1+\eta(T_{1,1,1};\gamma_1,\alpha-1)]^3\} \\ & + \sum_{\substack{0\leqslant\tau<\alpha-1 \\ 2(\alpha-1-\tau)\equiv 0(\mathrm{mod}\,\alpha)}} \eta(T_{1,1,4};\gamma_4,\tau)\{[1+\eta(T_{1,1,1};\gamma_1,\alpha-\tau-2)]^3-1\} \\ & + \sum_{\substack{0\leqslant\tau<\alpha-1 \\ 2(\alpha-1-\tau)\neq 0(\mathrm{mod}\,\alpha)}} \eta(T_{1,1,4};\gamma_4,\tau)\{3\eta(T_{1,1,1};\gamma_1,\alpha-\tau-2)+[1+\eta(T_{1,1,1};\gamma_1,\alpha-1)]^3-1\} \\ & + \sum_{\substack{0\leqslant\tau<\alpha-1 \\ 2(\alpha-1-\tau)\equiv 0(\mathrm{mod}\,\alpha)}} \eta(T_{1,1,1};\gamma_1,\tau)\left\{\sum_{i=1}^{3}[1+\eta(T_{1,1,1};\gamma_1,\alpha-\tau-2)]^{3-i}-3\right\} \\ & + \sum_{\substack{0\leqslant\tau<\alpha-1 \\ 2(\alpha-1-\tau)\neq 0(\mathrm{mod}\,\alpha)}} \eta(T_{1,1,1};\gamma_1,\tau)\left\{\sum_{i=1}^{3}(3-i)[\eta(T_{1,1,1};\gamma_1,\alpha-\tau-2)]\right\}\end{aligned} \quad (7.16)$$

同样地，利用定理 7.1，可得 $\eta_\alpha(T_{1,1,4}) = \eta_\alpha(T_{1,4}) = \sum_{i=1}^{\left\lceil \frac{8}{\alpha}\right\rceil -1}(8-\alpha i)$：

$$\eta_\alpha(T_{1,1,1}) = \begin{cases} 3 & \alpha=1 \\ 1 & \alpha=2 \\ 0 & \text{其他} \end{cases} \quad (7.17)$$

结合定理 7.2，可得

$$\eta(T_{1,1,4};\gamma_4,\tau)=\eta(T_{1,4};\beta_4,\tau)=\begin{cases}\left\lceil\dfrac{8}{\alpha}\right\rceil & 0\leqslant\tau\leqslant 7-\alpha\left(\left\lceil\dfrac{8}{\alpha}\right\rceil-1\right)\\ \left\lceil\dfrac{8}{\alpha}\right\rceil-1 & 8-\alpha\left(\left\lceil\dfrac{8}{\alpha}\right\rceil-1\right)\leqslant\tau\leqslant\alpha-1\\ 0 & \text{其他}\end{cases}\tag{7.18}$$

$$\eta(T_{1,1,1};\gamma_1,\tau)=\begin{cases}\left\lceil\dfrac{3}{\alpha}\right\rceil & 0\leqslant\tau\leqslant 2-\alpha\left(\left\lceil\dfrac{3}{\alpha}\right\rceil-1\right)\\ \left\lceil\dfrac{3}{\alpha}\right\rceil-1 & 3-\alpha\left(\left\lceil\dfrac{3}{\alpha}\right\rceil-1\right)\leqslant\tau\leqslant\alpha-1\\ 0 & \text{其他}\end{cases}\tag{7.19}$$

$$\eta(T_{1,1};\beta_1,\tau)=\begin{cases}\left\lceil\dfrac{8}{\alpha}\right\rceil+Q_1(\tau) & 0\leqslant\tau\leqslant 7-\alpha\left(\left\lceil\dfrac{8}{\alpha}\right\rceil-1\right)\\ \left\lceil\dfrac{8}{\alpha}\right\rceil-1+Q_1(\tau) & 8-\alpha\left(\left\lceil\dfrac{8}{\alpha}\right\rceil-1\right)\leqslant\tau\leqslant\alpha-1\\ 0 & \text{其他}\end{cases}\tag{7.20}$$

式中，

$$Q_1(\tau)=\begin{cases}[1+\eta(T_{1,1,1};\gamma_1,\alpha-1)]^3 & \tilde{\tau}\equiv 0(\text{mod }\alpha)\\ [1+\eta(T_{1,1,1};\gamma_1,\tilde{\tau}-1)]^3-1 & \tilde{\tau}\neq 0(\text{mod }\alpha),2(\tilde{\tau})\equiv 0(\text{mod }\alpha)\\ 3\eta(T_{1,1,1};\gamma_1,\tilde{\tau}-1) & \tilde{\tau}\neq 0(\text{mod }\alpha),2(\tilde{\tau})\neq 0(\text{mod }\alpha)\end{cases}\tag{7.21}$$

$$\eta(T_1;\alpha_1,\tau)=\begin{cases}\left\lceil\dfrac{8}{\alpha}\right\rceil+Q_2(\tau) & 0\leqslant\tau\leqslant 7-\alpha\left(\left\lceil\dfrac{8}{\alpha}\right\rceil-1\right)\\ \left\lceil\dfrac{8}{\alpha}\right\rceil-1+Q_2(\tau) & 8-\alpha\left(\left\lceil\dfrac{8}{\alpha}\right\rceil-1\right)\leqslant\tau\leqslant\alpha-1\\ 0 & \text{其他}\end{cases}\tag{7.22}$$

$$Q_2(\tau)=\begin{cases}[1+\eta(T_{1,1};\beta_1,\alpha-1)]^3 & \tilde{\tau}\equiv 0(\text{mod }\alpha)\\ [1+\eta(T_{1,1};\beta_1,\tilde{\tau}-1)]^3-1 & \tilde{\tau}\neq 0(\text{mod }\alpha),2(\tilde{\tau})\equiv 0(\text{mod }\alpha)\\ 3\eta(T_{1,1};\beta_1,\tilde{\tau}-1) & \tilde{\tau}\neq 0(\text{mod }\alpha),2(\tilde{\tau})\neq 0(\text{mod }\alpha)\end{cases}\tag{7.23}$$

式中，$\tilde{\tau}=[\alpha+\tau-8(\text{mod }\alpha)](\text{mod }\alpha)$.

利用式（7.14）～式（7.23），可得树状大分子图 T（图 7.1）的 α 子树数 $\eta_\alpha(T)$ $(\alpha=1,2,\cdots,42)$，计算结果见表 7.2.

表 7.2　Newkome 等合成的树状大分子图 T 的 α 子树数(α=1,2,⋯,42)

α	$\eta_\alpha(T)$	α	$\eta_\alpha(T)$	α	$\eta_\alpha(T)$
1	22904167497161338725039	5	112056	9	9276
2	788215177593782851	6	285542299291	10	40648
3	3166819580367	7	42223	11	5559
4	1404926	8	60775	12	8899

续表

α	$\eta_\alpha(T)$	α	$\eta_\alpha(T)$	α	$\eta_\alpha(T)$
13	2871	23	936	33	1188
14	16267	24	1791	34	1323
15	1947	25	756	35	1080
16	2230	26	963	36	1215
17	1959	27	792	37	972
18	5706	28	999	38	10611
19	11259	29	972	39	1296
20	18486	30	1323	40	10935
21	10863	31	1296	41	972
22	1971	32	1431	42	9963

§7.4　树状大分子图$T_{k,d}$的α子树密度和一般树T的α子树比例

子树和BC子树及其对应的平均阶和密度的研究见文献[82]、文献[87]和文献[108]，与之相关的研究见文献[88]、文献[127]和文献[128]. 类似地，定义图的α子树密度为图的α子树平均阶与图的顶点数的比值，利用α子树生成函数，就可以研究α子树密度的渐近特性，以及一般树T的α子树的比例.

为此，用$\xi(G;k,l)$代表G的含k条边且l个顶点在集合A中的α子树的个数. 利用图G的α子树生成函数，对其每条边赋边权重z，对其每个顶点赋顶点权重$(y,0,\cdots,0)$，则

$$F_\alpha[G;(y,0,\cdots,0),z]=\sum_{k=\alpha}^{n-1}\sum_{l=2}^{k+1}\xi(G;k,l)y^l z^k \tag{7.24}$$

令$\mu_\alpha(G)$表示n阶图G的α子树平均阶，则G的α子树密度为$D_\alpha(G)=\dfrac{\mu_\alpha(G)}{n}$.

令式（7.24）中的$y=1$，可得G的α子树边生成函数，即$F_\alpha[G;(1,0,\cdots,0),z]$. 因此

$$D_\alpha(G)=\frac{\left.\dfrac{\partial\{F_\alpha[G;(1,0,\cdots,0),z]\times z\}}{\partial z}\right|_{z=1}}{F_\alpha[G;(1,0,\cdots,0),1]\times n} \tag{7.25}$$

利用式(7.25)，对于星树$K_{1,n-1}$，可得$D_1(K_{1,n-1})=D_2(K_{1,n-1})=\dfrac{1}{2}$. 另外，对于路径$P_n$，由式（7.24），可得

$$F_\alpha[P_n;(1,z_1,\cdots,z_{\alpha-1}),z]=\sum_{i=1}^{\left\lceil\frac{n}{\alpha}\right\rceil-1}(n-\alpha i)z^{\alpha i} \tag{7.26}$$

因此

$$D_{\alpha}(P_n)=\frac{\sum_{i=1}^{\left\lceil\frac{n}{\alpha}\right\rceil-1}(n-\alpha i)(\alpha i+1)}{n\left(\left\lceil\frac{n}{\alpha}\right\rceil-1\right)\left(n-\frac{\alpha}{2}\left\lceil\frac{n}{\alpha}\right\rceil\right)} \tag{7.27}$$

显然$\lim_{n\to\infty}D_{\alpha}(P_n)=\frac{1}{3}$. 对于$n=2,3,\cdots,300$的路径树，计算$\alpha=1,2,3,5,7$时的子树密度，见图 7.2. 当$n>200$时，$D_{\alpha}(P_n)$近似收敛到$1/3$. 此外，路径树$P_n$的$(\alpha+1)$子树密度似乎总是大于它的$\alpha$子树密度.

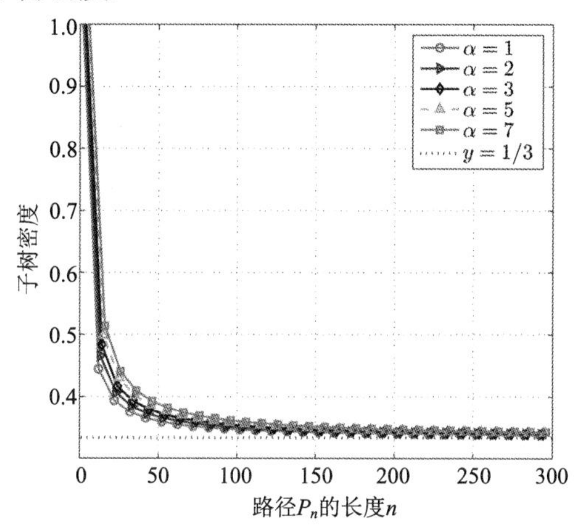

图 7.2　路径 P_n 的 α 子树密度趋势

接下来研究树状大分子图$T_{k,d}$的α子树密度. 同样，利用推论 7.1 和定理 7.4，可得$T_{k,d}$的α子树的边生成函数为

$$\begin{aligned}F_{\alpha}[T_{k,d};(1,y_2,y_3,\cdots,y_{\alpha}),z]=\sum_{j=1}^{k-1}n_{j+1}\Bigg\{&(1+z\times m_{j+1}^{\alpha-1})^{d-1}-1\\&+\sum_{\substack{0\leqslant\tau<\alpha-1\\2(\alpha-1-\tau)\equiv0(\mathrm{mod}\alpha)}}m_{j+1}^{\tau}\times z\times\left[\sum_{i=1}^{d-1}(1+z\times m_{j+1}^{\alpha-\tau-2})^{d-1-i}-d+1\right]\\&+z^2\times\frac{(d-1)(d-2)}{2}\sum_{\substack{0\leqslant\tau<\alpha-1\\2(\alpha-1-\tau)\neq0(\mathrm{mod}\alpha)}}m_{j+1}^{\tau}m_{j+1}^{\alpha-\tau-2}\Bigg\}\\&+\sum_{\substack{0\leqslant\tau<\alpha-1\\2(\alpha-1-\tau)\equiv0(\mathrm{mod}\alpha)}}m_1^{\tau}\times z\times\left[\sum_{i=1}^{d}(1+z\times m_1^{\alpha-\tau-2})^{d-i}-d\right]\\&+z^2\times\frac{d(d-1)}{2}\sum_{\substack{0\leqslant\tau<\alpha-1\\2(\alpha-1-\tau)\neq0(\mathrm{mod}\alpha)}}m_1^{\tau}m_1^{\alpha-\tau-2}+(1+z\times m_1^{\alpha-1})^{d}-1\end{aligned}$$

其中，$y_k=0(k=2,3,\cdots,\alpha)$、$n_{j+1}=d(d-1)^{j-1}(1\leqslant j\leqslant k-1)$、$m_k^0=1$、$m_k^{\tau}=0(1\leqslant\tau\leqslant\alpha-1)$，且对于$j=1,2,\cdots,k-1$，有

$$m_j^{\tau}=\begin{cases}(1+z\times m_{j+1}^{\alpha-1})^{d-1} & \tau=0\\(1+z\times m_{j+1}^{\tau-1})^{d-1}-1 & \tau\neq 0,2\tau\equiv 0(\bmod\alpha)\\z(d-1)m_{j+1}^{\tau-1} & \tau\neq 0,2\tau\neq 0(\bmod\alpha)\end{cases}$$

因为$T_{k,d}$的阶（总顶点）数为

$$n(T_{k,d})=\frac{d[(d-1)^k-1]}{d-2}+1 \tag{7.28}$$

所以α子树的密度为

$$D_\alpha(T_{k,d})=\frac{\left.\dfrac{\partial\{F_\alpha[T_{k,d};(1,y_2,\cdots,y_\alpha),z]\times z\}}{\partial z}\right|_{z=1}}{F_\alpha[T_{k,d};(1,y_2,\cdots,y_\alpha),1]\times n(T_{k,d})} \tag{7.29}$$

其中，$y_k=0(k=2,3,\cdots,\alpha)$.

$D_\alpha(T_{k,d})$的计算比较耗时，因此仅计算分析$d=3,4,5,6,7,8$和$k=20,14,13,12,11,10$的情况，部分数据见图 7.3～图 7.5.

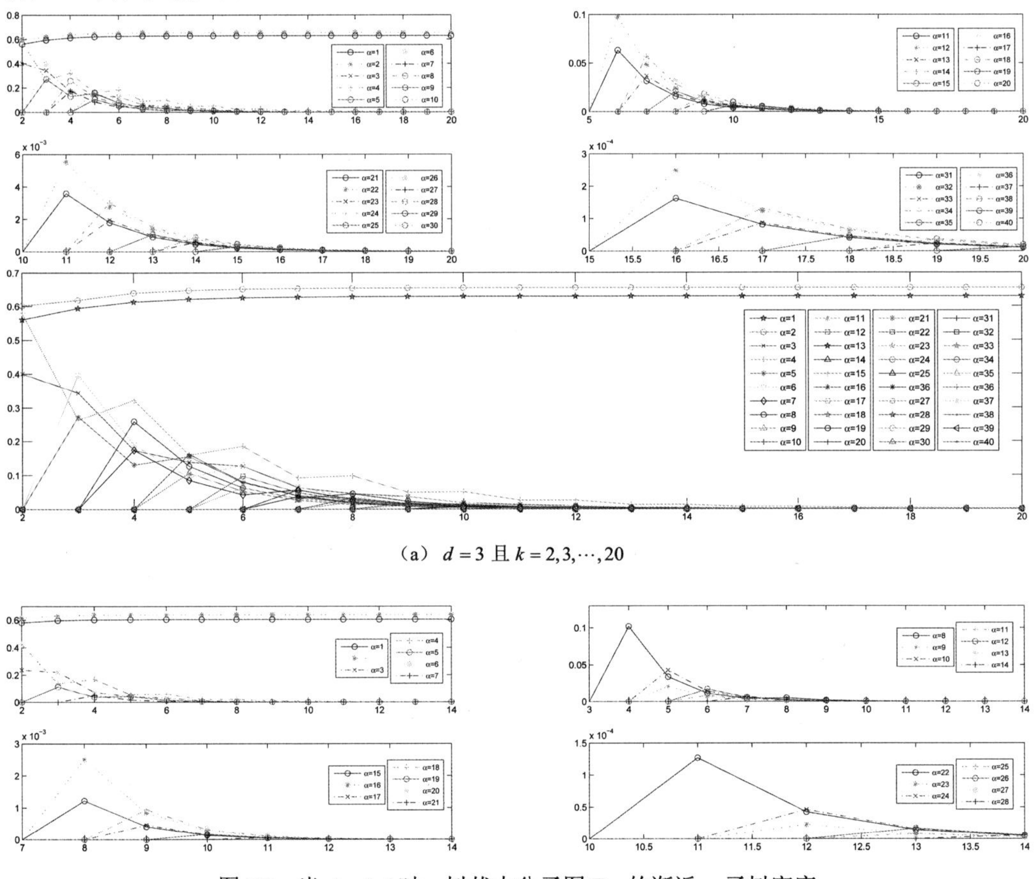

（a）$d=3$ 且 $k=2,3,\cdots,20$

图 7.3　当$d=3,4$时，树状大分子图$T_{k,d}$的渐近α子树密度

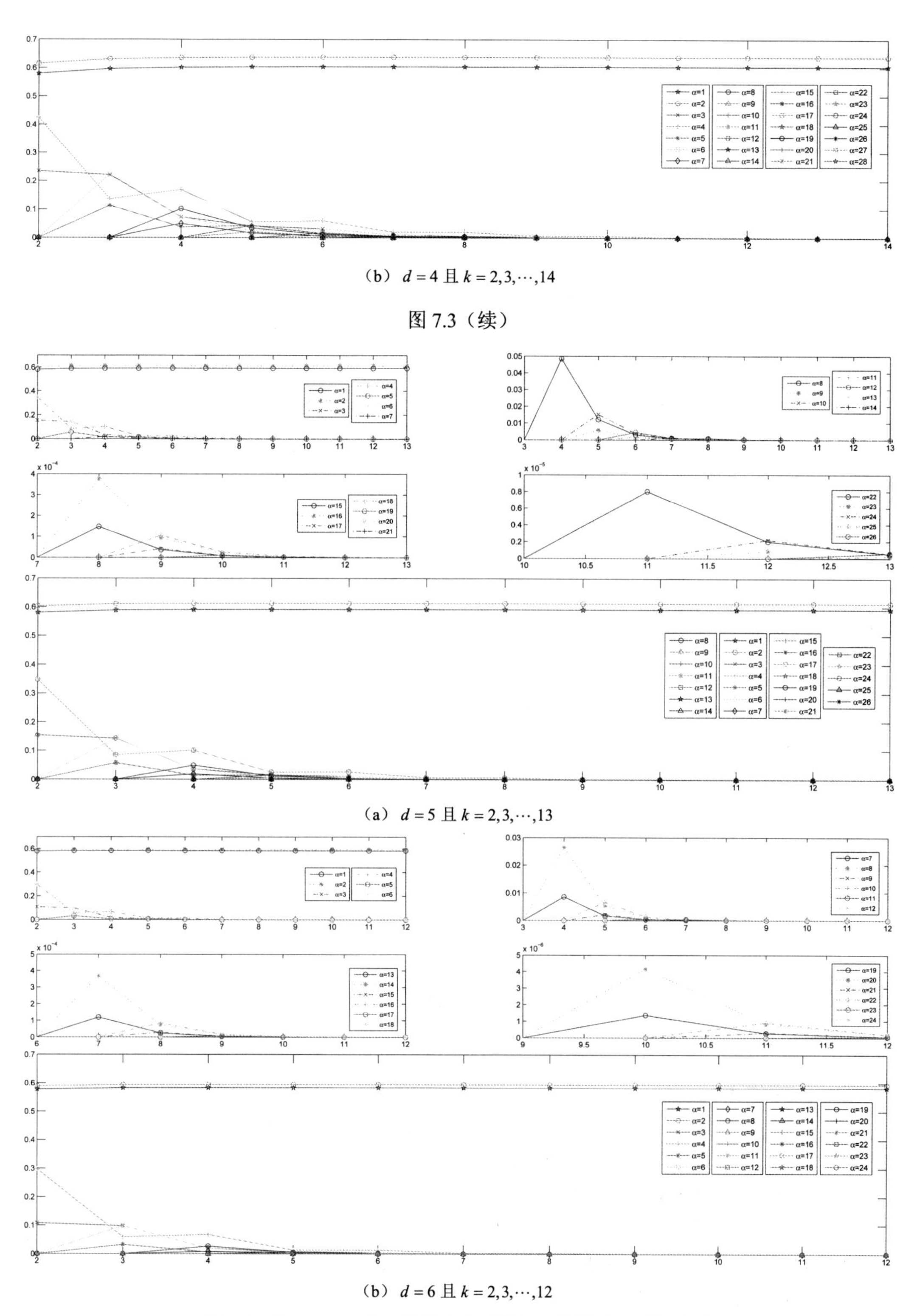

（b） $d=4$ 且 $k=2,3,\cdots,14$

图 7.3（续）

（a） $d=5$ 且 $k=2,3,\cdots,13$

（b） $d=6$ 且 $k=2,3,\cdots,12$

图 7.4　当 $d=5,6$ 时，树状大分子图 $T_{k,d}$ 的渐近 α 子树密度

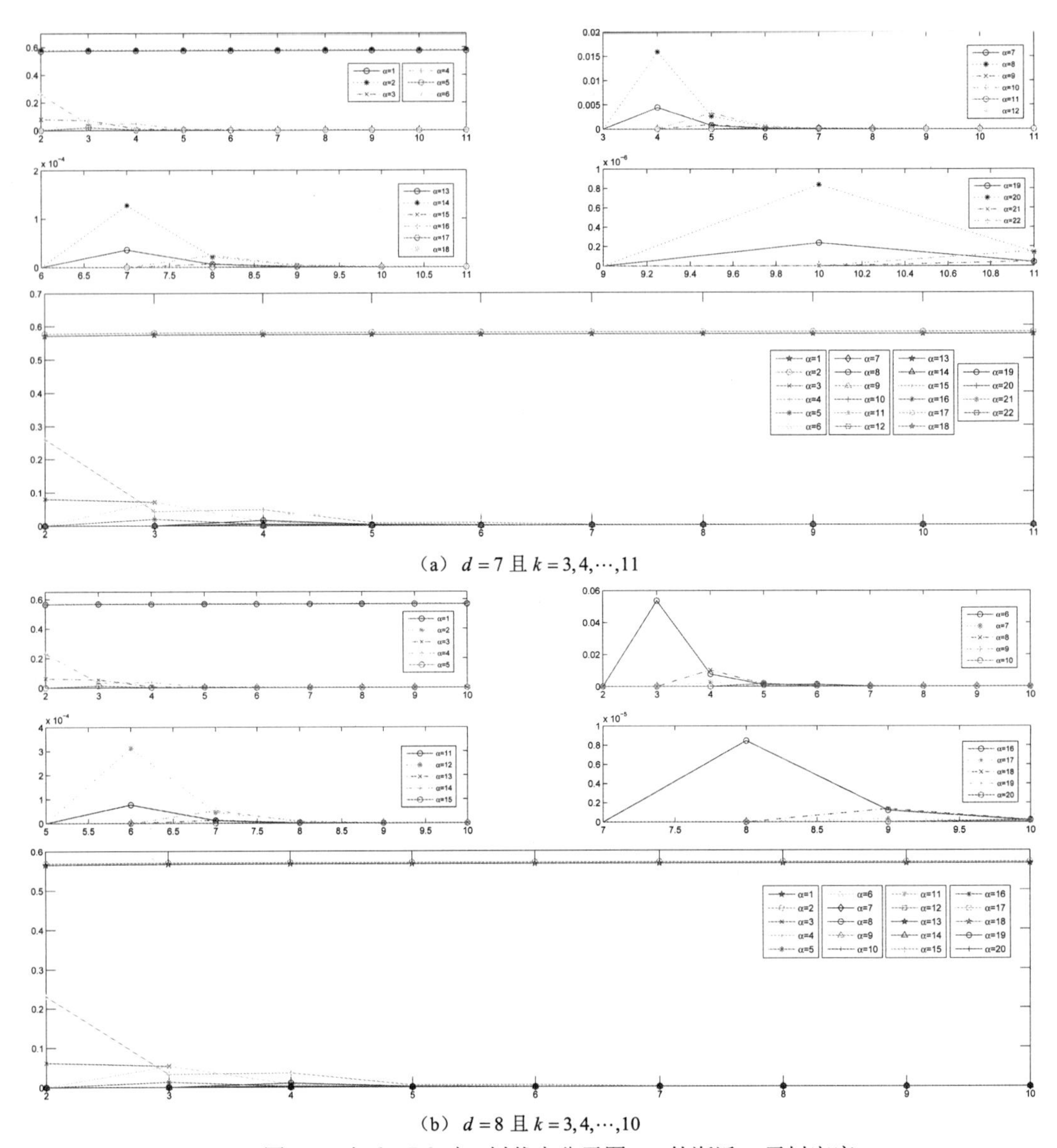

（a） $d=7$ 且 $k=3,4,\cdots,11$

（b） $d=8$ 且 $k=3,4,\cdots,10$

图 7.5　当 $d=7,8$ 时，树状大分子图 $T_{k,d}$ 的渐近 α 子树密度

分析图 7.3～图 7.5，可得以下观察结果：

- 对于 $d=3,4,5,6,7,8$，$D_1(T_{k,d})$ 随着 k 的增加而增加并且分别趋向于极值 0.628968、0.604160、0.591904、0.58303、0.574786、0.567157.
- $D_2(T_{k,d})$ 随着 k 的增加而增加并且分别趋向于极值 0.654187、0.637715、0.613272、0.594999、0.581163、0.570471.
- $D_1(T_{k,d})$ 和 $D_2(T_{k,d})$ 都随着 d 的增加而减少.
- $D_2(T_{k,d})-D_1(T_{k,d})>0(d=3,4,5,6,7,8)$，且在 $d=2$ 时达到近似最大值 0.033555.

由图 7.3～图 7.5 可以看到在 $d=3,4,5,6,7,8$ 时，$D_4(T_{k,d})$ 增减交替，并且分别达到近似最大值 0.001633、0.000765、0.000103、0.000110、0.000037 和 0.000106，同时 $D_1(T_{k,d})$

和 $D_2(T_{k,d})$ 的极限值随着 d 的增大依次减少.

另一个有趣的问题是：在所有子树中 $\alpha(\alpha \geqslant 2)$ 子树所占的比例是多少？

易知一棵树 T 的所有子树个数为 $\eta_1(T)+n$（n 为单顶点子树的个数）. 定义 $\alpha(\alpha \geqslant 2)$ 子树比例为 $r_\alpha = \dfrac{\eta_\alpha(T)}{\eta_1(T)+n}$，用计算机软件 Wolfram Mathematica（Ver 11.1）随机生成含有 41 个点的 5000 棵树 $T_i(i=1,2,\cdots,5000)$，对 41 个顶点的树 T 的近似平均 α 子树数进行计算，结果见表 7.3.

表 7.3　含 41 个顶点的树 T 的近似平均α子树数

α	$\tilde{\eta}_\alpha(T)$	α	$\tilde{\eta}_\alpha(T)$	α	$\tilde{\eta}_\alpha(T)$	α	$\tilde{\eta}_\alpha(T)$
1	199990058.6	11	0.244	21	0.00	31	0.00
2	516622.8142	12	0.0436	22	0.00	32	0.00
3	615.131	13	0.00	23	0.00	33	0.00
4	1024.8794	14	0.00	24	0.00	34	0.00
5	174.961	15	0.00	25	0.00	35	0.00
6	477.4842	16	0.00	26	0.00	36	0.00
7	79.663	17	0.00	27	0.00	37	0.00
8	46.3072	18	0.00	28	0.00	38	0.00
9	7.9298	19	0.00	29	0.00	39	0.00
10	1.5848	20	0.00	30	0.00	40	0.00

注：*$\tilde{\eta}_\alpha(T)$ 表示近似平均 α 子树数.

记

$$r_\alpha = \frac{\sum_{i=1}^{5000}\eta_\alpha(T_i)}{\sum_{i=1}^{5000}\eta_1(T_i)+41\times 5000} \tag{7.30}$$

通过计算，可以得到 r_1 和 r_2 的值约为 99.999% 和 0.258%，且 $r_\alpha(3\leqslant\alpha\leqslant n-1)\approx 0$，即 $\alpha(\alpha\geqslant 3)$ 子树在所有子树中占的比例比较小.

参考文献

[1] WIENER H. Structural determination of paraffin boiling points[J]. Journal of the American Chemical Society, 1947, 69(1): 17-20.

[2] SUN Q, IKICA B, ŠKREKOVSKI R, et al. Graphs with a given diameter that maximise the Wiener index[J]. Applied Mathematics and Computation, 2019(356): 438-448.

[3] GOUBKO M. Maximizing Wiener index for trees with given vertex weight and degree sequences[J]. Applied Mathematics and Computation, 2018(316): 102-114.

[4] GUTMAN I, FURTULA B. Hyper-Wiener index vs. Wiener index: Two highly correlated structure-descriptors[J]. Monatshefte für Chemie-Chemical Monthly, 2003, 134(7): 975-981.

[5] SU G, XIONG L, SUN Y, et al. Nordhaus-gaddum-type inequality for the hyper-Wiener index of graphs when decomposing into three parts[J]. Theoretical Computer Science, 2013(471): 74-83.

[6] 罗朝阳. 图的点度与距离型拓扑指标参数及其应用[D]. 济南：山东大学，2015.

[7] AROCKIARAJ M, KAVITHA S R J, BALASUBRAMANIAN K, et al. Hyper-Wiener and Wiener polarity indices of silicate and oxide frameworks[J]. Journal of Mathematical Chemistry, 2018, 56(5): 1493-1510.

[8] LIU G L, LIU G D. Wiener polarity index of dendrimers[J]. Applied Mathematics and Computation, 2018(322): 151-153.

[9] ASHRAFI A R, GHALAVAND A. Ordering chemical trees by Wiener polarity index[J]. Applied Mathematics and Computation, 2017(313): 301-312.

[10] ALI A, DU Z, ALI M. A note on chemical trees with minimum Wiener polarity index[J]. Applied Mathematics and Computation, 2018(335): 231-236.

[11] LI X X, FAN Y Z. The connectivity and the Harary index of a graph[J]. Discrete Applied Mathematics, 2015(181): 167-173.

[12] XU K, DAS K C, TRINAJSTIĆ N. Relation between the harary index and related topological indices[M]. Heidelberg: Springer, 2015: 27-34.

[13] FENG L, ZHU X, LIU W. Wiener index, harary index and graph properties[J]. Discrete Applied Mathematics, 2017(223): 72-83.

[14] HAYAT S, IMRAN M. Computation of topological indices of certain networks[J]. Applied Mathematics and Computation, 2014(240): 213-228.

[15] PALACIOS J L. A resistive upper bound for the ABC index[J]. MATCH Communications in Mathematical and in Computer Chemistry, 2014(72): 709-713.

[16] ZHONG L, CUI Q. On a relation between the atom-bond connectivity and the first geometric- arithmetic indices[J]. Discrete Applied Mathematics, 2015(185): 249-253.

[17] HUANG G, HE W, TAN Y. Theoretical and computational methods to minimize Kirchhoff index of graphs with a given edge k-partiteness[J]. Applied Mathematics and Computation, 2019(341): 348-357.

[18] HE W, LI H, XIAO S. On the minimum Kirchhoff index of graphs with a given vertex k-partiteness and edge k-partiteness[J]. Applied Mathematics and Computation, 2017(315): 313-318.

[19] BAPAT R B, KARIMI M, LIU J B. Kirchhoff index and degree Kirchhoff index of complete multipartite graphs[J]. Discrete Applied Mathematics, 2017(232): 41-49.

[20] MERRIFIELD R E, SIMMONS H E. Topological Methods in Chemistry[M]. New York: Wiley, 1989.

[21] SZÉKELY L A, WANG H. On subtrees of trees[J]. Advances in Applied Mathematics, 2005, 34(1): 138-155.

[22] YAN W G, YEH Y N. Enumeration of subtrees of trees[J]. Theoretical Computer Science, 2006, 369(1): 256-268.

[23] LI S C, WANG H, WANG S J. Some extremal ratios of the distance and subtree problems in binary trees[J]. Applied Mathematics and Computation, 2019(361): 232-245.

[24] ZHU Z, LI S, TAN L. Tricyclic graphs with maximum Merrifield-Simmons index[J]. Discrete Applied Mathematics, 2010, 158(3): 204-212.

[25] TIAN W, ZHAO F, SUN Z, et al. Orderings of a class of trees with respect to the Merrifield-Simmons index and the Hosoya index[J]. Journal of Combinatorial Optimization, 2019, 38(4): 1286-1295.

[26] DENG H Y, CHEN S H B. The extremal unicyclic graphs with respect to Hosoya index and Merrifield-Simmons index[J]. MATCH Communications in Mathematical and in Computer Chemistry, 2008, 59(1): 171-190.

[27] HOSOYA H. Topological index as a common tool for quantum chemistry, statistical mechanics, and graph theory[J]. Clinical and Experimental Rheumatology, 1988, 6(2): 209-215.

[28] 肖传奇，陈海燕．随机四角链的 Hosoya 多项式[J]．应用数学学报，2019，42(1)：100-110.

[29] GUTMAN I. An exceptional property of first Zagreb index[J]. MATCH Communications in Mathematical and in Computer Chemistry, 2014(72): 733-740.

[30] KAZEMI R. Note on the multiplicative Zagreb indices[J]. Discrete Applied Mathematics, 2016 (198): 147-154.

[31] LIU J B, WANG C, WANG S, et al. Zagreb indices and multiplicative Zagreb indices of eulerian graphs[J]. Bulletin of the Malaysian Mathematical Sciences Society, 2019, 42(1): 67-78.

[32] RANDIĆ M. Characterization of molecular branching[J]. Journal of the American Chemical Society, 1975, 97(23): 6609-6615.

[33] LI X, SHI Y. A survey on the Randić index[J]. MATCH Communications in Mathematical and in Computer Chemistry, 2008(59): 127-156.

[34] DALF Ó C. On the Randić index of graphs[J]. Discrete Mathematics, 2019, 342(10): 2792-2796.

[35] LIU H, DENG H, TANG Z. Minimum Szeged index among unicyclic graphs with perfect matchings[J]. Journal of Combinatorial Optimization, 2019, 38(2): 443-455.

[36] AL-FOZAN T, MANUEL P, RAJASINGH I, et al. Computing Szeged index of certain nanosheets using partition technique[J]. MATCH Communications in Mathematical and in Computer Chemistry, 2014(72): 339-353.

[37] WANG S. On extremal cacti with respect to the Szeged index[J]. Applied Mathematics and Computation, 2017(309): 85-92.

[38] DOBRYNIN A A. Explicit relation between the Wiener index and the Schultz index of catacondensed benzenoid graphs[J]. Croatica Chemica Acta, 1999, 72(4): 869-874.

[39] 陈暑波．图的几类拓扑指数及相关的组合结构研究[D]．长沙：中南大学，2012.

[40] ZHANG L, LI Q, LI S, et al. The expected values for the Schultz index, Gutman index, multiplicative degree-Kirchhoff index and additive degree-Kirchhoff index of a random polyphenylene chain[J]. Discrete Applied Mathematics, 2020(282): 243-256.

[41] MA G, BIAN Q J, WANG J F. The maximum PI index of bicyclic graphs with even number of edges[J]. Information Processing Letters, 2019(146): 13-16.

[42] MA G, BIAN Q J, WANG J F. Bounds on the PI index of unicyclic and bicyclic graphs with given girth[J]. Discrete Applied Mathematics, 2017(230): 156-161.

[43] YARAHMADI Z, ASHRAFI A, GUTMAN I. First and second extremal bipartite graphs with respect to PI index[J]. Mathematical and Computer Modelling, 2011, 54(9): 2460-2463.

[44] MAZORODZE J P, MUKWEMBI S, VETRÍK T. On the Gutman index and minimum degree[J]. Discrete Applied Mathematics, 2014(173): 77-82.

[45] MUKWEMBI S. On the upper bound of Gutman index of graphs[J]. MATCH Communications in Mathematical and in Computer Chemistry, 2012, 68(1): 93-98.

[46] CHEN Y, WU B. On the geometric-arithmetic index of a graph[J]. Discrete Applied Mathematics, 2019, 254: 268-273.

[47] AOUCHICHE M, HANSEN P. The geometric-arithmetic index and the chromatic number of connected graphs[J]. Discrete

Applied Mathematics, 2017(232): 207-212.

[48] BIANCHI M, CORNARO A, PALACIOS J L, et al. Lower bounds for the geometric-arithmetic index of graphs with pendant and fully connected vertices[J]. Discrete Applied Mathematics, 2019(257): 53-59.

[49] DENG H, BALACHANDRAN S, ELUMALAI S. Some tight bounds for the Harmonic index and the variation of the Randic´ index of graphs[J]. Discrete Mathematics, 2019, 342(7): 2060-2065.

[50] ZHONG L. The Harmonic index for graphs[J]. Applied Mathematics Letters, 2012, 25(3): 561-566.

[51] DENG H, BALACHANDRAN S, AYYASWAMY S, et al. On the Harmonic index and the chromatic number of a graph[J]. Discrete Applied Mathematics, 2013, 161(16): 2740-2744.

[52] TOMESCU I. Proof of a conjecture concerning maximum general sum-connectivity index x_α of graphs with given cyclomatic number when $1<\alpha<2$ [J]. Discrete Applied Mathematics, 2019(267): 219-223.

[53] CUI Q, ZHONG L. On the general sum-connectivity index of trees with given number of pendent vertices[J]. Discrete Applied Mathematics, 2017(222): 213-221.

[54] JAMIL M K, TOMESCU I. Minimum general sum-connectivity index of trees and unicyclic graphs having a given matching number[J]. Discrete Applied Mathematics, 2017(222): 143-150.

[55] 邦迪．图论及其应用[M]．北京：科学出版社，1984．

[56] 徐俊明．图论及应用[M]．合肥：中国科学技术大学出版社，2004．

[57] 王树禾．图论[M]．2 版．北京：科学出版社，2009．

[58] BOLLOBAS B．现代图论（影印版）（Modern Graph Theory）[M]．北京：科学出版社，2001．

[59] RAJASINGH I, MANUEL P, PARTHIBAN N, et al. Transmission in butterfly networks[J]. The Computer Journal, 2016, 59(8): 1174-1179.

[60] KLAVŽAR S, MANUEL P, NADJAFI-ARANI M J, et al. Average distance in interconnection networks via reduction theorems for vertex-weighted graphs[J]. The Computer Journal, 2016, 59(12): 1900-1910.

[61] DOBRYNIN A A, ENTRINGER R, GUTMAN I. Wiener index of trees: Theory and applications[J]. Acta Applicandae Mathematicae, 2001, 66(3): 211-249.

[62] M B, MATHEW S, MORDESON J. Wiener index of a fuzzy graph and application to illegal immigration networks[J]. Fuzzy Sets and Systems, 2020(384): 132-147.

[63] WANG D. On roots of Wiener polynomials of trees[J]. Discrete Mathematics, 2020, 343(1): 111643.

[64] GUI-DONG Y, LI-FANG R, XING-XING L. Wiener index, Hyper-Wiener index, Harary index and Hamiltonicity properties of graphs[J]. 高校应用数学学报 B 辑（英文版）, 2019, 34(2): 162-172.

[65] KLAVŽAR S, ŽIGERT P, GUTMAN I. An algorithm for the calculation of the hyper-Wiener index of benzenoid hydrocarbons[J]. Computers and Chemistry, 2000, 24(2): 229-233.

[66] CASH G G. Polynomial expressions for the hyper-Wiener index of extended hydrocarbon networks[J]. Computers and Chemistry, 2001, 25(6): 577-582.

[67] NARAYANKAR K P, KAHSAY A T, KLAVŽAR S. On peripheral Wiener index: Line graphs, Zagreb index, and cut method[J]. MATCH Communications in Mathematical and in Computer Chemistry, 2020, 83(1): 129-141.

[68] 李晓明．图中树的数目计算及其在网络可靠性中的作用[M]．哈尔滨：哈尔滨工业大学出版社，1984．

[69] 李晓明．网络可靠性综合的现状及其展望[J]．计算机学报，1990，13(9)：699-705．

[70] AN M K, LAM N X, HUYNH D T, et al. Bounded-degree minimum-radius spanning trees in wireless sensor networks[J]. Theoretical Computer Science, 2013(498): 46-57.

[71] ALLEN B, LIPPNER G, CHEN Y T, et al. Evolutionary dynamics on any population structure[J]. Nature, 2017, 544(7649): 227-230.

[72] 徐绪松，李万学．最小生成树的算法[J]．计算机学报，1993，16(11)：873-876．

[73] CALAMONERI T, DELL'OREFICE M, MONTI A. A simple linear time algorithm for the locally connected spanning tree problem on maximal planar chordal graphs[J]. Theoretical Computer Science, 2019(764): 2-14.

[74] MA F, YAO B. An iteration method for computing the total number of spanning trees and its applications in graph theory[J]. Theoretical Computer Science, 2018(708): 46-57.

[75] DOBRYNIN A A, SHARAFDINI R. Stepwise transmission irregular graphs[J]. Applied Mathematics and Computation, 2020(371): 124949.

[76] CHIN A J, GORDON G, MACPHEE K J, et al. Subtrees of graphs[J]. Journal of Graph Theory, 2018(89): 413-438.

[77] KLEE S, STAMPS M T. Linear algebraic techniques for weighted spanning tree enumeration[J]. Linear Algebra and its Applications, 2019(582): 391-402.

[78] DONG L, FENG L, ZONGBEN X. The number of spanning trees in a new lexicographic product of graphs[J]. 中国科学：信息科学（英文版）, 2014, 57(11): 52-60.

[79] ZHANG Q Y, WU CH CH, ZHENG F F, et al. Extension of a highly discriminating topological index[J]. Journal of Chemical Information and Modeling, 2015, 55(7): 1308-1315.

[80] NAKAYAMA T, FUJIWARA Y. Computer representation of generic chemical structures by an extended block-cutpoint tree[J]. Journal of Chemical Information and Computer Sciences, 1983, 23(2): 80-87.

[81] ÖKTEN T M. On vertex and edge eccentricity-based topological indices of a certain chemical graph that represents bidentate ligands[J]. Journal of Molecular Structure, 2020(1207): 127766.

[82] JAMISON R E. On the average number of nodes in a subtree of a tree[J]. Journal of Combinatorial Theory, Series B, 1983, 35(3): 207-223.

[83] JAMISON R E. Monotonicity of the mean order of subtrees[J]. Journal of Combinatorial Theory, 1984, 37(1): 70-78.

[84] 赵海兴．子图多项式与网络可靠性研究[D]．西安：西北工业大学．2004．

[85] KNUDSEN B. Optimal multiple parsimony alignment with affine gap cost using a phylogenetic tree[M]. Heidelberg: Springer, 2003: 433-446.

[86] WANG H. Subtrees of trees Wiener index and related problems[D]. South Carolina: University of South Carolina, 2005.

[87] YANG Y, LIU H B, WANG H, et al. Subtrees of Spiro and polyphenyl hexagonal chains[J]. Applied Mathematics and Computation, 2015(268): 547-560.

[88] YANG Y, LIU H B, WANG H, et al. On algorithms for enumerating subtrees of hexagonal and phenylene chains[J]. The Computer Journal, 2017, 60(5): 690-710.

[89] XIAO Y ZH, ZHAO H X, LIU ZH, et al. Trees with large numbers of subtrees[J]. International Journal of Computer Mathematics, 2017, 94(2): 372-385.

[90] HARARY F, PRINS G. The block-cutpoint-tree of a graph[J]. Publicationes Mathematicae-Debrecen, 1966(13): 103-107.

[91] HARARY F, PLUMMER M. On the core of a graph[J]. Proceedings London Mathematical Society, 1967(17): 249-257.

[92] DULMAGE A L, MENDELSOHN N S. Coverings of bipartite graphs[J]. Canadian Journal of Mathematics, 1958, 10(4): 516-534.

[93] DULMAGE A L, MENDELSOHN N S. A structure theory of bipartite graphs of finite exterior dimension[J]. Transactions of the Royal Society of Canada, Section III, 1959, 53(4): 1-13.

[94] WADA K, LUO Y, KAWAGUCHI K. Optimal fault-tolerant routings for connected graphs[J]. Information Processing Letters, 1992, 41(3): 169-174.

[95] NAKAYAMA T, FUJIWARA Y. BCT representation of chemical structures[J]. Journal of Chemical Information and Computer Sciences, 1980, 20(1): 23-28.

[96] FREDERICKSON G N, HAMBRUSCH S E. Planar linear arrangements of outerplanar graphs[J]. IEEE Transactions on Circuits and Systems, 1988, 35(3): 323-333.

[97] HEATH L, PEMMARAJU S. Stack and queue layouts of directed acyclic graphs: Part II[J]. SIAM Journal on Computing, 1999, 28(5): 1588-1626.

[98] MISIOLEK E, CHEN D Z. Two flow network simplification algorithms[J]. Information Processing Letters, 2006(97): 197-202.

[99] FOX D. Block cutpoint decomposition for markovian queueing systems[J]. Applied Stochastic Models and Data Analysis, 1988, 4(2): 101-114.

[100] BAREFOOT C. Block-cutvertex trees and block-cutvertex partitions[J]. Discrete Mathematics, 2002, 256(1): 35-54.

[101] MKRTCHYAN V. On trees with a maximum proper partial 0-1 coloring containing a maximum matching[J]. Discrete Mathematics, 2006(306): 456-459.

[102] YANG Y, LIU H B, WANG H, et al. Enumeration of BC-subtrees of trees[J]. Theoretical Computer Science, 2015(580): 59-74.

[103] YANG Y, LIU H B, WANG H, et al. On enumerating algorithms of novel multipleleaf-distance granular regular α-subtrees of trees[J]. 2018, Under review.

[104] YANG Y, FAN A, WANG H, et al. Multi-distance granularity structural α-subtree index of generalized Bethe trees[J]. Applied Mathematics and Computation, 2019(359): 107-120.

[105] EISENSTAT D, GORDON G. Non-isomorphic caterpillars with identical subtree data[J]. Discrete mathematics, 2006, 306(8): 827-830.

[106] ZHANG X D, ZHANG X M, GRAY D, et al. Trees with the most subtrees—an algorithmic approach[J]. Journal of Combinatorics, 2012, 3(2): 207-223.

[107] YANG Y, LIU H B, WANG H, et al. On algorithms for enumerating BC-subtrees of unicyclic and edge-disjoint bicyclic graphs[J]. Discrete Applied Mathematics, 2016(203): 184-203.

[108] YANG Y, LIU H B, WANG H, et al. On Spiro and polyphenyl hexagonal chains with respect to the number of BC-subtrees[J]. International Journal of Computer Mathematics, 2017, 94(4): 774-799.

[109] WANG H, YUAN S. Enumeration of constrained subtrees of trees[J]. Journal of Combinatorics, 2017, 8(2): 371-387.

[110] ZHANG X M, WANG H, ZHANG X D. On the eccentric subtree number in trees[J]. Discrete Applied Mathematics, 2021(290): 123-132.

[111] SZÉKELY L A, WANG H. Binary trees with the largest number of subtrees[J]. Discrete Applied Mathematics, 2007, 155(3): 374-385.

[112] KIRK R, WANG H. Largest number of subtrees of trees with a given maximum degree[J]. SIAM Journal on Discrete Mathematics, 2008, 22(3): 985-995.

[113] LI S C, WANG S J. Further analysis on the total number of subtrees of trees[J]. The Electronic Journal of Combinatorics, 2012, 19(4): 48.

[114] 王书晶．树的子树的计数[D]．武汉：华中师范大学，2013．

[115] ZHANG X D, ZHANG X M, GRAY D, et al. The number of subtrees of trees with given degree sequence[J]. Journal of Graph Theory, 2013, 73(3): 280-295.

[116] SILLS A V, WANG H. The minimal number of subtrees of a tree[J]. Graphs and Combinatorics, 2015(31): 255-264.

[117] ZHANG X D, ZHANG X M. The minimal number of subtrees with a given degree sequence[J]. Graphs and Combinatorics, 2015, 31(1): 309-318.

[118] ANDRIANTIANA E O D, WAGNER S G, WANG H. Greedy trees, subtrees and antichains[J]. The Electronic Journal of Combinatorics, 2013, 20(3): 28.

[119] 张修梅．图的结构与图的子树个数[D]．上海：上海交通大学，2014．

[120] SZÉKELY L A, WANG H. Extremal values of ratios: Distance problems vs. subtree problems in trees II[J]. Discrete

Mathematics, 2014(322): 36-47.

[121] ANDRIANTIANA E O D, WAGNER S G, HUA W. Extremal problems for trees with given segment sequence[J]. Discrete Applied Mathematics, 2017(220): 20-34.

[122] 金超超．图的子树的计数[D]．上海：上海师范大学，2018．

[123] FISCHERMANN M, HOFFMANN A, RAUTENBACH D, et al. Wiener index versus maximum degree in trees[J]. Discrete Applied Mathematics, 2002, 122(1): 127-137.

[124] WANG H. Extremal trees with given degree sequence for the Randić index[J]. Discrete Mathe-matics, 2008, 308(15): 3407-3411.

[125] ZHANG X D, XIANG Q, XU L, et al. The Wiener index of trees with given degree sequences[J]. MATCH Communications in Mathematical and in Computer Chemistry, 2008, 60(2): 623-644.

[126] SZÉKELY L A, WANG H. Extremal values of ratios: Distance problems vs. subtree problems in trees[J]. The Electronic Journal of Combinatorics, 2013, 20(1): 67.

[127] VINCE A, WANG H. The average order of a subtree of a tree[J]. Journal of Combinatorial Theory, Series B, 2010, 100(2): 161-170.

[128] HASLEGRAVE J. Extremal results on average subtree density of series-reduced trees[J]. Journal of Combinatorial Theory, Series B, 2014(107): 26-41.

[129] WAGNER S, WANG H. On the local and global means of subtree orders[J]. Journal of Graph Theory, 2016, 81(2): 154-166.

[130] 杨雨．若干图类的子树或块割点子树计数算法研究[D]．大连：大连海事大学，2016．

[131] CHAPLICK S, COHEN E, STACHO J. Recognizing some subclasses of vertex intersection graphs of 0-bend paths in a grid[C]// Graph-Theoretic Concepts in Computer Science. Heidelberg: Springer, 2011: 319-330.

[132] NAKAYAMA T, FUJIWARA Y. Learning system for automatic structural analysis of mass spectra[J]. Journal of Chemical Information and Computer Sciences, 1981, 21(3): 142-146.

[133] RADA J. Variation of the Wiener index under tree transformations[J]. Discrete Applied Mathematics, 2005, 148(2): 135-146.

[134] XU K. Trees with the seven smallest and eight greatest Harary indices[J]. Discrete Applied Mathematics, 2012, 160(3): 321-331.

[135] XU K, WANG J, DAS K C, et al. Weighted Harary indices of apex trees and k-apex trees[J]. Discrete Applied Mathematics, 2015(189): 30-40.

[136] LIN W, CHEN J, WU Z, et al. Computer search for large trees with minimal ABC index[J]. Applied Mathematics and Computation, 2018(338): 221-230.

[137] LIN W SH, LI P X, CHEN J F, et al. On the minimal ABC index of trees with k leaves[J]. Discrete Applied Mathematics, 2017(217): 622-627.

[138] ANDRIANTIANA E O D. Energy, Hosoya index and Merrifield-Simmons index of trees with prescribed degree sequence[J]. Discrete Applied Mathematics, 2013, 161(6): 724-741.

[139] YU A, LV X. The Merrifield-Simmons indices and Hosoya indices of trees with k pendant vertices[J]. Journal of Mathematical Chemistry, 2007, 41(1): 33-43.

[140] XIAO CH Q, CHEN H Y, RAIGORODSKII A M. A connection between the Kekulé structures of pentagonal chains and the Hosoya index of caterpillar trees[J]. Discrete Applied Mathematics, 2017(232): 230-234.

[141] CHEN X F, ZHANG J Y, SUN W G. On the Hosoya index of a family of deterministic recursive trees[J]. Physica A: Statistical Mechanics and its Applications, 2017(465): 449-453.

[142] BOROVIĆANIN B, FURTULA B. On extremal Zagreb indices of trees with given domination number[J]. Applied

Mathematics and Computation, 2016(279): 208-218.

[143] VETRÍK T, BALACHANDRAN S. General multiplicative Zagreb indices of trees[J]. Discrete Applied Mathematics, 2018(247): 341-351.

[144] BERMUDO S, NÁPOLES J E, RADA J. Extremal trees for the Randić index with given domination number[J]. Applied Mathematics and Computation, 2020(375): 125122.

[145] JORDAN C. Sur les assemblages de lignes[J]. Journal Für Die Reine Und Angewandte Mathematik, 1869(70): 185-190.

[146] ENTRINGER R C, JACKSON D E, SNYDER D. Distance in graphs[J]. Czechoslovak Mathematical Journal, 1976, 26(2): 283-296.

[147] GUTMAN I, FURTULA B, HUA H. Bipartite unicyclic graphs with maximal, second-maximal, and third-maximal energy[J]. MATCH Communications in Mathematical and in Computer Chemistry, 2007(58): 85-92.

[148] ILIĆ A, STEVANOVIĆ D, FENG L H, et al. Degree distance of unicyclic and bicyclic graphs[J]. Discrete Applied Mathematics, 2011, 159(8): 779-788.

[149] LI X, WANG L, ZHANG Y. Complete solution for unicyclic graphs with minimum general Randić index[J]. MATCH Communications in Mathematical and in Computer Chemistry, 2006(55): 391-408.

[150] LI X, SHI Y, XU T. Unicyclic graphs with maximum general Randić index for $\alpha>0$[J]. MATCH Communications in Mathematical and in Computer Chemistry, 2006, 56(3): 557-570.

[151] XU K, DAS K C. Extremal unicyclic and bicyclic graphs with respect to Harary index[J]. Bulletin of The Malaysian Mathematical Sciences Society, 2013(36): 373-383.

[152] TOMESCU A. Unicyclic and bicyclic graphs having minimum degree distance[J]. Discrete Applied Mathematics, 2008, 156(1): 125-130.

[153] GUO S. The spectral radius of unicyclic and bicyclic graphs with n vertices and k pendant vertices[J]. Linear Algebra and Its Applications, 2005(408): 78-85.

[154] DENG H. A unified approach to the extremal Zagreb indices for trees, unicyclic graphs and bicyclic graphs[J]. MATCH Communications in Mathematical and in Computer Chemistry, 2007(57):597-616.

[155] LI X, WANG J. On the ABC spectra radius of unicyclic graphs[J]. Linear Algebra and its Applications, 2020(596): 71-81.

[156] QIN R, LI D, CHEN Y, et al. The distance eigenvalues of the complements of unicyclic graphs[J]. Linear Algebra and its Applications, 2020(598): 49-67.

[157] YAO Y, JI SH J, LI G. On the sharp bounds of bicyclic graphs regarding edge Szeged index[J].Applied Mathematics and Computation, 2020(377): 125-135.

[158] DENG H. Wiener indices of Spiro and polyphenyl hexagonal chains[J]. Mathematical and Computer Modelling, 2012, 55(3): 634-644.

[159] DENG H Y, TANG Z K. Kirchhoff indices of Spiro and polyphenyl hexagonal chains[J]. Utilitas Mathematica, 2014(95): 113-128.

[160] DOŠLIĆ T, MÅLØY F. Chain hexagonal cacti: Matchings and independent sets[J]. Discrete Mathematics, 2010, 310(12): 1676-1690.

[161] CHEN X, ZHAO B, ZHAO P. Six-membered ring Spiro chains with extremal Merrifield-Simmons index and Hosoya index[J]. MATCH Communications in Mathematical and in Computer Chemistry, 2009, 62(3): 657.

[162] ZHAO P, ZHAO B, CHEN X, et al. Two classes of chains with maximal and minimal total π-electron energy[J]. MATCH Communications in Mathematical and in Computer Chemistry, 2009, 62(3): 525.

[163] LI X, WANG G, BIAN H, et al. The Hosoya polynomial decomposition for polyphenyl chains[J]. MATCH Communications in Mathematical and in Computer Chemistry, 2012, 67(2): 357.

[164] LI X, YANG X, WANG G, et al. Hosoya polynomials of general Spiro hexagonal chains[J]. Filomat, 2014, 28(1): 211-215.

[165] YANG W, ZHANG F. Wiener index in random polyphenyl chains[J]. MATCH Communications in Mathematical and in Computer Chemistry, 2012, 68(1): 371-376.

[166] HUANG G H, KUANG M J, DENG H Y. The expected values of Kirchhoff indices in the random polyphenyl and Spiro chains[J]. Ars Mathematica Contemporanea, 2013, 9(2): 207-217.

[167] HUANG G H, KUANG M J, DENG H Y. The expected values of Hosoya index and Merrifield-Simmons index in a random polyphenylene chain[J]. Journal of Combinatorial Optimization, 2016, 32(2): 550-562.

[168] WEI SH L, KE X L, HAO G L. Comparing the excepted values of atom-bond connectivity and geometric-arithmetic indices in random Spiro chains[J]. Journal of Inequalities and Applications, 2018(1): 45.

[169] BAI Y, ZHAO B, ZHAO P. Extremal Merrifield-Simmons index and Hosoya index of polyphenyl chains[J]. MATCH Communications in Mathematical and in Computer Chemistry, 2009(62): 649-656.

[170] WANG H. The extremal values of the Wiener index of a tree with given degree sequence[J]. Discrete Applied Mathematics, 2008, 156(14): 2647-2654.

[171] WAGNER S. Correlation of graph-theoretical indices[J]. SIAM Journal on Discrete Mathematics, 2007, 21(1): 33-46.

[172] PAVLOVIĆ L, GUTMAN I. Wiener numbers of phenylenes: An exact result[J]. Journal of Chemical Information and Computer Sciences, 1997, 37(2): 355-358.

[173] GUTMAN I, CYVIN S J. Introduction to the theory of benzenoid hydrocarbons[M]. Berlin: Springer Science and Business Media, 2012.

[174] BALABAN A, HARARY F. Chemical graphs: Enumeration and proposed nomenclature of benzenoid cata-condensed polycyclic aromatic hydrocarbons[J]. Tetrahedron, 1968, 24(6): 2505-2516.

[175] GUTMAN I. Extremal hexagonal chains[J]. Journal of Mathematical Chemistry, 1993, 12(1): 197-210.

[176] BRUNVOLL J, GUTMAN I, CYVIN S. Benzenoid chains with maximum number of Kekule' structures[J]. Zeitschrift fur Physikalische Chemie (Leipzig), 1989, 270(5): 982-988.

[177] SALEM K, GUTMAN I. Clar number of hexagonal chains[J]. Chemical Physics Letters, 2004, 394(4): 283-286.

[178] DOBRYNIN A A. A simple formula for the calculation of the Wiener index of hexagonal chains[J]. Computers and chemistry, 1999, 23(1): 43-48.

[179] GUTMAN I. Topological properties of benzenoid systems[J]. Theoretical Chemistry Accounts: Theory, Computation, and Modeling (Theoretica Chimica Acta), 1977, 45(4): 309-315.

[180] HOSOYA H, GUTMAN I. Kekulé structures of hexagonal chains-some unusual connections[J]. Journal of Mathematical Chemistry, 2008, 44(2): 559-568.

[181] YANG Y J, ZHANG H P. Kirchhoff index of linear hexagonal chains[J]. International Journal of Quantum Chemistry, 2008, 108(3): 503-512.

[182] ZHANG L ZH, TIAN F. Extremal hexagonal chains concerning largest eigenvalue[J]. Science in China Series A: Mathematics, 2001, 44(9): 1089-1097.

[183] SHIU W C, LAM P C B, ZHANG L Z. Extremal k^*-cycle resonant hexagonal chains[J]. Journal of Mathematical Chemistry, 2003, 33(1): 17-28.

[184] DOBRYNIN A A, GUTMAN I, KLAVŽAR S, et al. Wiener index of hexagonal systems[J]. Acta Applicandae Mathematica, 2002, 72(3): 247-294.

[185] ZHANG F J, LI Z M, WANG L SH. Hexagonal chains with minimal total π-electron energy[J]. Chemical Physics Letters, 2001, 337(1):125-130.

[186] CHEN A L, ZHANG F J. Wiener index and perfect matchings in random phenylene chains[J]. MATCH Communications in Mathematical and in Computer Chemistry, 2009, 61(3): 623-672.

[187] GUTMAN I. Wiener numbers of benzenoid hydrocarbons: Two theorems[J]. Chemical Physics Letters, 1987, 136(2):

134-136.

[188] YANG Z, LIU Y, LI X Y. Beyond trilateration: On the localizability of wireless ad hoc networks [J]. IEEE/ACM Transactions on Networking(ToN), 2010, 18(6): 1806-1814.

[189] TU J, ZHOU Y, SU G. A kind of conditional connectivity of Cayley graphs generated by wheel graphs[J]. Applied Mathematics and Computation, 2017(301): 177-186.

[190] ZHANG Y P, LIU X G, YONG X R. Which wheel graphs are determined by their Laplacian spectra?[J]. Computers and Mathematics with Applications, 2009, 58(10): 1887-1890.

[191] ROJO O, ROBBIANO M. An explicit formula for eigenvalues of Bethe trees and upper bounds on the largest eigenvalue of any tree[J]. Linear Algebra and its Applications, 2007, 427(1): 138-150.

[192] GUTMAN I, YEH Y N, LEE S L, et al. Wiener numbers of dendrimers[J]. MATCH Communications in Mathematical and in Computer Chemistry, 1994(30): 103-115.

[193] HEYDARI A. On the Wiener and terminal Wiener index of generalized Bethe trees[J]. MATCH Communications in Mathematical and in Computer Chemistry, 2013(69): 141-150.

[194] CHEN Z, DEHMER M, EMMERT-STREIB F, et al. Entropy bounds for dendrimers[J]. Applied Mathematics and Computation, 2014(242): 462-472.

[195] HEYDARI A. Balaban index of regular dendrimers[J]. Optoelectronics and Advanced Materials, Rapid Communications, 2011, 5(11): 1260-1262.

[196] NEWKOME G R, MOOREFIELD C N, BAKER G R, et al. Alkane cascade polymers possessing micellar topology: Micellanoic acid derivatives[J]. Angewandte Chemie International Edition in English, 1991, 30(9): 1176-1178.